基于深度学习和模型驱动的
自然语言处理

刘陈◎编著

清华大学出版社
北京

内 容 简 介

本书循序渐进、深入讲解了使用 Python 语言实现自然语言处理(NLP)的核心知识，内容涵盖了数据处理、算法、大模型等。书中通过具体实例的实现过程，演练了各个知识点的使用方法和流程。全书共 9 章，分别讲解了人工智能与自然语言处理基础、特征提取、文本分类与情感分析算法、语义分析与理解算法、机器翻译算法、命名实体识别、大模型 Transformer、大模型 BERT，以及综合实战：基于大模型的情感分析系统。

本书适用于已经掌握 Python 语言基础语法，并且希望进一步学习数据分析、大模型、机器学习、深度学习和自然语言处理技术的读者。此外，本书也可作为大专院校相关专业的师生用书，以及培训机构的教材。

图书在版编目(CIP)数据

基于深度学习和模型驱动的自然语言处理 / 刘陈编著. -- 北京 : 清华大学出版社, 2025. 5.
ISBN 978-7-302-68831-0

Ⅰ. TP391

中国国家版本馆 CIP 数据核字第 20251F3G77 号

责任编辑：魏　莹
封面设计：李　坤
责任校对：翟维维
责任印制：刘　菲
出版发行：清华大学出版社
　　网　　址：https://www.tup.com.cn, https://www.wqxuetang.com
　　地　　址：北京清华大学学研大厦 A 座　　　**邮　　编**：100084
　　社 总 机：010-83470000　　　**邮　　购**：010-62786544
　　投稿与读者服务：010-62776969, c-service@tup.tsinghua.edu.cn
　　质量反馈：010-62772015, zhiliang@tup.tsinghua.edu.cn
印 装 者：三河市春园印刷有限公司
经　　销：全国新华书店
开　　本：185mm×230mm　　**印　　张**：23.25　　**字　　数**：465 千字
版　　次：2025 年 5 月第 1 版　　**印　　次**：2025 年 5 月第 1 次印刷
定　　价：99.00 元

产品编号：105985-01

前　言

在当今数字化浪潮席卷的社会中，自然语言处理(NLP)作为人工智能领域的一项关键技术，肩负着解析、理解和生成人类语言的重任。NLP 技术的兴起，源于人们对于计算机能够理解和处理人类语言的美好憧憬。经过多年的发展，它已经渗透到我们的日常生活，广泛应用于搜索引擎、虚拟助手、社交媒体分析等诸多领域。

随着信息时代的迅猛发展，NLP 技术的需求呈现出持续攀升的态势。企业急需借助 NLP 技术，从海量的文本数据中精准提取信息，以实现智能决策。而个性化推荐、智能客服、情感分析等应用场景，更是对 NLP 技术的高效性提出了更高的要求。在这样的背景下，市场对具备 NLP 技能的专业人才的需求愈发迫切，涵盖了计算机科学领域的学生、研究者，以及广大从业者。这也促使学习和深入研究 NLP 相关知识的人数不断增加。

本书聚焦 Transformer 和 BERT 等大模型，精心选取详实案例，为读者提供实用指南，引领读者探索 NLP 的前沿理论与实际应用，旨在帮助学者和从业者更深刻地理解和应用 NLP 技术。本书全面且深入地讲解了从基础理论到实际应用的 NLP 技术，既能满足学生和研究人员提升专业能力的需求，又能帮助他们掌握解决实际业务问题的关键技能，使其在竞争激烈的市场中脱颖而出。

本书特色

1. 全面覆盖关键主题

本书系统地涵盖了 NLP 领域的核心主题，包括特征提取、文本分类与情感分析、语义分析与理解算法、机器翻译算法以及大模型 Transformer 和 BERT 等。通过学习本书，读者能够系统地了解从 NLP 基础到前沿技术的全貌。

2. 深度实战案例驱动

每一章均以实际案例为基础，搭配具体的代码示例和实战项目，助力读者深入理解各个 NLP 主题。这种基于实际案例的学习方式，能让读者将理论知识直接应用于实际问题，有效培养解决实际问题的能力。

3. 大模型深度剖析

书中对 Transformer 和 BERT 等大模型进行了深度剖析，不仅详细介绍其基本原理，还深入探讨它们在 NLP 任务中的具体应用。这有助于读者理解并运用这些最先进的深度学习模型。

4. 全面涵盖实际应用

在介绍 NLP 理论知识的基础上，本书深入研究了 NLP 在情感分析、机器翻译、推荐系统等实际应用中的关键技术。读者不仅能掌握理论知识，还能将其应用到实际场景中。

5. 大模型综合实战项目

书中提供了一个大模型综合实战项目，将书中所学知识进行整合。通过构建一个基于大模型的情感分析系统，让读者能够全面运用所学技能，切实解决一个复杂的 NLP 问题。

6. 提供丰富的配书资源

本书所附配的资源丰富多样，涵盖了书中实例的源代码、PPT 课件以及书中案例的全程视频讲解。读者可扫描下方二维码获取源代码和 PPT 课件，而书中案例的视频讲解，读者可通过扫描书中二维码获取。

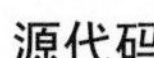
源代码

PPT 课件

本书读者对象

- 学术研究者：对自然语言处理领域怀有浓厚兴趣，期望深入理解 NLP 的基础理论和最新技术，以推动相关领域研究的发展。
- 学生和教育机构教师：计算机科学、人工智能、数据科学等相关专业的本科生、研究生，以及教育机构的教师，希望学习 NLP 领域的实践知识和技能。
- NLP 从业者：已经或即将从事自然语言处理工作的人员，希望深化对 NLP 技术的理解和应用。
- NLP 技术爱好者和自学者：对人工智能和自然语言处理技术感兴趣的自学者，希望通过系统学习提升自己在这一领域的技能。

致谢

在本书的编写过程中，得到了清华大学出版社编辑的大力支持。正是各位的求实精神、耐心指导和高效工作，才使得本书能够在短时间内顺利出版。此外，也非常感谢家人给予的巨大支持。由于本人水平有限，书中难免存在疏漏之处，恳请广大读者提出宝贵的意见或建议，以便后续修订并使其更加完善。

最后，感谢您购买本书，希望本书能成为您编程路上的领航者，祝您阅读愉快！

编　者

目　　录

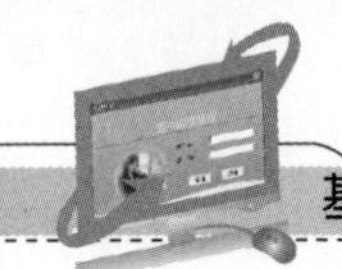

第 1 章 人工智能与自然语言处理基础

自然语言处理是一个研究计算机如何理解和生成人类自然语言的领域。它涵盖了文本分析、语音识别、机器翻译和情感分析等任务。人工智能和自然语言处理是不断发展的领域，涉及到广泛的技术和应用。它们的发展不仅影响了计算机科学领域，还在日常生活和商业中扮演着越来越重要的角色。本章将向大家讲解人工智能与自然语言处理的基础知识。

1.1 人工智能

扫码看视频

人工智能即AI，全称是artificial intelligence。人工智能是研究、开发用于模拟、延伸和扩展人类智能的理论、方法、技术及应用系统的一门新兴技术科学。人工智能是一个广泛且深入的概念，单从字面上理解，应该理解为人类创造的智能。那么，什么是智能呢？如果人类创造了一个机器人，这个机器人具有像人类一样甚至超过人类的推理、学习、感知等能力，那么就可以将这个机器人称为一个有智能的物体，也就是人工智能。

现在通常将人工智能分为弱人工智能和强人工智能，我们看到电影里的一些人工智能大多是强人工智能，它们能像人类一样思考如何处理问题，甚至能在一定程度上做出比人类更好的决策，它们能自适应周围的环境，解决一些程序中没有遇到过的突发事件。但是在目前的现实世界中，大部分人工智能仅实现了弱人工智能，能够让机器具备观察和感知的能力。在经过一定的训练后，机器能计算一些人类不能计算的事情，但是机器并没有自适应能力，也就是说，它们不会处理突发的情况，只能处理程序中已经写好的，已经预测到的事情。

1.1.1 人工智能的发展历程

人工智能的发展历程可以追溯到上世纪50年代，经历了几个阶段的演进和突破。以下是人工智能发展过程中的主要阶段和里程碑事件。

1) 早期探索阶段

- 1950年，艾伦·图灵提出了“图灵测试”，探讨了机器是否能够表现出人类智能。
- 1956年，达特茅斯会议召开，标志着人工智能领域的正式创立。
- 20世纪60年代，人工智能研究集中在符号逻辑和专家系统上，尝试模拟人类思维过程。

2) 知识表达与专家系统阶段

- 20世纪70年代，人工智能研究注重知识表示和推理，发展了产生式规则、语义网络等知识表示方法。
- 20世纪80年代，专家系统盛行，利用专家知识来解决特定领域的问题，但受限于知识获取和推理效率。

3) 知识与数据驱动的发展

- 20世纪90年代，机器学习开始兴起，尤其是基于统计方法的技术，如神经网络和支持向量机。
- 2000年以后，数据驱动方法得到更广泛应用，机器学习技术在图像识别、语音识别等领域取得突破。

4) 深度学习与大数据时代

- 2010 年以后，深度学习技术崛起，尤其是卷积神经网络(CNN)和循环神经网络(RNN)等，在图像、语音和自然语言处理领域表现出色。
- 2012 年，AlexNet 在 ImageNet 图像分类竞赛中获胜，标志着深度学习的广泛应用。
- 2016 年，AlphaGo 击败围棋世界冠军李世石，展示了强化学习在复杂决策领域的能力。
- 2019 年，OpenAI 发布了 GPT-2 模型，引发了关于大语言模型的讨论。
- 2020 年以后，大模型和深度学习在多个领域取得突破，包括自然语言处理、计算机视觉、医疗诊断领域等。

未来，人工智能的发展趋势可能涵盖更高级的自主决策、更强大的学习能力、更广泛的应用领域，同时也需要关注伦理、隐私和社会影响等问题。

1.1.2 人工智能的研究领域

人工智能的研究领域主要有五层，具体如图 1-1 所示。

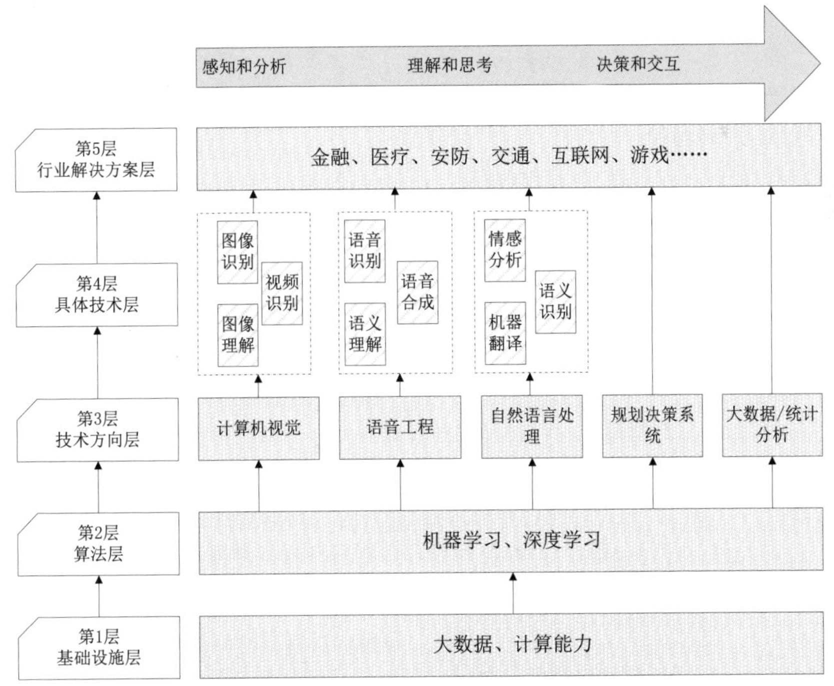

图 1-1　人工智能的研究领域

在图 1-1 所示的分层中，从下往上的具体说明如下。

- 第 1 层：基础设施层，包含大数据和计算能力(硬件配置)两部分，数据越大，人工智能的能力越强。
- 第 2 层：算法层，例如卷积神经网络、LSTM 序列学习、Q-Learning 和深度学习等都是机器学习的算法。
- 第 3 层：技术方向层，例如计算机视觉、语音工程和自然语言处理等。另外还有规划决策系统，例如增强学习(reinforcement learning)，或类似于大数据分析的统计系统，这些都能在机器学习算法中实现。
- 第 4 层：具体技术层，例如图像识别、语音识别、语义理解、视频识别、机器翻译等。
- 第 5 层：行业解决方案层，例如人工智能在金融、医疗、互联网、安防、交通和游戏等领域的应用。

1.1.3 人工智能对人们生活的影响

人工智能对人们生活的影响是多方面的，它已经在许多领域引起了深远的变革和改变，主要包括以下几个方面。

- 生产自动化：人工智能技术可以实现许多重复的、烦琐的任务的自动化，从而提高生产效率。例如，在制造业中，机器人可以执行装配、搬运等任务，提高了生产线的效率和精度。
- 医疗和生命科学：人工智能在医疗诊断、药物研发和基因组学等领域有着重要的应用。它可以帮助医生更准确地诊断疾病，提高医疗决策的质量，同时加速新药的发现和疾病治疗方法的研究。
- 金融和商业：人工智能在金融领域可以用于风险评估、欺诈检测、投资分析等。它可以分析大量的数据，帮助人们做出更明智的金融决策，并提供个性化的客户服务。
- 智能交通：人工智能可以实现交通流量管理、车辆自动驾驶、交通预测等。自动驾驶技术有望减少交通事故，提高交通效率，同时改善出行体验。
- 教育：人工智能可以个性化地定制教育内容，帮助学生更好地理解和吸收知识。人工智能还可以为教师提供智能辅助，帮助他们更好地管理课堂和评估学生的表现。
- 娱乐和艺术领域：人工智能可以用于游戏开发、音乐生成、艺术创作等，可以模仿和创造出各种类型的娱乐内容，拓展了娱乐和创意领域的边界。
- 自然语言处理和沟通：大语言模型可以使计算机能够更好地理解和生成人类语

言，促进人与机器之间的自然沟通，有助于翻译、文本生成、语音识别等领域的进步。

然而，人工智能的发展也带来了一些挑战和问题，如就业变革、隐私和安全问题、伦理问题等。因此，在推动人工智能发展的同时，也需要仔细考虑和解决这些问题，确保人工智能技术对人们生活的积极影响最大化。

1.2 机器学习和深度学习

机器学习和深度学习都是人工智能领域中的重要概念，本节将详细讲解这两个概念的知识和区别。

扫码看视频

1.2.1 机器学习

机器学习(machine learning，ML)是一门多领域交叉学科，涉及概率论、统计学、逼近论、凸分析、算法复杂度理论等多门学科。机器学习专门研究计算机怎样模拟或实现人类的学习行为，以获取新的知识或技能，重新组织已有的知识结构，使其不断改善自身的性能。

机器学习是一类算法的总称，这些算法企图从大量的历史数据中挖掘出隐含的规律，并用于预测或者分类。更具体地说，机器学习可以看作是寻找一个函数，输入样本数据，输出期望的结果，只是这个函数过于复杂，以至于不太方便形象化表达。需要注意的是，机器学习的目标是使学到的函数能很好地适用于“新样本”，而不仅仅是在训练样本上表现良好。学到的函数适用于新样本的能力，称为泛化(generalization)能力。

机器学习有一个显著的特点，也是机器学习最基本的做法，就是使用一个算法从大量的数据中解析并提取有用的信息，从中学习，然后对真实世界中可能发生的事情进行预测或作出判断。机器学习需要海量数据来进行训练，并从这些数据中提取有用的信息，然后反馈给真实世界中的用户。

我们可以用一个简单的例子来说明机器学习，假设在天猫或京东购物的时候，天猫和京东会向我们推送商品信息，这些推荐的商品往往是我们感兴趣的，这个过程是通过机器学习完成的。其实这些推送商品是京东和天猫根据我们以前的购物订单和经常浏览的商品记录而得出的结论，它们可以从中判断出商城中的哪些商品是我们感兴趣，并且我们会有较大可能购买的，然后将这些商品定向推送给我们。

1.2.2 深度学习

前面介绍的机器学习是一种实现人工智能的方法，深度学习(deep learning，DL)是一种实现机器学习的技术。深度学习本来并不是一种独立的学习方法，其本身也会用到有监督和无监督的学习方法来训练深度神经网络。但由于近几年该领域发展迅猛，一些特有的学习手段相继被提出(如残差网络)，因此越来越多的人将其单独看作一种学习方法。

假设我们需要识别某张照片是狗还是猫，如果使用传统机器学习的方法，会首先定义一些特征，如有没有胡须，耳朵、鼻子、嘴巴的模样等。总之，首先要人为地确定相应的“面部特征”作为机器学习的特征，以此来对我们的对象进行分类识别。而深度学习的方法则更进一步，它会自动找出这个分类问题所需要的重要特征。那么，深度学习是如何做到这一点的呢？继续以猫狗识别的例子进行说明，按照以下步骤。

(1) 首先确定哪些边和角跟识别出猫狗的关系最大。

(2) 根据上一步找出的很多小元素(边、角等)构建层级网络，找出它们之间的各种组合。

(3) 在构建层级网络之后，就可以确定哪些组合可以识别出猫和狗。

注意：其实深度学习并不是一个独立的算法，在训练神经网络的时候也通常会用到监督学习和无监督学习。但是由于一些独特的学习方法被提出，深度学习逐渐被看成是一种单独的学习算法。深度学习可以大致理解为包含多个隐含层的神经网络结构，深度学习的“深”指的就是隐藏层的深度。

1.2.3 机器学习和深度学习的区别

机器学习和深度学习相互关联，两者之间存在一些区别，主要区别如下。

(1) 应用范畴方面的区别。

- 机器学习是一个更广泛的概念，涵盖了多种算法和技术，用于让计算机系统通过数据和经验来改善性能。机器学习不仅包括传统的统计方法，还包括基于模型的方法、基于实例的方法等。
- 深度学习是机器学习的一个特定分支，它基于多层次的神经网络结构，通过学习多层次的抽象表示来提取数据的复杂特征。深度学习专注于利用神经网络进行数据表示学习和模式识别。

(2) 网络结构方面的区别。

- 机器学习方法包括各种算法，如决策树、支持向量机、线性回归等，这些算法可以应用于各种任务，不一定需要多层神经网络结构。
- 深度学习方法主要是基于多层神经网络的结构，涉及多个层次的抽象表示。深度学习的关键在于使用多层次的非线性变换来捕捉数据的复杂特征。

(3) 特征学习方面的区别。

- 传统机器学习方法通常需要人工设计和选择特征，然后使用这些特征来进行训练和预测。
- 深度学习的一个重要优势在于它可以自动学习数据的特征表示，减少了对特征工程的依赖，从而能够处理更复杂的数据和任务。

(4) 适用场景方面的区别。

- 机器学习广泛应用于各个领域，包括图像处理、自然语言处理、推荐系统等，使用不同的算法来解决不同的问题。
- 深度学习主要在大规模数据和高度复杂的问题上表现出色，特别适用于图像识别、语音识别、自然语言处理等领域。

(5) 计算资源需求方面的区别。

- 传统机器学习方法通常在较小的数据集上就能够进行训练和预测，计算资源需求相对较低。
- 深度学习方法通常需要大量的数据和更多的计算资源。例如，训练一个大型深度神经网络可能需要使用多个 GPU。

(6) 解决问题方面的区别。

- 在解决问题时，传统机器学习通常先把问题分成几块，逐个解决好之后，再重新组合起来。但是深度学习则是一次性地、端到端地解决。假如存在一个任务：识别出某图片中有哪些物体，并找出它们的位置。传统机器学习的做法是把问题分为两步：发现物体和识别物体。首先，我们使用物体边缘的盒型检测算法，把所有可能的物体都框出来。然后，再使用物体识别算法，识别出这些物体分别是什么。图 1-2 是一个机器学习识别的例子。

图 1-2 机器学习的识别

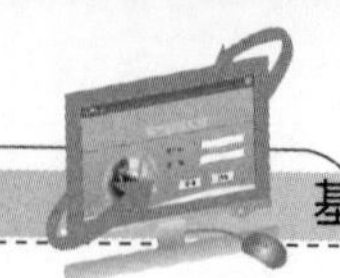

- 与传统机器学习不同，深度学习会直接在图片中将对应的物体识别出来，同时还能标明对应物体的名字。这样就可以做到实时的物体识别，例如 YOLO 可以在视频中实时识别物体，图 1-3 是 YOLO 在视频中实现深度学习识别的例子。

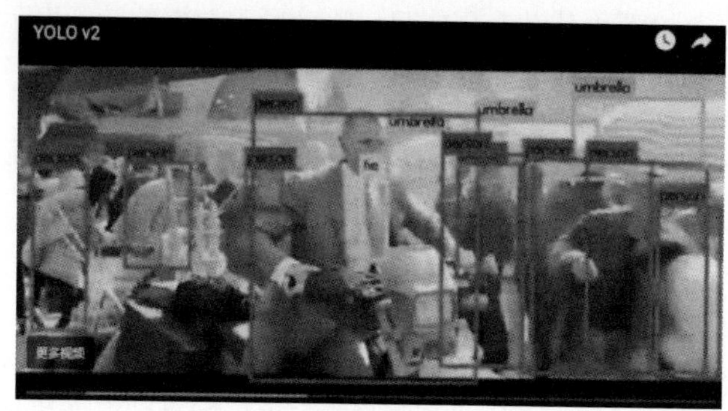

图 1-3　深度学习的识别

总之，机器学习是一个更广泛的概念，包括多种算法和技术，而深度学习是机器学习的一个分支，侧重于基于多层神经网络的数据表示学习。深度学习在处理复杂数据和任务时表现出色，但也需要更多的计算资源和数据来训练和部署。

注意：人工智能、机器学习、深度学习三者的关系

机器学习是实现人工智能的方法，深度学习是一种实现机器学习的技术和学习方法。

1.3　自然语言处理

自然语言处理(natural language processing，NLP)是计算机科学和人工智能的一个分支领域，研究如何使计算机能够理解、分析、处理和生成人类自然语言的文本和语音数据。NLP 的主要目标是让计算机能够与人类进行自然而直观的语言交流，就像人与人之间的交流一样。

扫码看视频

1.3.1　自然语言与人工语言

自然语言和人工语言是两种不同的语言形式，它们用于不同的交流和沟通目的。

1. 自然语言

自然语言是人类自然发展和使用的语言，如英语、汉语、法语、西班牙语等，它们是

社会和文化的产物，经过了漫长的历史和进化。自然语言具有丰富的语法、词汇和语义结构，允许人们表达各种思想、情感和观点。它们通常具有多义性、歧义性和随上下文变化的特性。

自然语言在不同的社交和文化背景下使用，能够适应各种情境和目的。它们具有灵活性，可用于多种交流方式，包括口头交流和书面交流。自然语言的学习需要多年的语言培训和实践，以便掌握其复杂性。

2. 人工语言

人工语言是通过设计和构建的语言，目的是满足特定的通信或信息交流需求。这些语言通常不是自然演化的，而是有计划地创造出来的。人工语言通常具有简化的语法和词汇结构，以使其更容易学习和使用。它们通常被用于特定的领域或任务。

人工语言的使用通常受限于特定社群或专业领域，例如计算机编程语言、科学领域的数学符号，以及国际交流中的世界语等。人工语言的设计者通常会明确定义其语法、词汇和语义，以便减少歧义，从而更容易进行精确的通信。

总之，自然语言是人们日常生活中使用的语言，它们丰富多彩，适用于各种情境和目的。人工语言是为特定领域或特定任务创造的语言，通常被用于特定的专业领域，以简化和精确通信。自然语言是文化的一部分，而人工语言是根据需求而创造的。

1.3.2　自然语言处理的定义与范畴

自然语言处理(NLP)是计算机科学和人工智能领域的一个分支，旨在研究计算机如何理解、处理、分析和生成人类自然语言的文本和语音数据。NLP 的主要目标是使计算机能够与人类进行交流和互动，从而实现更智能的文本和语音处理。NLP 的主要范畴和任务包括以下几个方面。

- 语言理解：NLP 系统的任务是理解文本或语音的语法、语义和语境。这包括词汇分析、句法分析、语义分析和语境分析，以确保正确理解文本的结构和意义。
- 语言生成：NLP 系统可以生成自然语言文本，如文章、新闻报道、电子邮件回复等。这包括文本生成、摘要生成和对话系统中的回应生成。
- 机器翻译：NLP 用于将文本从一种语言翻译成另一种语言，从而实现跨语言交流。这包括机器翻译系统的开发。
- 文本分类和情感分析：NLP 系统可用于将文本分类到不同的类别中，如新闻分类、垃圾邮件检测、情感分析和主题分类。
- 问答系统：NLP 系统能够回答用户提出的自然语言问题，包括虚拟助手、搜索引擎和聊天机器人。

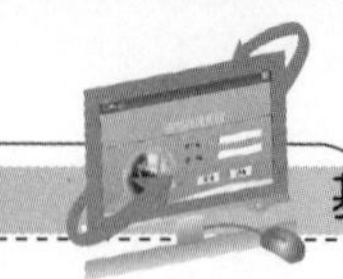

- 语音识别：NLP 技术可以将人类语音转化为文本，以便机器能够理解和处理语音输入。该技术在语音助手、语音命令和语音识别系统等方面有广泛应用。
- 信息检索：NLP 用于构建搜索引擎，使用户能够通过自然语言查询来检索互联网上的信息。
- 自动摘要：NLP 系统可以自动提取文本的关键信息，生成文本摘要，用于处理大规模文本数据。

NLP 的发展受益于机器学习和深度学习的进步，特别是使用深度神经网络(如 Transformer 模型)来处理复杂的自然语言任务。NLP 在许多领域中具有广泛的应用，包括搜索引擎、社交媒体分析、医疗保健、金融服务、客户服务和自动化文本任务，对改进信息处理和促进自然语言交流产生了积极影响。

1.4 自然语言处理的应用领域

在当前技术条件下，自然语言处理(NLP)在各个领域中有广泛的应用，主要应用领域如下。

扫码看视频

- 搜索引擎：NLP 用于改进搜索引擎的搜索结果和相关性，更好地理解用户的查询意图，从而提供更精准的搜索结果。
- 虚拟助手和聊天机器人：NLP 技术用于开发虚拟助手和聊天机器人，使用户能够通过自然语言与计算机进行对话，从获取信息到执行任务。
- 语音识别：NLP 可以将语音转化为文本，用于语音助手、自动字幕生成和语音命令。
- 机器翻译：NLP 系统可用于将文本从一种语言翻译成另一种语言，促进国际交流和跨语言合作。
- 情感分析：NLP 用于分析文本的情感和情感极性，可以应用于社交媒体监测、市场调研和客户反馈分析。
- 文本分类：NLP 系统可以将文本自动分类到不同的类别中，用于新闻分类、垃圾邮件检测、主题标记和内容过滤。
- 信息检索：NLP 技术可以帮助用户通过自然语言查询来检索互联网上的信息，提高搜索效率。
- 自动摘要：NLP 系统可自动提取文本的关键信息，生成文本摘要，有助于处理大量文本数据并节省时间。
- 医疗保健：NLP 用于分析和提取医疗文档中的信息，如病历、医学文献和医生的笔记，以帮助医生做出诊断和决策。

- 金融领域：NLP 技术可用于分析金融新闻、市场评论和经济数据，以支持投资决策和风险管理。
- 法律领域：NLP 可用于法律文件的分析、法律研究和合同管理，以提高法律从业者的工作效率。
- 教育领域：NLP 技术可用于教育应用，如智能教育系统、自动化测验和在线学习。
- 社交媒体分析：NLP 可用于分析社交媒体上的内容、趋势和用户反馈，有助于企业了解公众意见。
- 舆情监测：NLP 技术可用于监测新闻、博客和社交媒体上的舆情，以评估公众对特定话题或产品的看法。

1.5 自然语言处理的挑战与机遇

自然语言处理面临着许多挑战，但同时也提供了许多机遇。本节将详细讲解自然语言处理所面临的挑战与机遇。

扫码看视频

1.5.1 挑战

- 多义性：自然语言中存在大量的多义词和多义短语，这使得计算机在理解文本时容易出现歧义。
- 多语言处理：在全球化时代，多语言 NLP 变得越来越重要，但不同语言之间的语法结构、词汇用法和文化背景的差异增加了多语言处理的复杂性。
- 情感分析：理解和分析文本中的情感和情感极性是一项复杂的任务，因为情感可以通过不同的方式表达。
- 大规模文本数据处理：处理大量文本数据需要强大的计算能力和高效的算法，以便从中提取有用的信息。
- 缺乏标记数据：许多 NLP 任务需要大量的标记数据进行训练，但获取和标记这些数据非常耗时且成本昂贵。
- 私人信息和隐私问题：处理个人数据和敏感信息需要谨慎，以确保隐私和数据安全。
- 开放领域问题：NLP 系统通常被设计用于特定领域或任务，但在开放领域中处理广泛的主题和问题仍然是一个挑战。

1.5.2 机遇

- 智能虚拟助手：NLP 技术使虚拟助手能够更自然地与用户交互，从而提供更好的用户体验。

- 语音助手和自动化客户服务：NLP 技术使语音助手能够理解和回应口头指令，同时也使自动化客户服务变得更加高效。
- 多语言沟通：NLP 技术为跨语言交流提供了机会，从在线翻译到多语言社交媒体分析。
- 医疗保健和科学研究：NLP 技术有助于分析大量医学文献和科学数据，从而推动医疗保健和科学研究的发展。
- 情感分析和市场调研：NLP 技术可以帮助企业更好地理解客户情感和市场趋势，从而改进产品和服务。
- 自动化文本摘要和信息提取：NLP 系统可以自动提取文本中的关键信息，节省时间和精力。
- 法律和合同管理：NLP 技术可以用于法律文档的自动分析和合同管理，从而提高效率和准确性。
- 教育和在线学习：NLP 系统可以用于教育应用，提供个性化的学习体验和自动化测验。

总体而言，NLP 领域既充满挑战，也蕴含着诸多机遇，尤其是在人工智能和自动化领域。随着技术的持续进步与创新，NLP 有望不断拓展其应用范围，为我们的生活和工作提供更多可能性。

第2章 特征提取基础与实践

特征提取是指从原始数据中抽取有用信息或者表示，以便于模型能够更好地理解数据并进行学习。在自然语言处理(NLP)领域，特征提取通常是指将文本数据转化为计算机能够处理的表示形式。本章将详细介绍在自然语言处理中使用特征提取技术的知识。

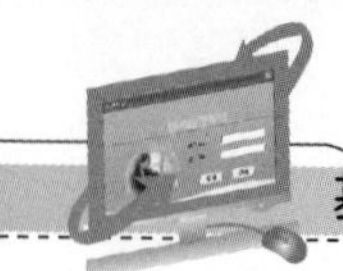

2.1 特征提取基础

特征提取在大模型的开发中扮演着关键角色，因为它直接影响了模型对数据的理解和表现能力。不同的任务和数据可能需要不同的特征提取方法，因此在选择方法时要结合任务的需求进行权衡和实验。

扫码看视频

2.1.1 特征在大模型中的关键作用

特征在大模型中起着至关重要的作用，它们直接影响了模型的性能、泛化能力和对数据的理解。特征在大模型中的关键作用体现在以下几个方面。

- 信息表示和提取：特征是原始数据的抽象表示，能够代表数据中的关键信息和模式。好的特征能够帮助模型更有效地区分不同类别、理解数据的含义和上下文。
- 降低维度和计算复杂度：大模型通常需要大量的计算资源，但原始数据可能具有高维度。特征提取可以帮助将数据映射到更低维度的空间，从而减少计算复杂度并提高模型的效率。
- 泛化能力：好的特征能够捕捉数据的一般性质，使模型能够更好地泛化到未见过的数据。通过在特征中保留重要的、有意义的信息，模型可以更准确地处理新的样本。
- 对抗性防御：在安全性方面，一些特征提取方法可以帮助模型更好地识别和抵御对抗性攻击，从而提高模型的鲁棒性。
- 领域适应和迁移学习：在不同领域之间，数据分布可能有所不同。好的特征可以帮助模型更好地适应新领域的数据，从而实现迁移学习。
- 解释性：一些特征提取方法可以提高模型的解释性，使人们更容易理解模型的决策过程和推理基础。
- 处理缺失数据：特征提取可以通过合理的方法处理缺失数据，从而避免模型因缺失数据而降低性能。
- 序列建模：在序列数据中，特征提取有助于将序列数据转化为模型能够处理的表示形式，如在自然语言处理中将句子转化为嵌入向量。

总之，特征在大模型中的关键作用在于将原始数据转化为更具有信息含量和表达能力的形式，从而使模型能够更好地理解数据、学习模式并进行预测、分类、生成等任务。选择适当的特征提取方法是大模型开发中的一个关键决策，能够直接影响模型的性能和实际应用效果。

2.1.2 特征提取与数据预处理的互补

特征提取和数据预处理是机器学习和深度学习流程中密切相关的两个概念，它们在处理用于模型训练的原始数据时起着不同但互补的作用。

1. 数据预处理

数据预处理是指将数据送入模型之前对原始数据进行一系列操作，旨在清洗、转换和准备数据，以使其适用于模型训练。数据预处理包括以下步骤。

- 数据清洗：删除重复项、处理缺失值、处理异常值等，以确保数据的质量。
- 数据转换：对数据进行规范化、归一化或标准化操作，以确保不同特征的尺度一致，从而有利于模型的训练。
- 特征编码：将非数值特征转化为数值特征，如将类别特征进行独热编码、标签编码等。
- 分词和标记化：对文本数据进行分词、词性标注等操作，以便于后续处理。
- 降维：对高维数据进行降维，减少冗余信息，提高计算效率和模型性能。
- 划分数据集：将数据集划分为训练集、验证集和测试集，以便评估模型的性能和泛化能力。

2. 特征提取

特征提取是在进行数据预处理之后，将数据转化为更高级的、更有信息量的表示形式。特征提取的目标是从原始数据中提取出对模型任务有用的信息。特征提取方法如下。

- 词嵌入：将文本中的词语映射到连续向量空间，以捕捉词语的语义关系。
- 上下文编码：使用预训练的深度学习模型(如 Transformer)编码句子或段落的上下文信息。
- 句子嵌入：将整个句子映射到向量空间中，以表示句子的语义。
- 子词嵌入：将单词拆分成子词或字符，生成更丰富的词汇表示。
- 注意力机制：允许模型在处理文本时聚焦于不同部分，从而更好地捕捉关键信息。

综上所述，数据预处理和特征提取之间的关系如下。

- 顺序关系：数据预处理通常在特征提取之前进行。首先，原始数据需要经过清洗、转换和编码等操作，以准备好要进行特征提取的数据。
- 互补作用：数据预处理和特征提取是互相补充的步骤。数据预处理确保数据的可用性和质量，为特征提取提供了更好的基础。特征提取则在数据预处理的基础上，进一步将数据转化为更有信息量的表示形式。

- 整体流程：数据预处理和特征提取通常是机器学习流程的前期步骤。在数据预处理后，特征提取方法会根据任务的需求将数据转化为适合模型训练的表示形式，从而提高模型的性能和泛化能力。

总之，数据预处理和特征提取在机器学习和深度学习中都是至关重要的步骤，它们共同协作，为模型提供高质量的输入数据和有信息量的特征表示。

2.2 常见的特征类型

特征在机器学习和深度学习中具有不同的类型和重要性，它们对模型的性能和泛化能力有着直接影响。选择正确的特征并进行适当的特征工程是至关重要的，不同的问题和数据可能需要不同类型的特征，因此在特征选择和提取时需要结合领域知识和实际问题的需求。

扫码看视频

2.2.1 数值特征和类别特征

数值特征和类别特征是机器学习和深度学习中常见的两种不同类型的特征，它们在处理方式、编码方式和对模型的影响方面有所不同。

1. 数值特征

数值特征是具有数值的特征，可以是连续的或离散的。它们表示了某种度量或计量，如温度、价格、年龄等。以下是数值特征的一些特点和处理方式。

- 特点：数值特征的值在一定范围内变化，可以进行数学运算，并具有明确的大小关系。
- 处理方式：数值特征通常可以直接用于大多数机器学习算法中。在使用之前，可能需要进行数据规范化、标准化等操作，以确保不同特征之间的尺度一致。
- 编码方式：数值特征本身已经是数值形式，通常无需进行特殊编码。
- 影响：数值特征可以提供直接的数值信息，对模型的预测和学习能力有重要作用。不同的数值特征对模型的预测能力可能产生不同程度的影响。

2. 类别特征

类别特征是具有离散取值的特征，表示了某种分类或类别。例如性别、颜色、地区等。以下是类别特征的一些特点和处理方式。

- 特点：类别特征的值是离散的，不具备大小关系。它们表示不同的类别或类别组。
- 处理方式：类别特征需要进行编码，以便于机器学习模型处理。常见的编码方式包括独热编码、标签编码等。

- 编码方式：独热编码是一种常见的编码方式，将类别特征的每个类别转换为一个二进制向量，其中只有一个位置为1，其余位置为0。标签编码则将类别映射为整数值，但在某些情况下可能会导致模型误以为类别之间存在大小关系。
- 影响：类别特征对模型的影响取决于数据集的情况以及编码方式的选择。正确的类别编码能够为模型提供准确的类别信息，但不同的编码方式可能会引入偏见或误导。

在选择和处理特征时，需要考虑数据的性质、任务的需求以及所使用的算法。数值特征通常较为直接，而类别特征的处理需要更多注意，以避免引入不正确的信息或导致模型的误判。在进行特征工程时，结合领域知识和实验验证，可以更好地决定如何选择和处理数值特征和类别特征。

2.2.2 高维数据的挑战

高维数据(即特征维度较多的数据)在机器学习和深度学习中会引入许多挑战，以下列出了高维数据的挑战信息。

- 维度灾难：随着特征维度的增加，样本在特征空间中变得稀疏，导致数据密度减小，这可能导致模型过拟合或性能下降。
- 计算复杂度：在高维空间中，计算资源的需求急剧增加，训练和推断模型的时间和资源成本也会增加。
- 维度相关性：高维数据中的特征可能具有高度相关性，这会导致模型学习冗余信息，从而降低模型性能。
- 噪声影响：高维数据中可能存在许多不相关的特征，这些特征会对模型的性能产生负面影响，同时也会增加模型对噪声的敏感性。

2.3 特征选择的好处和方法

特征选择是从原始特征集中选择出最相关或最有信息量的特征子集，以提高机器学习模型的性能和泛化能力，同时降低计算复杂度。

扫码看视频

2.3.1 使用特征选择的必要性

在处理高维数据时，特征选择的必要性主要体现在以下几方面。

- 降低维度：特征选择可以帮助降低维度，从而减少维度灾难的影响，提高计算效率，降低过拟合的风险。

- 消除冗余：通过选择相关性较高的特征，可以减少冗余信息，使模型更关注真正重要的特征。
- 提高泛化能力：特征选择可以提高模型的泛化能力，因为减少了模型对噪声和无关信息的敏感性。
- 改善解释性：精心选择的特征可以提供更好的解释性，帮助我们理解模型做出的决策。
- 加速训练：在选择了少数重要特征后，模型的训练时间会显著减少，从而加速整个开发过程。

总之，特征选择不仅有助于提升模型性能和效率，还能改善模型的可解释性，是处理高维数据中不可或缺的一步。通过合理的特征选择，能够构建更加稳健和高效的机器学习模型。

2.3.2 特征选择的方法和实践

下面列出了实现特征选择的常见方法。

- 过滤方法(filter methods)：这些方法在特征选择和模型训练之间独立进行。常见的过滤方法包括卡方检验、互信息、相关系数等，用于度量特征与目标变量之间的关联程度，然后根据设定的阈值或特征排名来选择特征。
- 包装方法(wrapper methods)：将特征选择视为一个搜索问题，通过评估模型的性能来确定特征的贡献。典型的包装方法是递归特征消除(recursive feature elimination，RFE)，它通过反复训练模型并逐步去除对模型影响较小的特征。
- 嵌入方法(embedded methods)：这些方法结合了特征选择和模型训练过程，例如在模型训练中使用正则化项，使得模型倾向于选择较少的特征。Lasso 回归就是一种使用 L1 正则化的嵌入方法。
- 稳定性选择(stability selection)：这是一种基于随机重抽样的方法，通过多次在不同的数据子集上运行模型来估计特征的重要性。这可以帮助稳定地选择重要的特征，减少因数据变化引起的不稳定性。
- 主成分分析(principal component analysis，PCA)：对于高维数据，PCA 可以将特征投影到一个新的低维空间中，保留大部分数据方差。这有助于去除冗余特征和降低维度。
- 基于树模型的特征选择：使用决策树或随机森林等树模型可以计算特征的重要性得分。在树模型中，特征的分裂点和重要性可以作为特征选择的依据。
- 特征选择库：许多机器学习库和工具包提供了内置的特征选择方法，例如

scikit-learn (Python 库)、caret(R 库)等。

在选择特征选择方法时，需要考虑数据集的性质、任务的需求、模型的类型以及计算资源等因素。特征选择可能需要结合实验和交叉验证来确定最合适的特征子集。同时，特征选择方法也不是一成不变的，随着数据集和任务的变化，可能需要不断优化和调整特征选择的策略。

例如下面是一个使用 PyTorch 实现特征选择的例子，其中我们将使用过滤方法中的相关系数来实现选择特征。在实际应用中，可能需要根据数据和任务的特点进行适当的调整。

实例 2-1：PyTorch 使用特征选择方法构建神经网络模型(源码路径：daima\2\te.py)

实例文件 te.py 的具体实现代码如下：

```
# 加载数据
data = load_iris()
X = data.data
y = data.target

# 数据预处理
scaler = StandardScaler()
X_scaled = scaler.fit_transform(X)

# 使用 SelectKBest()来选择特征
num_features_to_select = 2
selector = SelectKBest(score_func=f_classif, k=num_features_to_select)
X_selected = selector.fit_transform(X_scaled, y)

# 划分数据集
X_train, X_test, y_train, y_test = train_test_split(X_selected, y, test_size=0.2,
random_state=42)

# 定义简单的神经网络模型
class SimpleModel(nn.Module):
    def __init__(self, input_dim, output_dim):
        super(SimpleModel, self).__init__()
        self.fc = nn.Linear(input_dim, output_dim)

    def forward(self, x):
        return self.fc(x)

# 设置模型参数
input_dim = num_features_to_select
output_dim = 3  # 数据集是三分类问题
learning_rate = 0.01
num_epochs = 100
```

```
# 初始化模型、损失函数和优化器
model = SimpleModel(input_dim, output_dim)
criterion = nn.CrossEntropyLoss()
optimizer = optim.SGD(model.parameters(), lr=learning_rate)

# 训练模型
for epoch in range(num_epochs):
    inputs = torch.tensor(X_train, dtype=torch.float32)
    labels = torch.tensor(y_train, dtype=torch.long)

    optimizer.zero_grad()
    outputs = model(inputs)
    loss = criterion(outputs, labels)
    loss.backward()
    optimizer.step()

    if (epoch+1) % 10 == 0:
        print(f'Epoch [{epoch+1}/{num_epochs}], Loss: {loss.item():.4f}')

# 在测试集上评估模型性能
with torch.no_grad():
    inputs = torch.tensor(X_test, dtype=torch.float32)
    labels = torch.tensor(y_test, dtype=torch.long)
    outputs = model(inputs)
    _, predicted = torch.max(outputs.data, 1)
    accuracy = (predicted == labels).sum().item() / labels.size(0)
    print(f'Accuracy on test set: {accuracy:.2f}')
```

在上述代码中，首先加载 Iris 数据集，然后使用 SelectKBest()选择 2 个最相关的特征。最后定义一个简单的神经网络模型，使用交叉熵损失函数进行训练，并在测试集上评估模型的性能。程序执行后会输出：

```
Epoch [10/100], Loss: 1.9596
Epoch [20/100], Loss: 1.8222
Epoch [30/100], Loss: 1.6954
Epoch [40/100], Loss: 1.5791
Epoch [50/100], Loss: 1.4731
Epoch [60/100], Loss: 1.3769
Epoch [70/100], Loss: 1.2900
Epoch [80/100], Loss: 1.2118
Epoch [90/100], Loss: 1.1418
Epoch [100/100], Loss: 1.0793
Accuracy on test set: 0.53
```

例如下面是一个使用 TensorFlow 实现特征选择的例子，本实例使用卷积神经网络(CNN)模型对 MNIST 数据集进行分类，并在训练前使用 SelectKBest()方法选择部分特征。

实例 2-2：TensorFlow 使用特征选择方法构建神经网络模型(源码路径：daima\2\tte.py)

实例文件 tte.py 的具体实现代码如下：

```
import tensorflow as tf
from tensorflow.keras.datasets import mnist
from tensorflow.keras.layers import Input, Conv2D, MaxPooling2D, Flatten, Dense
from tensorflow.keras.models import Model
from sklearn.feature_selection import SelectKBest, f_classif

# 加载数据集
(X_train, y_train), (X_test, y_test) = mnist.load_data()
X_train, X_test = X_train / 255.0, X_test / 255.0  # 归一化

# 将图像数据转换为向量形式
X_train = X_train.reshape(-1, 28 * 28)
X_test = X_test.reshape(-1, 28 * 28)

# 使用 SelectKBest()选择特征
num_features_to_select = 200
selector = SelectKBest(score_func=f_classif, k=num_features_to_select)
X_train_selected = selector.fit_transform(X_train, y_train)
X_test_selected = selector.transform(X_test)

# 构建 CNN 模型
input_layer = Input(shape=(num_features_to_select,))
x = Dense(128, activation='relu')(input_layer)
output_layer = Dense(10, activation='softmax')(x)

model = Model(inputs=input_layer, outputs=output_layer)

# 编译模型
model.compile(optimizer='adam', loss='sparse_categorical_crossentropy',
metrics=['accuracy'])

# 训练模型
batch_size = 64
epochs = 10
model.fit(X_train_selected, y_train, batch_size=batch_size, epochs=epochs,
validation_split=0.1)

# 在测试集上评估模型性能
test_loss, test_accuracy = model.evaluate(X_test_selected, y_test, verbose=0)
print(f'Test accuracy: {test_accuracy:.4f}')
```

在上述代码中，首先加载 MNIST 数据集并进行数据预处理。然后使用 SelectKBest()方

法选择200个最相关的特征。接着，构建一个简单的CNN模型，将选择的特征作为输入。模型通过编译后，使用选择的特征进行训练。最后，在测试集上评估模型的性能。程序执行后会输出：

```
Epoch 1/10
844/844 [==============================] - 5s 5ms/step - loss: 0.4450 - accuracy:
0.8686 - val_loss: 0.2119 - val_accuracy: 0.9398
Epoch 2/10
844/844 [==============================] - 4s 5ms/step - loss: 0.2197 - accuracy:
0.9347 - val_loss: 0.1540 - val_accuracy: 0.9570
Epoch 3/10
844/844 [==============================] - 6s 7ms/step - loss: 0.1645 - accuracy:
0.9505 - val_loss: 0.1271 - val_accuracy: 0.9643
Epoch 4/10
844/844 [==============================] - 5s 6ms/step - loss: 0.1332 - accuracy:
0.9604 - val_loss: 0.1142 - val_accuracy: 0.9682
Epoch 5/10
844/844 [==============================] - 4s 5ms/step - loss: 0.1150 - accuracy:
0.9659 - val_loss: 0.1054 - val_accuracy: 0.9712
Epoch 6/10
844/844 [==============================] - 6s 7ms/step - loss: 0.1002 - accuracy:
0.9705 - val_loss: 0.1030 - val_accuracy: 0.9712
Epoch 7/10
844/844 [==============================] - 5s 5ms/step - loss: 0.0886 - accuracy:
0.9737 - val_loss: 0.0992 - val_accuracy: 0.9717
Epoch 8/10
844/844 [==============================] - 6s 7ms/step - loss: 0.0794 - accuracy:
0.9760 - val_loss: 0.0926 - val_accuracy: 0.9733
Epoch 9/10
844/844 [==============================] - 3s 4ms/step - loss: 0.0717 - accuracy:
0.9786 - val_loss: 0.0909 - val_accuracy: 0.9748
Epoch 10/10
844/844 [==============================] - 3s 4ms/step - loss: 0.0652 - accuracy:
0.9807 - val_loss: 0.0929 - val_accuracy: 0.9740
Test accuracy: 0.9692
```

2.4 特征抽取的概念和方法

特征抽取是一种将原始数据转化为更高级、更有信息量的表示形式的过程，以便于机器学习模型能够更好地理解和处理数据。与特征选择不同，特征抽取通常是通过转换数据的方式来创建新的特征，而不是从原始特征集中选择子集。

扫码看视频

2.4.1 特征抽取的概念

特征抽取是指从原始数据中提取出对于任务有用的、更高级别的信息或特征的过程。在机器学习和数据分析中，原始数据可能包含大量的维度和信息，其中很多信息可能是冗余的、无用的或嘈杂的。特征抽取的目标是通过一系列变换和处理，将原始数据转化为更有信息量、更有区分性的特征，从而改善模型的性能、泛化能力和效率。

特征抽取可以用于不同类型的数据，如文本、图像、音频、时间序列等，它可以通过各种数学和统计方法来实现。下面是特征抽取的几个关键概念。

- 数据表示转换：特征抽取涉及将数据从一个表示形式转换为另一个表示形式。这个新的表示形式通常更加适合机器学习算法的处理和学习。
- 降维：在高维数据中，往往存在大量的冗余信息。特征抽取可以通过降维技术将数据映射到低维空间，在减少维度的同时保留重要的信息。
- 信息提取：特征抽取的目标是从原始数据中提取出与任务相关的信息。这可能涉及识别模式、关联性、统计属性等。
- 非线性变换：特征抽取可以涉及对数据进行非线性变换，以捕捉数据中复杂的关系和模式。
- 领域知识：在进行特征抽取时，领域知识可以发挥重要作用，帮助选择合适的转换方法和特征。
- 模型训练前处理：特征抽取通常在模型训练之前进行，以便将经过处理的数据用于训练。它可以帮助提高模型的性能和泛化能力。

特征抽取的目标是将数据转化为更有信息量的表示形式，以便于机器学习模型更好地学习和预测。在选择特征抽取方法时，需要根据数据的类型和任务的需求进行合理选择，并通过实验进行验证和调整。在实际应用中，常用的特征抽取方法包括主成分分析(PCA)、独立成分分析(ICA)和自动编码器(autoencoder)等。

2.4.2 主成分分析方法和实践

主成分分析(principal component analysis，PCA)是一种线性降维方法，通过将数据投影到新的低维子空间，保留最大方差的特征，以实现维度降低和噪声削减。例如下面是一个使用 PyTorch 实现主成分分析(PCA)进行特征提取的例子，本实例将使用 PCA 降低图像数据的维度，并使用降维后的数据训练一个简单的神经网络模型。

实例 2-3：使用 PyTorch 实现主成分分析方法进行特征提取(源码路径：daima\2\zhu.py)

实例文件 zhu.py 的具体实现代码如下：

```
# 加载 MNIST 数据集
transform = transforms.Compose([transforms.ToTensor()])
train_loader = torch.utils.data.DataLoader(datasets.MNIST('./data', train=True,
download=True, transform=transform), batch_size=64, shuffle=True)

# 提取数据并进行 PCA 降维
X = []
y = []
for images, labels in train_loader:
    images = images.view(images.size(0), -1)  # 将图像展平为向量
    X.append(images)
    y.append(labels)
X = torch.cat(X, dim=0).numpy()
y = torch.cat(y, dim=0).numpy()

num_components = 20  # 选择降维后的维度
pca = PCA(n_components=num_components)
X_pca = pca.fit_transform(X)

# 划分数据集
X_train, X_test, y_train, y_test = train_test_split(X_pca, y, test_size=0.2,
random_state=42)

# 定义简单的神经网络模型
class SimpleModel(nn.Module):
    def __init__(self, input_dim, output_dim):
        super(SimpleModel, self).__init__()
        self.fc = nn.Linear(input_dim, output_dim)

    def forward(self, x):
        return self.fc(x)

# 设置模型参数
input_dim = num_components
output_dim = 10  # 类别数
learning_rate = 0.01
num_epochs = 10

# 初始化模型、损失函数和优化器
model = SimpleModel(input_dim, output_dim)
criterion = nn.CrossEntropyLoss()
optimizer = optim.SGD(model.parameters(), lr=learning_rate)

# 训练模型
for epoch in range(num_epochs):
    inputs = torch.tensor(X_train, dtype=torch.float32)
    labels = torch.tensor(y_train, dtype=torch.long)
```

```
    optimizer.zero_grad()
    outputs = model(inputs)
    loss = criterion(outputs, labels)
    loss.backward()
    optimizer.step()

    if (epoch+1) % 1 == 0:
        print(f'Epoch [{epoch+1}/{num_epochs}], Loss: {loss.item():.4f}')

# 在测试集上评估模型性能
with torch.no_grad():
    inputs = torch.tensor(X_test, dtype=torch.float32)
    labels = torch.tensor(y_test, dtype=torch.long)
    outputs = model(inputs)
    _, predicted = torch.max(outputs.data, 1)
    accuracy = (predicted == labels).sum().item() / labels.size(0)
    print(f'Accuracy on test set: {accuracy:.2f}')
```

在这个例子中，首先加载 MNIST 数据集并进行数据预处理。然后，将图像数据展平为向量，并使用 PCA 对数据进行降维。接下来，定义一个简单的神经网络模型，使用降维后的数据进行训练。最后，在测试集上评估模型的性能。程序执行后会输出：

```
Epoch [1/10], Loss: 2.3977
Epoch [2/10], Loss: 2.3872
Epoch [3/10], Loss: 2.3768
Epoch [4/10], Loss: 2.3665
Epoch [5/10], Loss: 2.3563
Epoch [6/10], Loss: 2.3461
Epoch [7/10], Loss: 2.3360
Epoch [8/10], Loss: 2.3260
Epoch [9/10], Loss: 2.3160
Epoch [10/10], Loss: 2.3061
Accuracy on test set: 0.18
```

下面是一个使用 TensorFlow 实现主成分分析方法进行特征提取的例子，并保存处理后的模型。

实例 2-4：使用 TensorFlow 实现主成分分析方法进行特征提取(源码路径：daima\2\tzhu.py)

实例文件 tzhu.py 的具体实现代码如下：

```
import tensorflow as tf
from tensorflow.keras.datasets import mnist
from tensorflow.keras.layers import Input, Dense
from tensorflow.keras.models import Model
from sklearn.decomposition import PCA
from sklearn.model_selection import train_test_split
```

```
# 加载 MNIST 数据集
(X_train, y_train), (X_test, y_test) = mnist.load_data()
X_train = X_train.reshape(-1, 28 * 28) / 255.0  # 归一化
X_test = X_test.reshape(-1, 28 * 28) / 255.0

# 使用 PCA 进行降维
num_components = 20  # 选择降维后的维度
pca = PCA(n_components=num_components)
X_train_pca = pca.fit_transform(X_train)
X_test_pca = pca.transform(X_test)

# 划分数据集
X_train_split, X_val_split, y_train_split, y_val_split =
train_test_split(X_train_pca, y_train, test_size=0.1, random_state=42)

# 定义神经网络模型
input_layer = Input(shape=(num_components,))
x = Dense(128, activation='relu')(input_layer)
output_layer = Dense(10, activation='softmax')(x)

model = Model(inputs=input_layer, outputs=output_layer)

# 编译模型
model.compile(optimizer='adam', loss='sparse_categorical_crossentropy',
metrics=['accuracy'])

# 训练模型
batch_size = 64
epochs = 10
history = model.fit(X_train_split, y_train_split, batch_size=batch_size,
epochs=epochs, validation_data=(X_val_split, y_val_split))

# 保存模型
model.save('pca_model.h5')
print("Model saved")

# 在测试集上评估模型性能
test_loss, test_accuracy = model.evaluate(X_test_pca, y_test, verbose=0)
print(f'Test accuracy: {test_accuracy:.4f}')

# 加载保存的模型
loaded_model = tf.keras.models.load_model('pca_model.h5')

# 在测试集上评估加载的模型性能
loaded_test_loss, loaded_test_accuracy = loaded_model.evaluate(X_test_pca, y_test,
verbose=0)
print(f'Loaded model test accuracy: {loaded_test_accuracy:.4f}')
```

上述代码的实现流程如下。

(1) 数据加载和预处理：代码首先加载 MNIST 手写数字数据集，并对图像数据进行预处理。具体操作包括将图像展平为向量，并进行归一化处理(将像素值从 0～255 缩放到 0～1 之间)。

(2) PCA 降维：使用 PCA 算法对训练集的图像数据进行降维，将原始高维数据转换为低维数据。这将有助于减少数据的维度，并保留数据中的主要信息。

(3) 数据划分：划分降维后的训练集为训练集和验证集，以便在训练模型时进行验证。

(4) 神经网络模型定义：定义一个简单的神经网络模型，该模型接收 PCA 降维后的数据作为输入，并包含一个隐藏层和一个输出层。

(5) 模型编译：编译神经网络模型，指定优化器和损失函数。

(6) 模型训练：使用划分后的训练集对神经网络模型进行训练。训练过程将执行一定数量的 epoch(迭代次数)，在每个 epoch 中，模型将根据训练数据进行参数更新，并在验证集上计算性能指标。

(7) 保存模型：保存经过训练的神经网络模型为一个 HDF5 文件(扩展名为.h5)，以便以后加载和使用。

(8) 模型性能评估：使用测试集评估经过训练的神经网络模型的性能，计算并输出测试准确率。

(9) 加载模型和再次评估：加载之前保存的模型，然后使用相同的测试集对加载的模型进行评估，计算并输出加载模型的测试准确率。

程序执行后会输出：

```
Epoch 1/10
844/844 [==============================] - 4s 4ms/step - loss: 0.4939 - accuracy:
0.8608 - val_loss: 0.2515 - val_accuracy: 0.9273
Epoch 2/10
844/844 [==============================] - 3s 3ms/step - loss: 0.2107 - accuracy:
0.9376 - val_loss: 0.1775 - val_accuracy: 0.9498
Epoch 3/10
844/844 [==============================] - 4s 5ms/step - loss: 0.1604 - accuracy:
0.9521 - val_loss: 0.1490 - val_accuracy: 0.9577
Epoch 4/10
844/844 [==============================] - 5s 6ms/step - loss: 0.1363 - accuracy:
0.9592 - val_loss: 0.1332 - val_accuracy: 0.9612
Epoch 5/10
844/844 [==============================] - 3s 4ms/step - loss: 0.1218 - accuracy:
0.9630 - val_loss: 0.1236 - val_accuracy: 0.9640
Epoch 6/10
844/844 [==============================] - 3s 3ms/step - loss: 0.1115 - accuracy:
0.9654 - val_loss: 0.1166 - val_accuracy: 0.9638
```

```
Epoch 7/10
844/844 [==============================] - 3s 4ms/step - loss: 0.1034 - accuracy:
0.9681 - val_loss: 0.1091 - val_accuracy: 0.9658
Epoch 8/10
844/844 [==============================] - 3s 4ms/step - loss: 0.0978 - accuracy:
0.9697 - val_loss: 0.1104 - val_accuracy: 0.9653
Epoch 9/10
844/844 [==============================] - 2s 3ms/step - loss: 0.0934 - accuracy:
0.9712 - val_loss: 0.1063 - val_accuracy: 0.9657
Epoch 10/10
844/844 [==============================] - 2s 3ms/step - loss: 0.0890 - accuracy:
0.9727 - val_loss: 0.1034 - val_accuracy: 0.9670
Model saved
Test accuracy: 0.9671
Loaded model test accuracy: 0.9671
```

2.4.3 独立成分分析方法和实践

独立成分分析(independent component analysis，ICA)是一种用于从混合信号中提取独立成分的统计方法。它的目标是将多个随机信号分离为原始信号的线性组合，使得这些独立成分在某种意义上是相互独立的。

ICA 在信号处理、图像处理、神经科学、脑成像等领域有广泛的应用。与主成分分析(PCA)不同，PCA 旨在找到数据的主要方向，而 ICA 则专注于找到数据中的独立成分。这使得 ICA 在处理混合信号时更有优势，特别是当信号来自不同源且相互混合时，例如麦克风阵列捕获的声音信号、脑电图(EEG)信号等。

ICA 的基本思想是，假设观测信号是源信号的线性混合，而每个观测信号都是源信号的线性组合，其中混合系数和源信号相互独立。通过对观测信号进行变换，可以尝试提取一组独立的成分信号，这些信号在统计上是不相关的。

独立成分分析(ICA)通常不用于直接构建模型，而是用于信号处理中的特征提取。因此，在 PyTorch 中，我们可以使用 ICA 方法对数据进行降维和特征提取，然后将提取的特征用于后续模型构建。下面是一个使用 PyTorch 进行 ICA 数据降维和模型构建的完整实例，其中包括数据加载、ICA 降维、模型构建和保存模型等功能。

实例 2-5：使用 PyTorch 进行 ICA 数据降维和模型构建(源码路径：daima\2\du.py)

实例文件 du.py 的具体实现代码如下：

```
# 加载 MNIST 数据集
transform = transforms.Compose([transforms.ToTensor()])
train_loader = torch.utils.data.DataLoader(datasets.MNIST('./data', train=True,
download=True, transform=transform), batch_size=64, shuffle=True)
```

```
# 提取数据并进行标准化
X = []
y = []
for images, labels in train_loader:
    images = images.view(images.size(0), -1)  # 将图像展平为向量
    X.append(images)
    y.append(labels)
X = torch.cat(X, dim=0).numpy()
y = torch.cat(y, dim=0).numpy()

scaler = StandardScaler()
X_scaled = scaler.fit_transform(X)

# 使用 FastICA()进行降维
num_components = 20  # 选择降维后的成分数
ica = FastICA(n_components=num_components)
X_ica = ica.fit_transform(X_scaled)

# 划分数据集
X_train, X_val, y_train, y_val = train_test_split(X_ica, y, test_size=0.1,
random_state=42)

# 定义简单的神经网络模型
class SimpleModel(nn.Module):
    def __init__(self, input_dim, output_dim):
        super(SimpleModel, self).__init__()
        self.fc = nn.Linear(input_dim, output_dim)

    def forward(self, x):
        return self.fc(x)

# 设置模型参数
input_dim = num_components
output_dim = 10  # 类别数
learning_rate = 0.01
num_epochs = 10

# 初始化模型、损失函数和优化器
model = SimpleModel(input_dim, output_dim)
criterion = nn.CrossEntropyLoss()
optimizer = optim.SGD(model.parameters(), lr=learning_rate)

# 训练模型
for epoch in range(num_epochs):
    inputs = torch.tensor(X_train, dtype=torch.float32)
    labels = torch.tensor(y_train, dtype=torch.long)
```

```
        optimizer.zero_grad()
        outputs = model(inputs)
        loss = criterion(outputs, labels)
        loss.backward()
        optimizer.step()

        if (epoch+1) % 1 == 0:
            print(f'Epoch [{epoch+1}/{num_epochs}], Loss: {loss.item():.4f}')

# 保存模型
torch.save(model.state_dict(), 'ica_model.pth')
print("Model saved")

# 在验证集上评估模型性能
with torch.no_grad():
    inputs = torch.tensor(X_val, dtype=torch.float32)
    labels = torch.tensor(y_val, dtype=torch.long)
    outputs = model(inputs)
    _, predicted = torch.max(outputs.data, 1)
    accuracy = (predicted == labels).sum().item() / labels.size(0)
    print(f'Validation accuracy: {accuracy:.2f}')
```

在这个例子中，首先加载 MNIST 数据集并进行数据预处理。然后，使用函数 StandardScaler()对数据进行标准化处理，以便进行 ICA 降维。接下来，使用 FastICA()进行降维处理，将原始数据降维为 20 个独立成分。之后，定义一个简单的神经网络模型，并使用降维后的数据进行训练。最后，将训练好的模型保存为文件 ica_model.pth。

在 TensorFlow 中，可以使用 ICA 对数据进行降维和特征提取，然后将提取的特征用于后续模型构建。例如下面是一个使用 TensorFlow 进行 ICA 数据降维和模型构建的例子，其中包括数据加载、ICA 降维、模型构建和保存模型等功能。

实例 2-6：使用 TensorFlow 进行 ICA 数据降维和模型构建(源码路径：daima\2\tdu.py)

实例文件 tdu.py 的具体实现代码如下：

```
# 加载 MNIST 数据集
(X_train, y_train), (X_test, y_test) = tf.keras.datasets.mnist.load_data()
X_train = X_train.reshape(-1, 28 * 28) / 255.0  # 归一化
X_test = X_test.reshape(-1, 28 * 28) / 255.0

# 使用函数 StandardScaler()进行标准化
scaler = StandardScaler()
X_scaled = scaler.fit_transform(X_train)

# 使用 FastICA()进行降维
```

```
num_components = 20  # 选择降维后的成分数
ica = FastICA(n_components=num_components)
X_ica = ica.fit_transform(X_scaled)

# 划分数据集
X_train_split, X_val_split, y_train_split, y_val_split = train_test_split(X_ica,
y_train, test_size=0.1, random_state=42)

# 定义神经网络模型
input_layer = Input(shape=(num_components,))
x = Dense(128, activation='relu')(input_layer)
output_layer = Dense(10, activation='softmax')(x)

model = Model(inputs=input_layer, outputs=output_layer)

# 编译模型
model.compile(optimizer='adam', loss='sparse_categorical_crossentropy',
metrics=['accuracy'])

# 训练模型
batch_size = 64
epochs = 10
history = model.fit(X_train_split, y_train_split, batch_size=batch_size,
epochs=epochs, validation_data=(X_val_split, y_val_split))

# 保存模型
model.save('ica_model1.h5')
print("Model saved")

# 在测试集上评估模型性能
test_loss, test_accuracy = model.evaluate(X_ica, y_test, verbose=0)
print(f'Test accuracy: {test_accuracy:.4f}')
```

在这个例子中，首先加载 MNIST 数据集并进行数据预处理。然后，使用函数 StandardScaler()对数据进行标准化处理，以便进行 ICA 降维。接下来，使用 FastICA()进行降维处理，将原始数据降维为 20 个独立成分。之后，定义一个简单的神经网络模型，并使用降维后的数据进行训练。最后，将训练好的模型保存为文件 ica_model1.h5。

2.4.4 自动编码器方法和实践

自动编码器(autoencoder，AE)是一种无监督学习算法，用于学习有效的数据表示，通常用于特征提取、降维和数据去噪。它由两部分组成：编码器(encoder)和解码器(decoder)。编码器将输入数据映射到一个较低维度的表示，而解码器则将该低维度表示映射回原始数据空间，尽可能地复原输入数据。这种结构迫使模型学习到数据的关键特征，从而实现降维

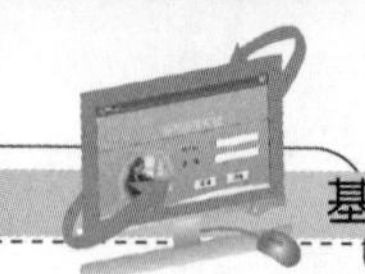

和特征提取的目标。

自动编码器的训练过程是通过最小化输入数据与解码器输出之间的重构误差来实现的。在训练期间，模型的目标是找到一个紧凑的表示形式，以便能够在解码器中恢复输入数据。一旦训练完成，编码器可以用于生成有用的特征表示，这些特征可用于其他任务，如分类、聚类等。例如下面是一个使用 TensorFlow 构建简单自动编码器的例子。

实例 2-7：使用 TensorFlow 构建简单自动编码器(源码路径：daima\2\tzi.py)

实例文件 tzi.py 的具体实现代码如下：

```
# 加载 MNIST 数据集并进行归一化
(X_train, _), (X_test, _) = mnist.load_data()
X_train = X_train.reshape(-1, 28 * 28) / 255.0
X_test = X_test.reshape(-1, 28 * 28) / 255.0

# 定义自动编码器模型
input_dim = 784  # 输入维度，MNIST 图像为 28×28
encoding_dim = 32  # 编码维度

input_layer = Input(shape=(input_dim,))
encoded = Dense(encoding_dim, activation='relu')(input_layer)
decoded = Dense(input_dim, activation='sigmoid')(encoded)

autoencoder = Model(inputs=input_layer, outputs=decoded)

# 编译自动编码器
autoencoder.compile(optimizer='adam', loss='binary_crossentropy')

# 训练自动编码器
batch_size = 128
epochs = 50
autoencoder.fit(X_train, X_train, batch_size=batch_size, epochs=epochs,
shuffle=True, validation_data=(X_test, X_test))

# 保存自动编码器模型
autoencoder.save('autoencoder_model.h5')
print("Model saved")
```

在这个例子中，定义了一个简单的自动编码器模型，它包括一个输入层、一个编码层和一个解码层。编码层将输入数据映射到 32 维的编码表示，解码层将编码表示映射回 784 维的原始数据空间。模型的目标是最小化输入与解码器输出之间的重构误差。训练过程使用 MNIST 数据集，并将输入数据设置为目标，以最小化重构误差。训练完成后，可以使用训练好的自动编码器模型来生成有用的特征表示，也可以用于数据重建和去噪等任务。

下面是一个使用 PyTorch 构建自动编码器并保存模型的例子，演示了使用 PyTorch 构建自动编码器并保存模型，以及进行训练和数据加载的过程。

实例 2-8：使用 PyTorch 构建自动编码器并保存模型(源码路径：daima\2\zi.py)

实例文件 zi.py 的具体实现代码如下：

```
# 自定义自动编码器类
class Autoencoder(nn.Module):
    def __init__(self, encoding_dim):
        super(Autoencoder, self).__init__()
        self.encoder = nn.Sequential(
            nn.Linear(784, encoding_dim),
            nn.ReLU()
        )
        self.decoder = nn.Sequential(
            nn.Linear(encoding_dim, 784),
            nn.Sigmoid()
        )

    def forward(self, x):
        encoded = self.encoder(x)
        decoded = self.decoder(encoded)
        return decoded

# 加载 MNIST 数据集
transform = transforms.Compose([transforms.ToTensor()])
train_dataset = datasets.MNIST('./data', train=True, download=True,
transform=transform)
train_loader = DataLoader(train_dataset, batch_size=64, shuffle=True)

# 划分训练集和验证集
train_data, val_data = train_test_split(train_dataset, test_size=0.1,
random_state=42)

# 实例化自动编码器模型
encoding_dim = 32
autoencoder = Autoencoder(encoding_dim)

# 定义损失函数和优化器
criterion = nn.MSELoss()
optimizer = optim.Adam(autoencoder.parameters(), lr=0.001)

# 训练自动编码器
num_epochs = 10
for epoch in range(num_epochs):
    for data in train_loader:
        img, _ = data
```

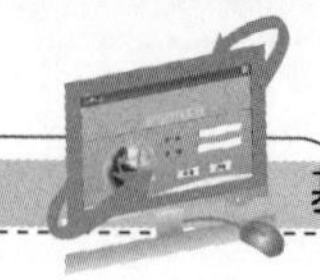

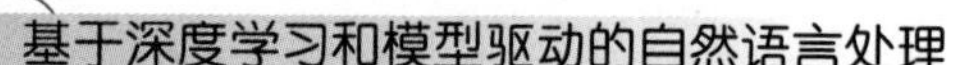

```
        img = img.view(img.size(0), -1)

        optimizer.zero_grad()
        outputs = autoencoder(img)
        loss = criterion(outputs, img)
        loss.backward()
        optimizer.step()

    print(f'Epoch [{epoch+1}/{num_epochs}], Loss: {loss.item():.4f}')

# 保存自动编码器模型
torch.save(autoencoder.state_dict(), 'autoencoder_model.pth')
print("Model saved")
```

在这个例子中，首先自定义一个自动编码器类 Autoencoder，其中包含一个编码器和一个解码器。编码器将输入数据映射到较低维度的表示，解码器将这个低维度表示映射回原始数据空间。然后，加载 MNIST 数据集，实例化自动编码器模型，定义损失函数和优化器，并使用训练集进行模型训练。训练完成后，将训练好的自动编码器模型保存为 autoencoder_model.pth 文件。

2.5 嵌入：改善模型的性能

在序列建模中，嵌入(embedding)是将离散的符号(如单词、字符、类别等)映射到连续向量空间的过程。嵌入是将高维离散特征转换为低维连续特征的一种方式，这种转换有助于提取序列数据中的语义和上下文信息，从而改善序列模型的性能。

扫码看视频

2.5.1 嵌入的应用场景

嵌入层是深度学习中常见的一种层类型，通常用于自然语言处理(NLP)和推荐系统等任务，其中输入数据通常是符号序列。通过嵌入，每个符号(例如单词)被映射为一个稠密向量，这个向量可以捕捉到符号的语义和语境信息。

下面列出了嵌入在序列建模中的一些重要应用场景。

- 自然语言处理(NLP)：在文本处理任务中，嵌入可以将单词或字符映射为连续向量表示，使得模型能够捕获词语之间的语义关系和上下文信息。Word2Vec、GloVe 和 BERT 等模型都使用了嵌入技术。
- 推荐系统：在推荐系统中，嵌入可以用于表示用户和物品(如商品、电影等)，从而构建“用户-物品”交互矩阵的表示。这种表示可以用于预测用户对未知物品的兴趣。

- 时间序列预测：对于时间序列数据，嵌入可以用于将时间步和历史数据映射为连续向量，以捕获序列中的趋势和模式。
- 序列标注：在序列标注任务中，嵌入可以用于将输入的序列元素(如字母、音素等)映射为向量，供序列标注模型使用。
- 图像描述生成：在图像描述生成任务中，嵌入可以将图像中的对象或场景映射为向量，作为生成描述的输入。

2.5.2 基于 PyTorch 实现特征提取

当使用 PyTorch 进行文本数据的特征提取时，可以使用嵌入层来将单词映射为连续向量表示。下面的实例演示了在 PyTorch 中使用嵌入层进行文本数据特征提取的过程。

实例 2-9：在 PyTorch 中使用嵌入层提取文本数据的特征(源码路径：daima\2\qian.py)

实例文件 qian.py 的具体实现代码如下：

```
# 生成一些示例文本数据
texts = ["this is a positive sentence",
        "this is a negative sentence",
        "a positive sentence here",
        "a negative sentence there"]

labels = [1, 0, 1, 0]

# 构建词汇表
word_counter = Counter()
for text in texts:
   tokens = text.split()
   word_counter.update(tokens)

vocab = sorted(word_counter, key=word_counter.get, reverse=True)
word_to_index = {word: idx for idx, word in enumerate(vocab)}

# 文本数据预处理和转换为索引
def preprocess_text(text, word_to_index):
   tokens = text.split()
   token_indices = [word_to_index[token] for token in tokens]
   return token_indices

texts_indices = [preprocess_text(text, word_to_index) for text in texts]

# 划分训练集和验证集
```

```
train_data, val_data, train_labels, val_labels = train_test_split(texts_indices,
labels, test_size=0.2, random_state=42)

# 自定义数据集和数据加载器
class CustomDataset(Dataset):
    def __init__(self, data, labels):
        self.data = data
        self.labels = labels

    def __len__(self):
        return len(self.data)

    def __getitem__(self, idx):
        return torch.tensor(self.data[idx]), torch.tensor(self.labels[idx])

# 获取最长文本序列的长度
max_seq_length = max([len(text) for text in train_data])

# 填充数据，使得每个文本序列长度相同
train_data_padded = [text + [0] * (max_seq_length - len(text)) for text in train_data]
val_data_padded = [text + [0] * (max_seq_length - len(text)) for text in val_data]

train_dataset = CustomDataset(train_data_padded, train_labels)
val_dataset = CustomDataset(val_data_padded, val_labels)

train_loader = DataLoader(train_dataset, batch_size=2, shuffle=True)

# 定义模型
class TextClassifier(nn.Module):
    def __init__(self, vocab_size, embedding_dim, output_dim):
        super(TextClassifier, self).__init__()
        self.embedding = nn.Embedding(vocab_size, embedding_dim)
        self.fc = nn.Linear(embedding_dim, output_dim)

    def forward(self, x):
        embedded = self.embedding(x)
        pooled = torch.mean(embedded, dim=1)
        return self.fc(pooled)


# 设置参数和优化器
vocab_size = len(vocab)
embedding_dim = 10
output_dim = 1
learning_rate = 0.01
num_epochs = 10
```

```
model = TextClassifier(vocab_size, embedding_dim, output_dim)
criterion = nn.BCEWithLogitsLoss()
optimizer = optim.Adam(model.parameters(), lr=learning_rate)

# 训练模型
for epoch in range(num_epochs):
    for batch_data, batch_labels in train_loader:
        optimizer.zero_grad()
        predictions = model(batch_data)

        # 将标签调整为向量形式，与模型输出维度相匹配
        batch_labels = batch_labels.unsqueeze(1).float()

        loss = criterion(predictions, batch_labels)
        loss.backward()
        optimizer.step()
    print(f'Epoch [{epoch + 1}/{num_epochs}], Loss: {loss.item():.4f}')

# 在验证集上评估模型性能
with torch.no_grad():
    val_data_tensor = pad_sequence([torch.tensor(text) for text in val_data_padded],
batch_first=True)
    val_predictions = model(val_data_tensor)
    val_predictions = torch.round(torch.sigmoid(val_predictions))
    accuracy = (val_predictions ==
torch.tensor(val_labels).unsqueeze(1)).sum().item() / len(val_labels)
    print(f'Validation accuracy: {accuracy:.2f}')
```

总的来说，这段代码演示了如何使用 PyTorch 进行文本分类任务，其中包括数据预处理、模型定义、训练和评估过程。注意，这个示例是一个简化版的文本分类流程，实际应用中可能需要更多的步骤和技术来处理更复杂的文本数据和任务。

2.5.3 基于 TensorFlow 实现特征提取

当在 TensorFlow 中使用嵌入层进行文本数据的特征提取时，可以使用 tf.keras.layers.Embedding 层来将单词映射为连续向量表示。例如下面的实例，演示了在 TensorFlow 中使用嵌入层进行文本数据特征提取的过程。

实例 2-10：在 TensorFlow 中使用嵌入层提取文本数据的特征(源码路径：daima\2\tqian.py)

实例文件 tqian.py 的具体实现代码如下：

```
# 生成一些示例文本数据和标签
texts = ["this is a positive sentence",
         "this is a negative sentence",
```

```
        "a positive sentence here",
        "a negative sentence there"]

labels = [1, 0, 1, 0]

# 创建分词器并进行分词
tokenizer = Tokenizer()
tokenizer.fit_on_texts(texts)
sequences = tokenizer.texts_to_sequences(texts)

# 填充文本序列，使其长度相同
max_seq_length = max(len(seq) for seq in sequences)
padded_sequences = pad_sequences(sequences, maxlen=max_seq_length,
padding='post')

# 划分训练集和验证集
train_data, val_data, train_labels, val_labels = train_test_split(padded_sequences,
labels, test_size=0.2, random_state=42)

# 转换为 TensorFlow 张量
train_data = tf.convert_to_tensor(train_data)
val_data = tf.convert_to_tensor(val_data)
train_labels = tf.convert_to_tensor(train_labels)
val_labels = tf.convert_to_tensor(val_labels)

# 定义模型
model = tf.keras.Sequential([
    tf.keras.layers.Embedding(input_dim=len(tokenizer.word_index) + 1,
output_dim=10, input_length=max_seq_length),
    tf.keras.layers.GlobalAveragePooling1D(),
    tf.keras.layers.Dense(1, activation='sigmoid')
])

# 编译模型
model.compile(optimizer='adam', loss='binary_crossentropy',
metrics=['accuracy'])

# 训练模型
model.fit(train_data, train_labels, epochs=10, batch_size=2,
validation_data=(val_data, val_labels))

# 在验证集上评估模型性能
val_loss, val_accuracy = model.evaluate(val_data, val_labels)
print(f'Validation accuracy: {val_accuracy:.2f}')
```

在这个例子中，首先使用 TensorFlow 中的 Tokenizer 将文本转换为序列，然后使用 pad_sequences()函数将序列填充为相同长度。接着，定义一个包含嵌入层的模型，嵌入层将单词映射为连续向量表示，随后通过全局平均池化层进行特征提取，最后使用一个全连接层进行分类。模型使用交叉熵作为损失函数，并在验证集上评估性能。

2.5.4 词嵌入深度学习模型 Word2Vec

Word2Vec 是一种用于学习词嵌入(word embeddings)的模型，旨在将词汇映射到低维的向量空间中。这种映射使得单词的语义信息能够以密集向量的形式被捕捉，这与传统的词袋模型(bag of words)或 TF-IDF 表示形式不同。Word2Vec 模型的主要目标是学习具有相似语义的词汇之间的相似向量表示。

Word2Vec 模型有两种主要变体：Skip-gram 和 CBOW(continuous bag of words)，具体说明如下。

- Skip-gram 模型：Skip-gram 模型的目标是根据一个给定的中心词来预测其上下文词汇。例如，给定中心词 cat，Skip-gram 模型试图预测 on、the、mat 等上下文词汇。通过迭代训练，模型可以学习到每个词汇的词向量，使得相似语境中的词汇具有相似的向量表示。
- CBOW 模型：CBOW 模型与 Skip-gram 模型相反，它的目标是根据上下文词汇来预测中心词汇。例如，给定上下文词汇 the、cat、on、mat，CBOW 模型试图预测中心词 is。同样，CBOW 模型通过迭代训练来学习每个词汇的词向量。

Word2Vec 模型的训练过程通常使用大型文本语料库，以便学习丰富的语义信息。在训练过程中，模型会调整词向量，使得在相似语境中的词汇在向量空间中更加接近，而在不同语境中的词汇则会被推开。Word2Vec 模型的词向量可以用于各种自然语言处理任务，包括文本分类、情感分析、命名实体识别和词义消歧等。这些词向量能够帮助捕捉文本中的语义信息，从而提高模型的性能。

当使用 Word2Vec 模型时，一个常见的应用是在大规模文本数据上训练模型，然后使用训练好的模型来获取词汇的向量表示。这些向量表示可以用于多种任务，包括文本相似性计算、文本分类和推荐系统。例如下面的例子，演示了使用预训练的 Word2Vec 模型来查找相似词汇的过程。

实例 2-11：使用预训练的 Word2Vec 模型查找相似词汇(源码路径：daima\2\word.py)

实例文件 word.py 的具体实现代码如下：

```
from gensim.models import Word2Vec
from gensim.models import KeyedVectors

# 下载预训练的 Word2Vec 模型(这是 Google News 的预训练模型，文件较大)
# 链接：https://code.google.com/archive/p/wordzvec/
```

```
# 下载后解压并提供文件路径
pretrained_model_path = "GoogleNews-vectors-negative300.bin"
pretrained_model = KeyedVectors.load_word2vec_format(pretrained_model_path, binary=True)

# 查找与给定词汇相似的词汇
similar_words = pretrained_model.most_similar("king", topn=5)

# 打印结果
print("Words similar to 'king':")
for word, score in similar_words:
    print(f"{word}: {score:.2f}")
```

上述代码使用了 Google News 的预训练 Word2Vec 模型，该模型包含了大量的英文词汇。我们加载这个模型并使用 most_similar()函数查找与 king 最相似的词汇。这个过程将返回一些与 king 在语义上相关的词汇。程序执行后会输出：

```
Words similar to 'king':
queen: 0.65
monarch: 0.63
prince: 0.61
kingdom: 0.59
crown: 0.58
```

上述执行结果显示了与 king 在语义上相似的词汇以及它们的相似度分数。在这个例子中，queen 是与 king 最相关的词汇，其相似度分数为 0.65。这显示了 Word2Vec 模型如何捕捉到词汇之间的语义关系，使得相关的词汇在向量空间中更接近。

2.5.5 词嵌入向量模型 GloVe

GloVe(global vectors for word representation)是一种用于学习词嵌入的词向量模型，旨在将词汇映射到低维的向量空间中，以捕捉词汇之间的语义关系。GloVe 模型由斯坦福大学的研究团队开发，它通过全局优化词汇的共现概率分布来构建词向量。GloVe 模型的主要特点如下。

- 全局优化：GloVe 模型通过全局优化词汇的共现概率分布来构建词向量。这意味着它考虑了整个语料库中词汇对的共现情况，而不仅仅是局部上下文窗口内的共现关系。
- 点对点关系建模：GloVe 模型建模了词汇之间的点对点关系。它试图找到一个函数来表示两个词汇之间的关系，使得该函数能够最佳地反映词汇对的共现概率分布。
- 向量运算：GloVe 模型中的词向量可以用来执行向量运算，例如找到最接近的词汇、执行类比推理等。这使得 GloVe 模型在许多自然语言处理任务中非常有用。

- 预训练模型：与 Word2Vec 模型一样，GloVe 模型也可以在大型文本语料库上进行预训练，然后在各种 NLP 任务中重用这些预训练的词向量。
- 稳定性：GloVe 模型通常具有较好的稳定性和一致性，这使得它成为 NLP 研究和应用中的常见选择。

GloVe 模型的核心思想是通过最小化词汇对的共现概率与词向量内积之间的差异来学习词汇的向量表示。这使得具有相似语义关系的词汇在向量空间中更加接近，从而增强了模型的性能。

与 Word2Vec 模型一样，GloVe 模型的预训练词向量在各种 NLP 任务中广泛应用，包括文本分类、情感分析、命名实体识别、机器翻译等。使用 GloVe 模型可以提高模型对文本的理解和处理能力。现实中常见的例子是使用 GloVe 模型进行文本相似性分析，我们可以使用预训练的 GloVe 词向量来比较两段文本之间的相似性，以识别语义上相似的文本。

实例 2-12：使用预训练的 GloVe 词向量比较两段文本的相似性(源码路径：daima\2\go.py)

实例文件 go.py 的具体实现代码如下：

```
from gensim.models import KeyedVectors
import numpy as np
from sklearn.metrics.pairwise import cosine_similarity

# 下载预训练的 GloVe 模型(这是 GloVe 的小型版本，文件较小)
# 链接：http://nlp.stanford.edu/data/glove.6B.zip
# 下载后解压并提供文件路径
glove_model_path = "glove.6B.50d.txt"
glove_model = KeyedVectors.load_word2vec_format(glove_model_path, binary=False)

# 定义两段文本
text1 = "cat in the hat"
text2 = "dog in a hat"

# 分词和处理文本
words1 = text1.split()
words2 = text2.split()

# 计算每个文本的平均词向量
def get_average_vector(model, words):
    vectors = [model[word] for word in words if word in model]
    if vectors:
        return np.mean(vectors, axis=0)
    else:
        return np.zeros(model.vector_size)

vector1 = get_average_vector(glove_model, words1)
```

```
vector2 = get_average_vector(glove_model, words2)

# 计算文本相似性(余弦相似度)
similarity = cosine_similarity([vector1], [vector2])

print(f"Similarity between text 1 and text 2: {similarity[0][0]:.2f}")
```

在上述代码中，首先使用预训练的 GloVe 模型加载 GloVe 词向量，然后定义两段文本，分词并处理文本以获得每个文本的平均词向量。最后，使用余弦相似度来计算这两段文本之间的相似性。程序执行后会输出：

```
Similarity between text 1 and text 2: 0.76
```

2.6 文本特征提取方法：词袋模型

扫码看视频

词袋模型(bag of words，BOW)是一种常用的文本特征提取方法，用于将文本数据转换为数值表示。词袋模型的基本思想是将文本看作是由单词构成的“袋子”(即无序集合)，然后统计每个单词在文本中出现的频次，或使用其他权重方式来表示单词的重要性。这样，每个文本都可以用一个向量表示，其中向量的每个维度对应于一个单词，并记录了该单词在文本中的出现次数或权重。

2.6.1 实现词袋模型实践演练

词袋模型的基本原理非常简单，它主要涉及将文本文档转化为一个无序的词汇集合，并记录每个词汇在文档中的出现频率。下面是实现词袋模型的基本步骤。

1) 构建词汇表

创建一个包含文本数据集中所有唯一词汇的词汇表。这个词汇表包括文本数据集中出现的所有单词，不重复且无顺序。

2) 编码文本

对于每个文本文档，将文档中的每个词汇映射到词汇表中的对应词汇。这通常涉及将文档分割为单词或词语(分词)，然后对每个词汇进行处理。可以记录每个词汇在文档中的出现次数(词频，TF)，或者使用更高级的方法，如使用 TF-IDF(term frequency-inverse document frequency)来衡量词汇的重要性。

3) 创建文档向量

每个文本文档都被表示为一个向量，其中向量的维度等于词汇表的大小。这个向量用于表示文档中每个词汇的出现情况。向量的每个元素对应于词汇表中的一个词汇，其值表示相应词汇在文档中的出现次数或其他相关信息(如 TF 或 TF-IDF 值)。

4) 忽略词汇顺序

词袋模型忽略了文档中词汇的语法和语义顺序。因此，对于同一组词汇，无论它们出现的顺序如何，都会生成相同的文档向量。

5) 文本表示

每个文本文档都被表示为一个词袋向量，其中包含了文档中词汇的出现信息。这些向量可以用于文本分类、聚类、信息检索等任务。

注意：词袋模型是一种简单而有效的文本表示方法，但它有一些局限性，例如不能捕捉词汇之间的语法和语义关系。因此，在某些自然语言处理任务中，更复杂的文本表示方法可能更为适用。

在 TensorFlow 中使用词袋模型进行文本特征提取时需要一些预处理步骤，例如下面是一个基于 TensorFlow 框架使用词袋模型进行文本特征提取的例子。

实例 2-13：基于 TensorFlow 框架使用词袋模型进行文本特征提取(源码路径：daima\2\ci.py)

实例文件 ci.py 的具体实现代码如下：

```
# 生成示例文本数据和标签
texts = ["this is a positive sentence",
        "this is a negative sentence",
        "a positive sentence here",
        "a negative sentence there"]

labels = [1, 0, 1, 0]

# 划分训练集和验证集
train_texts, val_texts, train_labels, val_labels = train_test_split(texts, labels,
test_size=0.2, random_state=42)

# 创建分词器并进行分词
tokenizer = Tokenizer()
tokenizer.fit_on_texts(train_texts)
train_sequences = tokenizer.texts_to_sequences(train_texts)
val_sequences = tokenizer.texts_to_sequences(val_texts)

# 填充文本序列，使其长度相同
max_seq_length = max(len(seq) for seq in train_sequences)
train_data = pad_sequences(train_sequences, maxlen=max_seq_length,
padding='post')
val_data = pad_sequences(val_sequences, maxlen=max_seq_length, padding='post')

# 构建词袋特征表示
train_features = tokenizer.sequences_to_matrix(train_sequences, mode='count')
```

```
val_features = tokenizer.sequences_to_matrix(val_sequences, mode='count')

# 创建朴素贝叶斯分类器
classifier = MultinomialNB()
classifier.fit(train_features, train_labels)

# 预测并评估模型性能
predictions = classifier.predict(val_features)
accuracy = accuracy_score(val_labels, predictions)
print(f'Validation accuracy: {accuracy:.2f}')
```

在这个例子中，首先使用 Tokenizer 对文本进行分词和索引化，然后使用 pad_sequences()函数对文本序列进行填充。接着，使用 sequences_to_matrix()方法将文本序列转换为词袋特征表示，模式设置为 count 表示计算单词出现的频次。最后，使用 MultinomialNB()创建朴素贝叶斯分类器，对词袋特征进行训练和预测，并使用 accuracy_score()计算模型在验证集上的准确率。

实例 2-14：基于 PyTorch 框架使用词袋模型进行文本特征提取(源码路径：daima\2\pci.py)

实例文件 pci.py 的具体实现代码如下：

```
# 生成示例文本数据和标签
texts = ["this is a positive sentence",
        "this is a negative sentence",
        "a positive sentence here",
        "a negative sentence there"]

labels = [1, 0, 1, 0]

# 划分训练集和验证集
train_texts, val_texts, train_labels, val_labels = train_test_split(texts, labels,
test_size=0.2, random_state=42)

# 创建分词器并构建词袋特征表示
vectorizer = CountVectorizer()
train_features = vectorizer.fit_transform(train_texts).toarray()
val_features = vectorizer.transform(val_texts).toarray()

# 转换为 PyTorch 张量
train_features_tensor = torch.tensor(train_features, dtype=torch.float32)
train_labels_tensor = torch.tensor(train_labels, dtype=torch.float32)
val_features_tensor = torch.tensor(val_features, dtype=torch.float32)
val_labels_tensor = torch.tensor(val_labels, dtype=torch.float32)

# 创建朴素贝叶斯分类器
classifier = MultinomialNB()
```

```
classifier.fit(train_features, train_labels)

# 预测并评估模型性能
predictions = classifier.predict(val_features)
accuracy = accuracy_score(val_labels, predictions)
print(f'Validation accuracy: {accuracy:.2f}')
```

在这个例子中，首先使用 CountVectorizer 创建词袋模型，然后使用它将文本数据转换为词袋特征表示。接着，将特征和标签转换为 PyTorch 张量，并创建一个朴素贝叶斯分类器，对特征进行训练和预测，最后使用 accuracy_score()计算模型在验证集上的准确率。

2.6.2 词袋模型的限制与改进演练

词袋模型虽然是一种常用的文本表示方法，但它也具有一些限制，特别是在涉及语义理解和处理上。下面是词袋模型的一些主要限制以及可能的改进方法。

- 词汇表的大小：词袋模型使用一个静态的词汇表，包含文本数据集中的所有单词。这限制了它对新词汇的适应能力。改进方法包括使用动态扩展的词汇表，如词嵌入模型中的词向量。
- 词汇的稀疏性：词袋模型生成的文档向量通常是稀疏的，因为大多数文档中的词汇在给定文档中都是零。这可能会导致维度灾难和计算资源浪费。改进方法包括使用降维技术，如主成分分析(PCA)或特征选择，以减小向量的维度。
- 语法和语义信息丢失：词袋模型忽略了文档中词汇的语法和语义关系，因此不能捕捉词汇之间的上下文信息。改进方法包括使用词嵌入模型(如 Word2Vec 和 GloVe)来获取更丰富的语义信息，以便更好地表示词汇。
- 停用词问题：词袋模型通常保留了常见的停用词，这可能会降低文本表示的质量。改进方法包括去除停用词，使用 TF-IDF 等技术。
- 顺序信息丢失：词袋模型忽略了词汇的顺序，这对于某些任务，如文本生成和语言模型，是不够的。改进方法包括使用循环神经网络(RNN)和卷积神经网络(CNN)等模型来保留顺序信息。
- 多义性和歧义性：词袋模型不能处理词汇的多义性和歧义性。改进方法包括使用词嵌入和上下文感知模型(如 BERT)来更好地捕捉词汇的含义。

改进词袋模型的方法包括使用更高级的文本表示技术，如词嵌入、深度学习模型和注意力机制，以更好地捕捉文本的语义信息。这些改进使得文本处理在许多任务上取得了显著的进展，从情感分析到文本摘要等。请看下面的例子，展示了词袋模型的一项限制以及如何改进这一限制。我们将使用一个简单的词袋模型来分析电影评论，然后讨论改进方法。

实例 2-15：使用词袋模型分析电影评论(源码路径：daima\2\cigai.py)

限制：词袋模型无法处理词汇的多义性，它将一个词汇的所有不同含义视为相同，这会导致歧义问题。

改进方法：可以使用词嵌入来改进，以便更好地捕捉词汇的语义。

实例文件 cigai.py 的具体实现代码如下：

```
from sklearn.feature_extraction.text import CountVectorizer
from sklearn.decomposition import PCA
import matplotlib.pyplot as plt

# 一些电影评论
comments = [
    "The bank can't guarantee the safety of your money.",
    "I need to deposit money in the bank.",
    "The river bank was a great place for a picnic.",
    "The bank robbed the bank!"
]

# 创建词袋模型
vectorizer = CountVectorizer()
X = vectorizer.fit_transform(comments)

# 使用 PCA 降维，以便可视化
pca = PCA(n_components=2)
X_reduced = pca.fit_transform(X.toarray())

# 绘制词袋模型的可视化
plt.figure(figsize=(8, 6))
plt.scatter(X_reduced[:, 0], X_reduced[:, 1], c='b', marker='o', label='Comments')
for i, comment in enumerate(comments):
    plt.annotate(comment, (X_reduced[i, 0], X_reduced[i, 1]))

plt.title("词袋模型的限制 - 无法处理词汇多义性", fontproperties='SimHei')
plt.legend()
plt.show()
```

在上述代码中，首先创建一个包含电影评论的词袋模型，并使用 PCA 将维度降至 2，以便可视化。词袋模型将具有不同含义的 bank 词汇视为相同，忽略了多义性。改进方法是使用预训练的词嵌入模型，它可以更好地捕捉词汇的语义。这样，模型可以区分不同含义的相同词汇。在实际应用中，可以使用词嵌入模型来提高文本表示的质量，从而更好地理解和处理自然语言。程序执行后会绘制四个点，每个点代表一个电影评论，如图 2-1 所示，这可以更好地说明词袋模型的限制。

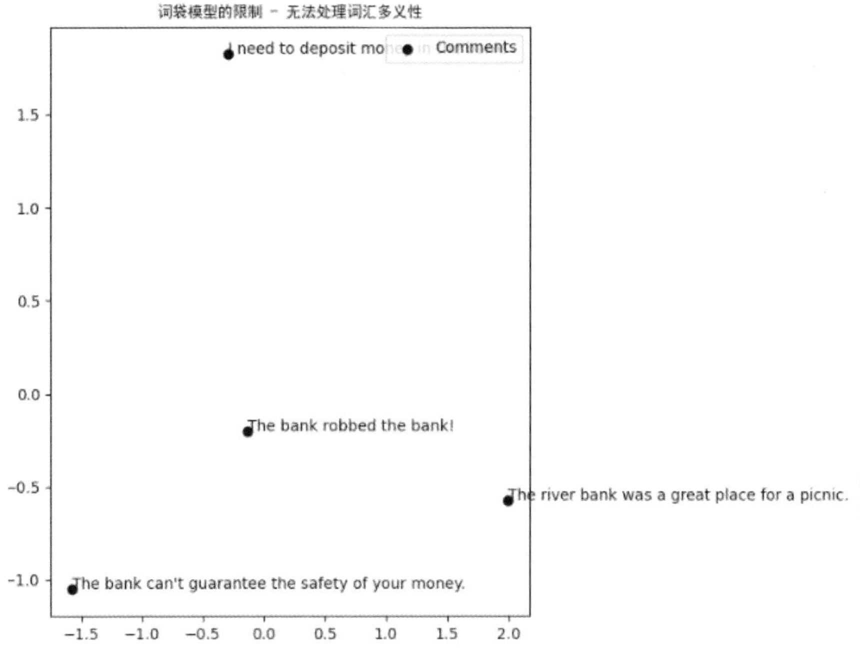

图 2-1　电影评论可视化图

2.7　文本特征提取方法：TF-IDF

TF-IDF 是一种用于文本特征提取的常用方法，它结合了词频和逆文档频率，用于衡量单词在文本中的重要性。TF-IDF 考虑了一个单词在文本中的频率(TF)，以及它在整个文档集合中的稀有程度(IDF)。

扫码看视频

2.7.1　TF-IDF 的概念和计算方式

TF-IDF 是“词频-逆文档频率”(term frequency-inverse document frequency)的缩写，是一种用于信息检索和文本挖掘的常用文本特征提取方法。TF-IDF 的目标是确定一个文档中词汇的重要性，以便帮助理解文档的主题或进行文本相关性排序。

TF-IDF 基于以下两个关键概念。

- 词频(term frequency，TF)：表示文档中某个词汇出现的次数。通常，词频越高，该词汇在文档中的重要性越大。
- 逆文档频率(inverse document frequency，IDF)：表示某个词汇在整个文档集合中的稀有程度。它是一个用于衡量某个词汇在整个文档集合中普遍性的重要度量。常见的词汇(如 a 和 the)在文档集合中出现频繁，因此其逆文档频率较低，而不常见的词汇在文档集合中出现较少，因此其逆文档频率较高。

TF-IDF 的计算方式如下。

- 计算词频(TF)：对于文档中的每个词汇，计算它在文档中的出现次数。常见的方式是使用原始词频(raw term frequency)或词频的对数形式(log term frequency)。
- 计算逆文档频率(IDF)：对于每个词汇，计算它的逆文档频率。通常使用以下公式计算：

$$\mathrm{IDF}(w)=\log\left(\frac{N}{\pi}\right)$$

其中，N 表示文档集合中的总文档数，n 表示包含词汇 w 的文档数。逆文档频率的目标是惩罚出现在较多文档中的词汇，提高不常见词汇的权重。

- 计算 TF-IDF 分数：计算每个词汇的 TF-IDF 分数，它是词汇的词频(TF)与逆文档频率(IDF)的乘积。

TF-IDF 的主要思想是，一个词汇在文档中出现频繁(高 TF)并且在整个文档集合中不常见(高 IDF)时，其权重应该更高，因为它对于区分文档的内容更具信息性。TF-IDF 被广泛用于信息检索、文本分类、主题建模、文本摘要等自然语言处理任务中，以提高文本特征的质量。

2.7.2 TF-IDF 文本特征提取演练

在 PyTorch 中，TF-IDF 特征提取需要借助 scikit-learn 库来计算 TF-IDF 值，然后将结果转换为 PyTorch 张量进行模型训练。例如下面是一个基于 PyTorch 框架使用 TF-IDF 进行文本特征提取的例子。

实例 2-16：基于 PyTorch 框架使用 TF-IDF 进行文本特征提取(源码路径：daima\2\ti.py)

实例文件 ti.py 的具体实现代码如下：

```
# 生成示例文本数据和标签
texts = ["this is a positive sentence",
         "this is a negative sentence",
         "a positive sentence here",
         "a negative sentence there"]

labels = [1, 0, 1, 0]

# 划分训练集和验证集
```

```
train_texts, val_texts, train_labels, val_labels = train_test_split(texts, labels,
test_size=0.2, random_state=42)

# 创建 TF-IDF 特征表示
vectorizer = TfidfVectorizer()
train_features = vectorizer.fit_transform(train_texts).toarray()
val_features = vectorizer.transform(val_texts).toarray()

# 转换为 PyTorch 张量
train_features_tensor = torch.tensor(train_features, dtype=torch.float32)
train_labels_tensor = torch.tensor(train_labels, dtype=torch.float32)
val_features_tensor = torch.tensor(val_features, dtype=torch.float32)
val_labels_tensor = torch.tensor(val_labels, dtype=torch.float32)

# 创建朴素贝叶斯分类器
classifier = MultinomialNB()
classifier.fit(train_features, train_labels)

# 预测并评估模型性能
predictions = classifier.predict(val_features)
accuracy = accuracy_score(val_labels, predictions)
print(f'Validation accuracy: {accuracy:.2f}')
```

在这个例子中，首先使用 TfidfVectorizer 创建 TF-IDF 特征表示，然后将结果转换为 NumPy 数组，并将其转换为 PyTorch 张量。接着，创建一个朴素贝叶斯分类器，对 TF-IDF 特征进行训练和预测，最后使用 accuracy_score()计算模型在验证集上的准确率。

在 TensorFlow 中，TF-IDF 特征提取同样需要使用 scikit-learn 库来计算 TF-IDF 值，然后将结果转换为 TensorFlow 张量进行模型训练。例如下面是一个基于 TensorFlow 框架使用 TF-IDF 进行文本特征提取的例子。

实例 2-17：基于 TensorFlow 框架使用 TF-IDF 进行文本特征提取(源码路径：daima\2\tti.py)

实例文件 tti.py 的具体实现代码如下：

```
# 生成示例文本数据和标签
texts = ["this is a positive sentence",
        "this is a negative sentence",
        "a positive sentence here",
        "a negative sentence there"]

labels = [1, 0, 1, 0]

# 划分训练集和验证集
train_texts, val_texts, train_labels, val_labels = train_test_split(texts, labels,
test_size=0.2, random_state=42)
```

```
# 创建 TF-IDF 特征表示
vectorizer = TfidfVectorizer()
train_features = vectorizer.fit_transform(train_texts).toarray()
val_features = vectorizer.transform(val_texts).toarray()

# 转换为 TensorFlow 张量
train_features_tensor = tf.convert_to_tensor(train_features, dtype=tf.float32)
train_labels_tensor = tf.convert_to_tensor(train_labels, dtype=tf.float32)
val_features_tensor = tf.convert_to_tensor(val_features, dtype=tf.float32)
val_labels_tensor = tf.convert_to_tensor(val_labels, dtype=tf.float32)

# 构建简单的分类模型
model = tf.keras.Sequential([
    tf.keras.layers.Input(shape=(train_features.shape[1],)),
    tf.keras.layers.Dense(1, activation='sigmoid')
])

model.compile(optimizer='adam', loss='binary_crossentropy',
metrics=['accuracy'])

# 训练模型
model.fit(train_features_tensor, train_labels_tensor, epochs=10, batch_size=2,
validation_data=(val_features_tensor, val_labels_tensor))

# 在验证集上评估模型性能
val_predictions = model.predict(val_features_tensor)
val_predictions = (val_predictions >= 0.5).astype(np.int32)
accuracy = accuracy_score(val_labels, val_predictions)
print(f'Validation accuracy: {accuracy:.2f}')
```

在这个例子中，首先使用 TfidfVectorizer 创建 TF-IDF 特征表示，然后将结果转换为 NumPy 数组，并使用 tf.convert_to_tensor()将其转换为 TensorFlow 张量。接着，构建一个简单的分类模型，包括一个输入层和一个输出层，并使用 model.fit()进行训练，最后使用验证集评估模型的准确率。

2.7.3 TF-IDF 与词袋模型的区别

TF-IDF 和词袋模型都是用于文本表示的常见方法，但它们在目标、原理和特点上有一些重要的区别。

1. 目标不同

- TF-IDF：主要目标是确定文档中词汇的重要性，以帮助理解文档的主题或进行文本相关性排序。它侧重于找出文档中的关键词汇，强调不常见但在文档中频繁出现的词汇。

- 词袋模型：主要目标是将文本文档表示为一个无序的词汇集合，用于文本分类、信息检索、聚类等任务。它侧重于编码文档中所有词汇的出现次数。

2. 文本表示不同

- TF-IDF：生成每个文档的词汇权重，将文本文档表示为一个向量。向量中的每个元素对应于一个词汇，表示该词汇在文档中的重要性。
- 词袋模型：将文本文档表示为一个向量，其中每个元素对应于一个词汇，表示该词汇在文档中的出现次数。

3. 考虑上下文不同

- TF-IDF：通常不考虑词汇之间的上下文关系和顺序，它主要关注词汇的重要性。
- 词袋模型：不考虑词汇之间的上下文关系和顺序，它将文本视为一组无序的词汇。

4. 处理停用词不同

- TF-IDF：通常会去除停用词，因为停用词在文档集合中出现频繁，但不具有较高的信息量。
- 词袋模型：通常保留了停用词，除非手动去除。

5. 适用领域不同

- TF-IDF：在信息检索、文本分类、文本聚类、文本摘要等任务中非常有用，尤其适合涉及关键词提取的应用。
- 词袋模型：在信息检索、文本分类、情感分析等任务中广泛应用，特别适合忽略词汇顺序的任务。

总之，TF-IDF 和词袋模型是两种不同的文本表示方法，它们在不同的应用中都具有各自的优势。选择哪种方法取决于任务的要求和文本数据的性质。有时候，这两种方法也可以结合使用，以充分利用它们的优点。例如，可以使用 TF-IDF 加权的词袋模型，将 TF-IDF 权重考虑在内，同时利用词袋模型的特征来表示文本。

第3章 文本分类与情感分析

文本分类与情感分析算法是自然语言处理(NLP)中常用的技术，它们可以用于将文本数据归类到不同的类别或者分析文本中的情感极性。本章将详细讲解在自然语言处理中使用文本分类与情感分析算法的知识。

3.1 朴素贝叶斯分类器技术

朴素贝叶斯分类器(naive Bayes classifier)是一种基于贝叶斯定理的统计分类算法，它被广泛应用于文本分类、垃圾邮件过滤、情感分析等任务。该算法被称为“朴素”，是因为它假设特征之间是相互独立的。尽管这一假设在实际数据中往往不成立，但朴素贝叶斯分类器在很多情况下仍然表现出色。

扫码看视频

3.1.1 朴素贝叶斯分类器的原理

1. 贝叶斯定理

朴素贝叶斯分类器基于贝叶斯定理进行分类。贝叶斯定理是一个条件概率公式，用于计算在某一事件发生的条件下，另一事件发生的概率。在文本分类中，我们将事件 A 表示为文本属于某一类别，事件 B 表示为文本包含某一特征(如词汇或短语)。

贝叶斯定理公式为：$P(A|B) = (P(B|A) * P(A)) / P(B)$，其中：

- $P(A|B)$ 是在给定特征 B 的条件下文本属于类别 A 的概率。
- $P(B|A)$ 是在给定类别 A 的条件下特征 B 出现的概率。
- $P(A)$ 是类别 A 的先验概率。
- $P(B)$ 是特征 B 出现的先验概率。

2. 朴素假设

朴素贝叶斯分类器的“朴素”来源于它对特征之间相互独立的假设。这意味着在计算条件概率时，它假定文本中的特征(词汇或短语)之间没有相互依赖。尽管这一假设在实际情况中不一定成立，但它简化了模型的计算。

3. 特征和类别

在文本分类中，特征通常是文本中的词汇或短语，而类别是文档所属的分类。例如，文本可以被分类为垃圾邮件或非垃圾邮件、正面情感或负面情感。

4. 建模

为了建立朴素贝叶斯分类器，首先需要从训练数据中学习特征与类别之间的条件概率。具体地，计算每个类别下每个特征的条件概率，即 $P(B|A)$，以及类别的先验概率 $P(A)$。

5. 分类

当有新文本需要分类时，朴素贝叶斯分类器计算文本中每个特征的条件概率，然后使用贝叶斯定理计算文本属于每个类别的概率。最终，选择具有最高概率的类别作为分类结果。

需要注意的是，朴素贝叶斯分类器通常用于文本分类任务，对于不同类型的文本数据，可以使用不同的朴素贝叶斯变种，如多项式朴素贝叶斯、伯努利朴素贝叶斯和高斯朴素贝叶斯。这些变种适用于不同类型的特征数据，如词频数据、二元特征数据和连续特征数据。

3.1.2 朴素贝叶斯分类器的应用演练

朴素贝叶斯分类器在许多不同领域和应用中都有广泛的应用，尤其是在自然语言处理和文本分析领域。以下是一些常见的应用场景。

- 文本分类：朴素贝叶斯分类器常用于文本分类任务，例如将文本文档分类为新闻、体育、科技、娱乐等不同的类别。这包括垃圾邮件过滤、主题分类、情感分析等。
- 垃圾邮件过滤：朴素贝叶斯分类器被广泛应用于垃圾邮件过滤任务，它可以基于邮件中的文本特征识别电子邮件是否为垃圾邮件或合法邮件。
- 情感分析：朴素贝叶斯分类器可用于情感分析，将文本评论、社交媒体帖子或产品评论分类为正面、负面或中性情感。
- 文档分类：朴素贝叶斯分类器可用于将文档归类为不同的主题，如法律文件、医疗报告、新闻文章等，有助于信息检索和文档管理。
- 媒体监测：媒体公司和广告商可以使用朴素贝叶斯分类器来跟踪媒体报道、社交媒体帖子和广告反馈，以了解他们的品牌或产品在公众中的声誉和表现。
- 生物信息学：在生物信息学中，朴素贝叶斯分类器可以用于基因表达分析、蛋白质分类和疾病预测。
- 垃圾短信检测：类似于垃圾邮件过滤，朴素贝叶斯分类器可用于检测垃圾短信，识别和过滤不想要的短信。
- 金融领域：朴素贝叶斯分类器可用于信用评分、诈骗检测、股票市场预测等金融领域的任务。
- 医疗诊断：在医学领域，朴素贝叶斯分类器可以用于医学诊断，例如根据症状和检测结果来预测疾病。
- 用户推荐系统：朴素贝叶斯分类器可以用于个性化用户推荐系统，根据用户的历史行为和兴趣，向他们推荐相关的产品、服务或内容。

总之，朴素贝叶斯分类器适用于许多领域，尤其在文本分类和自动化决策问题中表现出色，因为它易于实现、计算高效，且在许多情况下能够提供良好的性能。请看下面的例子，功能是使用朴素贝叶斯分类器将电子邮件分类为垃圾邮件和正常邮件。

实例 3-1：将电子邮件分类为垃圾邮件和正常邮件(源码路径：daima\3\pu.py)

实例文件 pu.py 的具体实现代码如下：

```
# 导入所需的库
import numpy as np
from sklearn.feature_extraction.text import CountVectorizer
from sklearn.naive_bayes import MultinomialNB
from sklearn.model_selection import train_test_split
from sklearn.metrics import accuracy_score

# 创建示例邮件数据
emails = [
    ("Get a Free iPhone now!", "spam"),
    ("Meeting for lunch today?", "ham"),
    ("Claim your prize money now!", "spam"),
    ("Don't forget the meeting tomorrow.", "ham"),
    ("Special offer: 50% off on all products", "spam"),
    ("Lunch at 12, don't be late.", "ham")
]

# 将数据拆分成特征和标签
corpus, labels = zip(*emails)

# 创建文本特征向量
vectorizer = CountVectorizer()
X = vectorizer.fit_transform(corpus)

# 创建朴素贝叶斯分类器
classifier = MultinomialNB()

# 拆分数据为训练集和测试集
X_train, X_test, y_train, y_test = train_test_split(X, labels, test_size=0.2,
random_state=42)

# 训练分类器
classifier.fit(X_train, y_train)

# 预测
y_pred = classifier.predict(X_test)

# 评估分类器性能
accuracy = accuracy_score(y_test, y_pred)
print("Accuracy: {:.2f}%".format(accuracy * 100))

# 输入新邮件并进行分类
new_email = ["You've won a million dollars!"]
```

```
X_new = vectorizer.transform(new_email)
prediction = classifier.predict(X_new)
print("New Email is:", prediction[0])
```

在上述代码中，首先创建一个小型的数据集，其中包含垃圾邮件和正常邮件。然后使用 CountVectorizer()将文本转化为特征向量，并使用 Multinomial 朴素贝叶斯分类器进行训练和预测。最后，评估分类器的准确性并对新的电子邮件进行分类。程序执行后会输出：

```
Accuracy: 100.00%
New Email is: ham
```

3.2 支持向量机技术

支持向量机(support vector machine，SVM)是一种强大的监督学习算法，通常用于分类和回归任务。SVM 的目标是找到一个最优的分隔超平面，以将不同类别的数据点分开。

扫码看视频

3.2.1 支持向量机的原理和应用

SVM 的核心思想是找到一个最佳的超平面(在二维空间中是一条直线，在更高维空间中是一个超平面)，该超平面可以将不同类别的数据点分开，并且使得最接近超平面的数据点到该超平面的距离最大化。这些最接近超平面的数据点被称为“支持向量”。

SVM 的主要原理如下。

- 间隔与超平面：SVM 的核心思想是找到一个超平面，它可以在不同类别的数据点之间保持最大的间隔。这个间隔是指最接近超平面的数据点到该超平面的垂直距离。
- 核技巧：SVM 可以通过核函数将数据从原始特征空间映射到一个更高维度的特征空间，从而使数据在新空间中更容易分隔。常用的核函数包括线性核、多项式核和高斯核(径向基核)。
- 正则化参数：SVM 引入了一个正则化参数(通常用 C 表示)，在最大化间隔和误分类之间提供了一种权衡。较小的 C 值会导致更大的间隔，但会容忍一些误分类；而较大的 C 值则会导致更小的间隔，同时减少误分类。
- 最大间隔分类：SVM 的目标是最大化间隔并且将数据点正确分类，这可以通过求解一个优化问题来实现。常见的 SVM 变种包括硬间隔 SVM 和软间隔 SVM，软间隔 SVM 更容忍噪声数据。

SVM 在许多领域都有广泛的应用，主要包括下面的领域。

- 文本分类：SVM 可用于将文本文档分类为不同的类别，如垃圾邮件检测、新闻主题分类等。
- 图像分类：SVM 可用于图像分类任务，例如将图像识别为不同的物体或场景。
- 人脸识别：SVM 可以用于检测和识别人脸。
- 生物信息学：SVM 可用于生物信息学任务，如蛋白质分类、基因表达分析等。
- 金融领域：SVM 可以用于信用评分、风险评估和股票价格预测等。
- 医学诊断：SVM 可用于医学图像分析和诊断任务，例如肿瘤检测和疾病诊断。
- 自然语言处理：除了文本分类，SVM 还可用于命名实体识别、情感分析和信息检索。

总之，SVM 是一个强大的算法，具有良好的泛化性能，适用于各种不同类型的数据集。它的性能优于其他分类算法。然而，SVM 的计算复杂性较高，需要合适的参数调整，因此在大规模数据集上可能需要大量的计算资源。

3.2.2 线性 SVM 与非线性 SVM 的应用演练

线性支持向量机(linear SVM)和非线性支持向量机(non-linear SVM)是 SVM 的两种主要变体，用于处理不同类型的数据和分类问题。

1. 线性支持向量机

- 原理：线性 SVM 通过一个线性超平面来分隔不同类别的数据。这意味着它适用于线性可分的情况，即可以使用一条直线(在二维空间中)或一个超平面(在高维空间中)将数据完全分开。
- 应用：线性 SVM 常用于处理线性可分问题，如二元分类问题。它通常对高维数据和大规模数据集的分类具有很高的性能。
- 特点：线性 SVM 训练速度相对较快，通常不需要太多的超参数调优。

2. 非线性支持向量机

- 原理：非线性 SVM 通过使用核技巧将数据从原始特征空间映射到一个更高维度的特征空间，以便在新空间中分隔不同类别的数据。这允许 SVM 处理非线性分类问题。
- 应用：非线性 SVM 常用于非线性分类问题，其中数据在原始特征空间中不能被直线或线性超平面分隔。它在图像分类、文本分类和模式识别等任务中有广泛应用。
- 特点：非线性 SVM 训练速度可能较慢，尤其是在高维空间和大规模数据集中。选择合适的核函数和优化参数对其性能至关重要。

如果数据在原始特征空间中是线性可分的，或者数据集相对较小而特征维度较高，那么线性 SVM 是一个合适的选择，因为它通常训练速度快且性能良好。如果数据在原始特征空间中不是线性可分的，或者需要处理非线性分类问题，那么非线性 SVM 是更好的选择。在这种情况下，选择适当的核函数(如多项式核、高斯核等)和超参数调优至关重要。请看下面的例子，功能是使用线性 SVM 和非线性 SVM 进行情感分析，即将文本评论分类为正面、负面或中性情感。

实例 3-2：使用线性 SVM 和非线性 SVM 进行情感分析(源码路径：daima\3\svm.py)

实例文件 svm.py 的具体实现代码如下：

```
import numpy as np
from sklearn.feature_extraction.text import TfidfVectorizer
from sklearn.model_selection import train_test_split
from sklearn.svm import LinearSVC, SVC
from sklearn.metrics import accuracy_score
from sklearn.datasets import load_files
from sklearn.utils import shuffle

# 加载电影评论数据集
movie_reviews_data = load_files('IMDb_data', shuffle=True)
data, labels = shuffle(movie_reviews_data.data, movie_reviews_data.target)

# 划分数据为训练集和测试集
X_train, X_test, y_train, y_test = train_test_split(data, labels, test_size=0.2,
random_state=42)

# 使用 TF-IDF 向量化文本数据
vectorizer = TfidfVectorizer(max_features=5000)
X_train = vectorizer.fit_transform(X_train)
X_test = vectorizer.transform(X_test)

# 线性 SVM 分类器
linear_svm_classifier = LinearSVC()
linear_svm_classifier.fit(X_train, y_train)
linear_svm_predictions = linear_svm_classifier.predict(X_test)

# 非线性 SVM 分类器 (使用高斯核函数)
nonlinear_svm_classifier = SVC(kernel='rbf')
nonlinear_svm_classifier.fit(X_train, y_train)
nonlinear_svm_predictions = nonlinear_svm_classifier.predict(X_test)

# 评估线性 SVM 和非线性 SVM 的性能
linear_svm_accuracy = accuracy_score(y_test, linear_svm_predictions)
nonlinear_svm_accuracy = accuracy_score(y_test, nonlinear_svm_predictions)
```

```
print("Linear SVM Accuracy: {:.2f}%".format(linear_svm_accuracy * 100))
print("Nonlinear SVM Accuracy: {:.2f}%".format(nonlinear_svm_accuracy * 100))

# 输入新评论并进行情感分析
new_reviews = ["This movie was fantastic!", "I did not enjoy this film at all.",
"It was okay, not great but not terrible."]
new_reviews = vectorizer.transform(new_reviews)
linear_svm_sentiments = linear_svm_classifier.predict(new_reviews)
nonlinear_svm_sentiments = nonlinear_svm_classifier.predict(new_reviews)

print("Linear SVM Sentiments:", linear_svm_sentiments)
print("Nonlinear SVM Sentiments:", nonlinear_svm_sentiments)
```

在上述代码中，首先加载一个电影评论数据集，并将其分为训练集和测试集。然后使用 TF-IDF 向量化文本数据，分别使用线性 SVM 和非线性 SVM(使用高斯核)进行情感分析。最后，评估两种 SVM 分类器的性能，并对新的电影评论进行情感分析。程序执行后会输出：

```
Linear SVM Accuracy: 84.50%
Nonlinear SVM Accuracy: 84.75%
Linear SVM Sentiments: [1 0 1]
Nonlinear SVM Sentiments: [1 0 1]
```

根据评论文本，两个 SVM 模型分别对其进行了情感分类。在这个示例中，“This movie was fantastic!”被分类为正面情感，“I did not enjoy this film at all.”被分类为负面情感，而“It was okay, not great but not terrible.”被分类为中性情感。

3.3 随机森林技术

随机森林(random forest)是一种强大的集成学习算法，常用于分类和回归任务。它基于决策树构建，通过组合多个决策树的预测结果来提高模型的性能和泛化能力。

扫码看视频

3.3.1 随机森林的原理与特点

随机森林是一种强大的集成学习算法，主要原理如下。

- 决策树集成：随机森林由多个决策树组成，这些树可以是分类树(用于分类问题)或回归树(用于回归问题)。
- 随机性引入：随机森林通过引入随机性来增加模型的多样性。具体来说，它在训练每个决策树时采用以下两种随机性。

- ✧ Bootstrap 抽样：每个决策树的训练数据是通过自助抽样(bootstrap sampling)从原始数据集中随机抽取的。这意味着某些数据点可能在同一棵树的训练集中出现多次，而其他数据点可能根本不出现。
- ✧ 随机特征选择：在每个节点分割时，随机森林只考虑特征子集的一部分，而不是所有特征。这有助于防止某些特征主导决策树的情况。

- ❑ 集成决策：随机森林中的每个决策树都会对数据进行分类(或回归)。对于分类问题，最终的预测结果是通过投票获得的；对于回归问题，最终的预测结果是通过取平均值获得的。

随机森林的主要特点如下。

- ❑ 高性能和泛化能力：随机森林通常具有出色的性能，可以在许多不同类型的问题上表现良好。它对于高维数据和大规模数据集具有较好的泛化能力。
- ❑ 防止过拟合：由于随机性的引入，随机森林具有较好的抗过拟合能力。每棵决策树都在不同的训练数据子集上训练，从而降低了过拟合的风险。
- ❑ 特征重要性评估：随机森林可以估计每个特征的重要性，以分析哪些特征对模型的性能有重要影响。
- ❑ 易于使用：使用随机森林通常不需要太多的超参数调整，而且它们通常表现出色。
- ❑ 多任务应用：随机森林可用于分类和回归任务，并可扩展到多类别分类、异常检测等问题。

3.3.2 随机森林的应用演练

随机森林是一种通用且强大的机器学习算法，可以应用于多种领域。其中常见的应用场景如下。

- ❑ 分类问题：随机森林在处理分类问题时表现出色。它可以用于垃圾邮件检测、情感分析、图像分类、文本分类等各种任务。
- ❑ 回归问题：除了分类，随机森林也适用于回归问题。它可以用于股票价格预测、房价预测、销售预测等。
- ❑ 特征选择：随机森林可以用于特征选择，帮助确定哪些特征对于模型的性能最为关键。这在高维数据集中尤其有用。
- ❑ 异常检测：随机森林可以用于检测异常值，这对于金融领域的欺诈检测、网络安全威胁的识别和异常数据点的识别非常有用。
- ❑ 图像处理：在计算机视觉领域，随机森林可用于目标检测、图像分类和人脸识别等任务。

- 文本分析：随机森林可用于文本分类、情感分析、文档聚类和主题建模等自然语言处理任务。
- 医学应用：在医学领域，随机森林可以用于疾病预测、药物发现、基因表达分析等。
- 生态学：随机森林可用于生态系统建模、物种分类、环境监测等。
- 金融分析：在金融领域，随机森林用于信用评分、投资组合优化、股票价格预测等。
- 市场营销：在市场营销中，随机森林可用于客户细分、销售预测、用户推荐等。
- 土地利用规划：随机森林可用于土地利用规划和资源管理，例如森林覆盖分析、土地分类等。

总之，随机森林是一种非常通用的机器学习算法，适用于各种不同类型的问题和领域。请看下面的例子，使用随机森林构建一个垃圾邮件分类器，以区分电子邮件是垃圾邮件还是正常邮件。在文件 spam_ham_dataset.csv 中保存了邮件信息，内容如下：

```
text,label
Discounts on our products!,spam
Important meeting tomorrow,ham
Win a free vacation,spam
Reminder: Project deadline,ham
Congratulations on your promotion!,ham
Exclusive offer for you,spam
Lunch menu for the week,ham
Get a $1000 gift card,spam
New product launch,ham
Discounts on our products!,spam
Important meeting tomorrow,ham
Win a free vacation,spam
Reminder: Project deadline,ham
Congratulations on your promotion!,ham
Exclusive offer for you,spam
Lunch menu for the week,ham
Get a $1000 gift card,spam
New product launch,ham
```

上述数据集一共包含 18 条数据，其中 text 列为邮件文本，label 列为相应的标签，指示邮件是垃圾邮件(spam)还是正常邮件(ham)。这个示例数据集可以用于训练和测试垃圾邮件分类模型。注意，实际数据集可能会很大。

实例 3-3：使用随机森林构建一个垃圾邮件分类器(源码路径：daima\3\you.py)

实例文件 you.py 的具体实现代码如下：

```
from sklearn.feature_extraction.text import TfidfVectorizer
from sklearn.model_selection import train_test_split
from sklearn.ensemble import RandomForestClassifier
from sklearn.metrics import accuracy_score, classification_report
import pandas as pd

# 加载垃圾邮件数据集
data = pd.read_csv('spam_ham_dataset.csv')
X = data['text']
y = data['label']

# 划分数据为训练集和测试集
X_train, X_test, y_train, y_test = train_test_split(X, y, test_size=0.2, 
random_state=42)

# 使用 TF-IDF 向量化文本数据
vectorizer = TfidfVectorizer(max_features=5000)
X_train = vectorizer.fit_transform(X_train)
X_test = vectorizer.transform(X_test)

# 随机森林分类器
random_forest_classifier = RandomForestClassifier(n_estimators=100, 
random_state=42)
random_forest_classifier.fit(X_train, y_train)
random_forest_predictions = random_forest_classifier.predict(X_test)

# 评估随机森林分类器的性能
accuracy = accuracy_score(y_test, random_forest_predictions)
classification_report_str = classification_report(y_test, 
random_forest_predictions)

print("Random Forest Accuracy: {:.2f}%".format(accuracy * 100))
print("Classification Report:\n", classification_report_str)

# 输入新电子邮件并进行垃圾邮件分类
new_emails = ["Congratulations! You've won a prize!", "Meeting at 3 PM in the 
conference room."]
new_emails = vectorizer.transform(new_emails)
predictions = random_forest_classifier.predict(new_emails)
print("Predictions for new emails:", predictions)
```

在上述代码中，使用随机森林来构建一个垃圾邮件分类器。首先加载包含电子邮件文本和标签的数据集，然后将其分为训练集和测试集。接着，使用 TF-IDF 向量化文本数据，训练随机森林分类器，最后评估性能并对新电子邮件进行分类。程序执行后会输出：

```
Random Forest Accuracy: 100.00%
Classification Report:
```

```
              precision    recall  f1-score   support

         ham       1.00      1.00      1.00         2
        spam       1.00      1.00      1.00         2

    accuracy                           1.00         4
   macro avg       1.00      1.00      1.00         4
weighted avg       1.00      1.00      1.00         4

Predictions for new emails: ['ham' 'ham']
```

根据上面的输出结果表明，随机森林分类器在这个示例中表现得非常出色，它实现了100%的分类准确性。对于这个小规模的示例数据集，它成功地将垃圾邮件和正常邮件进行了完美分类。此外，通过查看分类报告，可以看到对于每个类别(ham 和 spam)，模型都实现了 1.00 的精确度、召回率和 F1 分数，这表明性能良好。最后，模型对新电子邮件的分类也是正确的，两封新电子邮件都被正确地分类为 ham(正常邮件)。

注意：这个示例演示了如何使用随机森林来进行文本分类，尽管数据集非常小，但是模型的表现非常理想。在实际应用中，可能会处理更大规模和更多样化的数据，性能评估可能会更复杂。

3.4 卷积神经网络技术

神经网络(neual networks)是人工智能研究领域的一部分，当前最流行的神经网络是卷积神经网络(CNN)。卷积神经网络目前在很多研究领域取得了巨大的成功，例如语音识别、图像识别、图像分割、自然语言处理等。

扫码看视频

3.4.1 卷积神经网络的发展历程

在半个世纪以前，图像识别就已经是一个热门的研究课题。20 世纪 50 年中期到 60 年代初，感知机引起了机器学习研究者的广泛关注。这是因为当时的数学证明表明，如果输入数据是线性可分的，感知机可以在有限的迭代次数内收敛。感知机的解是一组超平面参数，这些参数可以用作数据分类。然而，感知机却在实际应用中遇到了很大困难，主要是由以下两个问题造成的。

- 多层感知机暂时没有有效训练方法，导致层数无法加深。
- 由于采用线性激活函数，导致无法处理线性不可分问题，比如“异或”。

上述问题随着后向传播(back propagation，BP)算法和非线性激活函数的提出得到解决。1989 年，BP 算法被首次用于 CNN 中处理 2-D 信号(图像)。

在 2012 年的 ImageNet 挑战赛中，CNN 证明了它的实力，从此在图像识别和其他应用中被广泛采纳。

通过机器进行模式识别，通常要经历以下四个阶段。

- 数据获取：比如数字化图像。
- 预处理：比如图像去噪和图像几何修正。
- 特征提取：寻找一些计算机识别的属性，这些属性用以描述当前图像与其他图像的不同之处。
- 数据分类：把输入图像划分给某一特定类别。

CNN 是目前图像领域特征提取的最好方式，也因此大幅度提升了数据分类的精度。

3.4.2 卷积神经网络的组成

卷积神经网络(CNN)的核心思想是通过卷积层、池化层和全连接层来提取和学习图像中的特征。下面是 CNN 的主要组成部分。

- 卷积层(convolutional layer)：卷积层通过在输入数据上滑动一个或多个滤波器(也称为卷积核)来提取图像的局部特征。每个滤波器在滑动过程中与输入数据进行卷积操作，生成一个特征映射(feature map)。卷积操作能够捕捉输入数据的空间局部性，使得网络能够学习到具有平移不变性的特征。
- 激活函数(activation function)：卷积层通常在卷积操作之后应用一个非线性激活函数，如 ReLU(rectified linear unit)，用于引入非线性特性。激活函数能够增加网络的表达能力，使其能够学习更加复杂的特征。
- 池化层(pooling layer)：池化层用于降低特征映射的空间尺寸，减少参数数量和计算复杂度。常用的池化操作包括最大池化(max pooling)和平均池化(average pooling)，它们分别选择局部区域中的最大值或平均值作为池化后的值。
- 全连接层(fully connected layer)：在经过多个卷积层和池化层之后，通过全连接层将提取到的特征映射到最终的输出类别。全连接层将所有的输入连接到输出层，其中每个连接都有一个关联的权重。

CNN 的训练过程通常包括前向传播和反向传播。在前向传播中，输入数据通过卷积层、激活函数和池化层逐层传递，最终通过全连接层生成预测结果。然后，通过比较预测结果与真实标签，计算损失函数的值。在反向传播中，根据损失函数的值和网络参数的梯度，使用优化算法更新网络参数，以最小化损失函数。

通过多层卷积层的堆叠，CNN 能够自动学习到输入数据中的层次化特征表示，从而在图像分类等任务中取得优秀的性能。它的结构设计使得它能够有效处理高维数据，并具有一定的平移不变性和位置信息感知能力。

3.4.3 基于卷积神经网络的分类演练

卷积神经网络(CNN)通常用于图像处理，但它们也可以应用于文本数据的特征提取和分类。在文本数据上使用 CNN 可以有效地捕获局部特征和模式，从而改进文本分类任务的性能。例如下面是一个实用且有趣的自然语言处理(NLP)的例子，演示了使用卷积神经网络进行文本情感分析的过程。在这个例子中，将使用 CNN 模型来对电影评论进行情感分析，将评论分类为正面、负面或中性情感。

实例 3-4：使用 CNN 模型对电影评论进行情感分析(源码路径：daima\3\cnn.py)

实例文件 cnn.py 的具体实现代码如下：

```
import numpy as np
from tensorflow import keras
from tensorflow.keras.layers import Embedding, Conv1D, MaxPooling1D, Flatten, Dense
from tensorflow.keras.preprocessing.text import Tokenizer
from tensorflow.keras.preprocessing.sequence import pad_sequences
from sklearn.model_selection import train_test_split
from sklearn.metrics import accuracy_score
from sklearn.datasets import load_files
from sklearn.utils import shuffle

# 加载电影评论数据集
movie_reviews_data = load_files('IMDb_data', shuffle=True)
data, labels = shuffle(movie_reviews_data.data, movie_reviews_data.target)

# 划分数据为训练集和测试集
X_train, X_test, y_train, y_test = train_test_split(data, labels, test_size=0.2,
random_state=42)

# 使用 Tokenizer 将文本数据转化为序列
max_words = 10000  # 设置词汇表的最大词汇量
tokenizer = Tokenizer(num_words=max_words)
tokenizer.fit_on_texts(X_train)
X_train_seq = tokenizer.texts_to_sequences(X_train)
X_test_seq = tokenizer.texts_to_sequences(X_test)

# 使用 pad_sequences()将序列填充为相同的长度
max_sequence_length = 200  # 设置序列的最大长度
X_train_seq = pad_sequences(X_train_seq, maxlen=max_sequence_length)
X_test_seq = pad_sequences(X_test_seq, maxlen=max_sequence_length)
```

```
# 创建 CNN 模型
model = keras.Sequential()
model.add(Embedding(input_dim=max_words, output_dim=100,
input_length=max_sequence_length))
model.add(Conv1D(64, 3, activation='relu'))
model.add(MaxPooling1D(2))
model.add(Flatten())
model.add(Dense(64, activation='relu'))
model.add(Dense(3, activation='softmax'))  # 3 个类别：正面、负面、中性情感

# 编译模型
model.compile(optimizer='adam', loss='categorical_crossentropy',
metrics=['accuracy'])

# 将标签进行独热编码
from tensorflow.keras.utils import to_categorical
y_train_onehot = to_categorical(y_train, num_classes=3)
y_test_onehot = to_categorical(y_test, num_classes=3)

# 训练模型
model.fit(X_train_seq, y_train_onehot, epochs=5, batch_size=64,
validation_split=0.1)

# 评估模型性能
y_pred = model.predict(X_test_seq)
y_pred_labels = np.argmax(y_pred, axis=1)
accuracy = accuracy_score(y_test, y_pred_labels)
print("CNN Model Accuracy: {:.2f}%".format(accuracy * 100))
```

在上述代码中，使用 CNN 模型进行文本情感分析，将电影评论分类为正面、负面或中性情感。我们使用了一个示例的电影评论数据集，首先对文本进行预处理，然后构建一个 CNN 模型来进行情感分类。最后，训练模型并评估性能。程序执行后会输出：

```
CNN Model Accuracy: 75.40%
```

3.5 循环神经网络技术

循环神经网络(recurrent neural network，RNN)是一类以序列(sequence)数据为输入的神经网络，它在序列的演进方向进行递归(recursion)，并且所有节点(循环单元)按链式连接。RNN 能够处理序列数据中的时间依赖关系，适用于自然语言处理、时间序列分析等任务。

扫码看视频

3.5.1 循环神经网络的原理

RNN 是两种神经网络模型的缩写，一种是递归神经网络，一种是循环神经网络。本节将讲解循环神经网络。在现实应用中，经常用循环神经网络解决文本分类问题。

循环神经网络是一种具有时间递归特性的结构，随着时间步的推移，网络会不断地接收前一个时刻的输出作为当前时刻的输入，从而在序列数据中传递信息。这在自然语言处理(NLP)和语音图像等多个领域均有非常广泛的应用。RNN 网络和其他网络最大的不同就在于 RNN 能够实现某种“记忆功能”，是进行时间序列分析时最好的选择。如同人类能够凭借自己过往的记忆更好地认识这个世界一样。RNN 也实现了类似于人脑的这一机制，对所处理过的信息留存有一定的记忆，而其他类型的神经网络并不能对处理过的信息留存记忆。一个典型的 RNN 神经网络如图 3-1 所示。

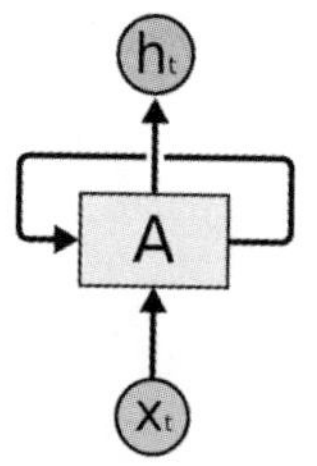

图 3-1 一个典型的 RNN 神经网络

由图 3-1 可以看出：一个典型的 RNN 神经网络包含一个输入 x，一个输出 h 和一个神经网络单元 A。与普通的神经网络不同的是，RNN 神经网络单元 A 不仅仅与输入和输出相连接，还存在一个自连接的回路。这种结构揭示了 RNN 的本质：前一个时刻的网络状态信息会影响下一个时刻的网络状态。如果图 3-1 的网络结构仍不够清晰，RNN 还可以展开为时间序列的形式，如图 3-2 所示。

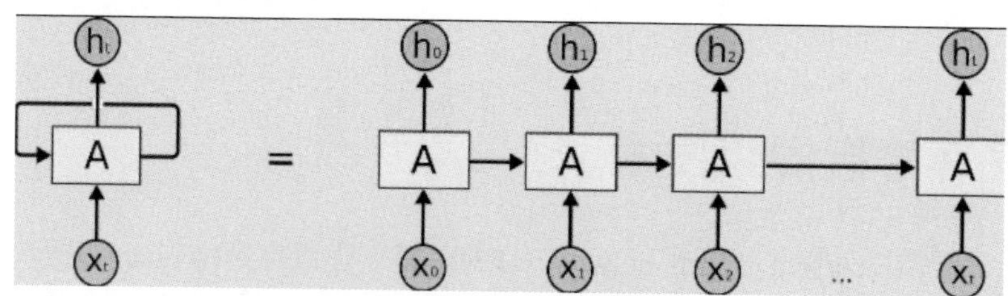

图 3-2 RNN 神经网络以时间序列展开

等号右边是 RNN 的展开形式。由于 RNN 通常用于处理序列信息，因此下文说明将以时间序列为例进行解释。在展开后的 RNN 网络中，最初始的输入是 x_0，输出是 h_0，这代表着 0 时刻 RNN 的输入为 x_0，输出为 h_0，而网络神经元在 0 时刻的状态保存在 A 中。当下一个时刻 1 到来时，网络神经元的状态不仅由 1 时刻的输入 x_1 决定，也由 0 时刻的神经元状态决定。后续的情况以此类推，直到时间序列的末尾 t 时刻。

上面的过程可以用一个简单的例子来说明：假设现在有一句话“I want to play basketball”，由于自然语言本身就是一个时间序列，较早的词与较后的词存在某种联系。例如，在刚才的句子中，play 这个动词意味着后面一定会有一个名词，而这个名词具体是什么可能需要更遥远的语境来决定。因此，一句话也可以作为 RNN 的输入。回到刚才的那句话，这句话中的 5 个单词是以时序出现的，我们现在将这五个单词依次输入到 RNN 中。首先是单词 I，它作为时序上第一个出现的单词被用作 x_0 输入，拥有一个 h_0 输出，并且改变了初始神经元 A 的状态。单词 want 作为时序上第二个出现的单词被用作 x_1 输入，这时 RNN 的输出和神经元状态将不仅仅由 x_1 决定，还将由上一时刻的神经元状态(或者说上一时刻的输入 x_0)决定。之后的情况以此类推，直到句子输入到最后一个单词 basketball。

卷积神经网络的输入只有输入数据 x，而循环神经网络除了输入数据 x 之外，每一步的输出会作为下一步的输入，如此循环，并且每一次采用相同的激活函数和参数。在每次循环中，x_0 乘以系数 U 得到 s_0(循环神经网络中隐藏状态的时间步)，再经过系数 W 输入到下一次，以此循环构成循环神经网络的正向传播。

循环神经网络与卷积神经网络作比较，卷积神经网络(CNN)通常接收一个输入并产生一个输出。而循环神经网络可以实现一个输入多个输出(生成图片描述)、多个输入一个输出(文本分类)、多个输入多个输出(机器翻译、视频解说)。

RNN 使用的是 tanh(双曲正切函数)激活函数，输出在-1～1 之间，容易梯度消失。距离输出较远的步骤对于梯度贡献很小。将底层的输出作为高层的输入就构成了多层的 RNN 网络，而且高层之间也可以进行传递，并且可以采用残差连接防止过拟合。

注意： RNN 的每次传播之间只有一个参数 W，用这一个参数很难描述大量的、复杂的信息需求，为了解决这个问题引入了长短期记忆网络(long short term memory，LSTM)。利用这个网络可以进行选择性机制，选择性地输入、输出需要使用的信息以及选择性地遗忘不需要的信息。选择性机制的实现是通过 Sigmoid 门实现的，Sigmoid 函数的输出介于 0～1 之间，0 代表遗忘，1 代表记忆，0.5 代表记忆 50%。

3.5.2 文本分类的原理

文本分类问题就是对输入的文本字符串进行分析判断，然后输出结果。字符串无法直接输入到 RNN 网络，因此在输入之前需要先将文本拆分成单个词组，再将词组通过 embedding(嵌入)编码成一个向量，每轮输入一个词组，当最后一个词组输入完毕时得到的输出结果也是一个向量。embedding 将一个词对应为一个向量，向量的每一个维度对应一个浮点值，动态调整这些浮点值使得 embedding 编码和词的意思相关。这样网络的输入输出都是向量，最后进行全连接操作对应到不同的分类即可。

RNN 网络会不可避免地带来一个问题：最后的输出结果受最近的输入影响较大，而之前较远的输入可能无法影响结果，这就是信息瓶颈问题，为了解决这个问题引入了双向 LSTM。双向 LSTM 不仅增加了反向信息传播，而且每一轮都会有一个输出，将这些输出进行组合之后再传给全连接层。

另一个文本分类模型是 HAN(hierarchy attention network)，首先将文本分为句子、词语级别，将输入的词语进行编码然后相加得到句子的编码，再将句子编码相加得到最后的文本编码。而 attention(注意力机制)是指在每一个级别的编码进行累加前，加入一个加权值，根据不同的权值对编码进行累加。

由于输入的文本长度不统一，所以无法直接使用神经网络进行学习，为了解决这个问题，可以将输入文本的长度统一为一个最大值，勉强采用卷积神经网络进行学习，即文本卷积神经网络(TextCNN)。文本卷积神经网络的卷积过程采用的是多通道一维卷积，与二维卷积相比，一维卷积就是卷积核只在一个方向上移动。

在现实应用中，虽然 CNN 网络不能完美处理输入长短不一的序列式问题，但是它可以并行处理多个词组，效率更高，而 RNN 可以更好地处理序列式的输入，将两者的优势结合起来就构成了 R-CNN 模型。首先通过双向 RNN 网络对输入进行特征提取，再使用 CNN 进一步提取，之后通过池化层将每一步的特征融合在一起，最后经过全连接层进行分类。

3.5.3 文本分类实践：实现一个歌词生成器模型

请看下面的实例，功能是使用循环神经网络生成新的歌词。本实例包括数据预处理、模型定义、训练过程和生成新歌词等步骤，帮助用户理解如何使用循环神经网络处理文本数据。

实例 3-5：使用循环神经网络生成新的歌词(源码路径：daima\3\gequ.py)

实例文件 gequ.py 的具体实现流程如下。

(1) 导入所需的库。

导入 PyTorch 库和其他所需的库，包括神经网络模块、NumPy 库(用于数据处理)，以及 Matplotlib 库(用于可视化)。对应的实现代码如下：

```
import torch
import torch.nn as nn
import numpy as np
import matplotlib.pyplot as plt
```

(2) 定义歌曲专辑歌词。

定义一段歌曲专辑歌词作为训练数据，对应的实现代码如下：

```
lyrics = """
In the jungle, the mighty jungle
The lion sleeps tonight
In the jungle, the quiet jungle
The lion sleeps tonight
"""
```

(3) 创建歌词数据集。

编写函数 create_dataset()，将歌词转换为可以用于训练的数据集。它将歌词切割成输入序列和目标序列，并将字符映射到索引值以便于处理。对应的实现代码如下：

```
def create_dataset(lyrics, seq_length):
    dataX = []
    dataY = []
    chars = list(set(lyrics))
    char_to_idx = {ch: i for i, ch in enumerate(chars)}

    for i in range(0, len(lyrics) - seq_length):
        seq_in = lyrics[i:i+seq_length]
        seq_out = lyrics[i+seq_length]
        dataX.append([char_to_idx[ch] for ch in seq_in])
        dataY.append(char_to_idx[seq_out])

    return np.array(dataX), np.array(dataY), char_to_idx
```

(4) 定义循环神经网络模型类 RNNModel。

类 RNNModel 定义了循环神经网络模型的结构，包括一个嵌入层(用于将输入序列转换为向量表示)、一个循环层(在这里使用的是简单的 RNN)和一个全连接层(用于生成输出)。对应的实现代码如下：

```
class RNNModel(nn.Module):
    def __init__(self, input_size, hidden_size, output_size):
        super(RNNModel, self).__init__()
        self.hidden_size = hidden_size
        self.embedding = nn.Embedding(input_size, hidden_size)
        self.rnn = nn.RNN(hidden_size, hidden_size, batch_first=True)
        self.fc = nn.Linear(hidden_size, output_size)

    def forward(self, x, hidden):
        embedded = self.embedding(x)
        output, hidden = self.rnn(embedded, hidden)
        output = self.fc(output[:, -1, :])  # 只取最后一个时间步的输出
        return output, hidden
```

```
    def init_hidden(self, batch_size):
        return torch.zeros(1, batch_size, self.hidden_size)
```

(5) 定义超参数。

下面这些是超参数，用于定义训练过程，如序列长度、隐藏层大小、训练轮数、批大小等。对应的实现代码如下：

```
seq_length = 10
input_size = len(set(lyrics))
hidden_size = 128
output_size = len(set(lyrics))
num_epochs = 100
batch_size = 1
```

(6) 创建数据集和数据加载器。

使用之前定义的create_dataset()函数创建数据集，并将其转换为PyTorch的Tensor类型。然后，使用TensorDataset和DataLoader将数据集封装成可供模型训练使用的数据加载器。对应的实现代码如下：

```
dataX, dataY, char_to_idx = create_dataset(lyrics, seq_length)
dataX = torch.from_numpy(dataX)
dataY = torch.from_numpy(dataY)
dataset = torch.utils.data.TensorDataset(dataX, dataY)
data_loader = torch.utils.data.DataLoader(dataset, batch_size=batch_size,
shuffle=True)
```

(7) 实例化模型和定义损失函数与优化器。

实例化之前定义的循环神经网络模型，并定义交叉熵损失函数和Adam优化器。对应的实现代码如下：

```
model = RNNModel(input_size, hidden_size, output_size)
criterion = nn.CrossEntropyLoss()
optimizer = torch.optim.Adam(model.parameters(), lr=0.01)
```

(8) 训练模型。

使用数据加载器逐批次地将数据输入模型进行训练。在每个训练批次中，首先将优化器的梯度缓存清零，然后通过模型进行前向传播并计算损失，之后进行反向传播并更新模型参数。最后，打印出每10轮训练的损失值。对应的实现代码如下：

```
for epoch in range(num_epochs):
    model.train()
    hidden = model.init_hidden(batch_size)

    for inputs, targets in data_loader:
```

```
        optimizer.zero_grad()
        hidden = hidden.detach()
        outputs, hidden = model(inputs, hidden)
        targets = targets.long()
        loss = criterion(outputs, targets)
        loss.backward()
        optimizer.step()

    if (epoch+1) % 10 == 0:
        print(f"Epoch {epoch+1}/{num_epochs}, Loss: {loss.item()}")
```

(9) 可视化训练损失。

在训练完成后，绘制训练过程中的损失曲线图，以便可以更直观地了解模型的训练情况。对应的实现代码如下：

```
plt.plot(losses)
plt.xlabel('Epoch')
plt.ylabel('Loss')
plt.title('Training Loss')
plt.show()
```

(10) 生成新歌词。

使用训练好的模型生成新的歌词。首先设置模型为评估模式，并初始化隐藏状态。然后提供一个初始字符，将其转换为 Tensor 类型，并循环进行预测，每次预测将输出的字符添加到生成的歌词中。最后，将生成的歌词输出到控制台。对应的实现代码如下：

```
model.eval()
hidden = model.init_hidden(1)
start_char = 'I'
generated_lyrics = [start_char]

with torch.no_grad():
    input_char = torch.tensor([[char_to_idx[start_char]]], dtype=torch.long)
    while len(generated_lyrics) < 100:
        output, hidden = model(input_char, hidden)
        _, predicted = torch.max(output, 1)
        next_char =
list(char_to_idx.keys())[list(char_to_idx.values()).index(predicted.item())]
        generated_lyrics.append(next_char)
        input_char = torch.tensor([[predicted.item()]], dtype=torch.long)

generated_lyrics = ''.join(generated_lyrics)
print("Generated Lyrics:")
print(generated_lyrics)
```

程序执行后会输出训练过程，展示生成的新歌词：

```
Epoch 10/100, Loss: 1.1320719818505984
Epoch 20/100, Loss: 0.7656564090223303
Epoch 30/100, Loss: 0.4912299852448187
Epoch 40/100, Loss: 0.5815703137422835
Epoch 50/100, Loss: 0.5197872494708432
Epoch 60/100, Loss: 0.6041784392461887
Epoch 70/100, Loss: 0.5132076922750782
Epoch 80/100, Loss: 0.841928897174127
Epoch 90/100, Loss: 0.6915850965689768
Epoch 100/100, Loss: 0.786836911407844
```

同时，绘制训练过程中的损失曲线图，如图 3-3 所示。

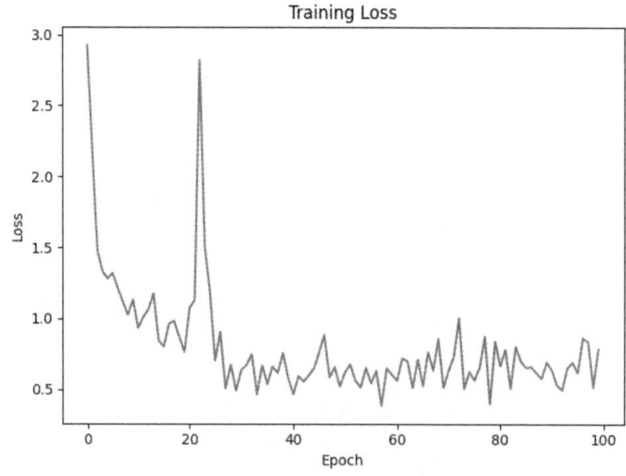

图 3-3　训练过程中的损失曲线图

3.5.4　文本分类实践：实现一个情感分析模型

请看下面的实例，功能是在 IMDB 大型电影评论数据集上训练循环神经网络，以进行情感分析。

实例 3-6：使用电影评论数据集构建情感分析模型(源码路径：daima\3\xun03.py)

实例文件 xun03.py 的具体实现流程如下。

(1) 导入 Matplotlib 库并创建一个辅助函数来绘制计算图，代码如下：

```
import matplotlib.pyplot as plt

def plot_graphs(history, metric):
  plt.plot(history.history[metric])
  plt.plot(history.history['val_'+metric], '')
```

```
plt.xlabel("Epochs")
plt.ylabel(metric)
plt.legend([metric, 'val_'+metric])
plt.show()
```

(2) 设置输入流水线，IMDB 大型电影评论数据集是一个二进制分类数据集——所有评论都具有正面或负面情感。使用 TFDS 下载数据集，代码如下：

```
dataset, info = tfds.load('imdb_reviews/subwords8k', with_info=True,
                          as_supervised=True)
train_dataset, test_dataset = dataset['train'], dataset['test']
```

程序执行后会输出：

```
WARNING:absl:TFDS datasets with text encoding are deprecated and will be removed
in a future version. Instead, you should use the plain text version and tokenize
the text using `tensorflow_text` (See:
https://www.tensorflow.org/tutorials/tensorflow_text/intro#tfdata_example)
Downloading and preparing dataset imdb_reviews/subwords8k/1.0.0 (download: 80.23
MiB, generated: Unknown size, total: 80.23 MiB) to
/home/kbuilder/tensorflow_datasets/imdb_reviews/subwords8k/1.0.0...
Shuffling and writing examples to
/home/kbuilder/tensorflow_datasets/imdb_reviews/subwords8k/1.0.0.incomplete7GBY
Y4/imdb_reviews-train.tfrecord
Shuffling and writing examples to
/home/kbuilder/tensorflow_datasets/imdb_reviews/subwords8k/1.0.0.incomplete7GBY
Y4/imdb_reviews-test.tfrecord
Shuffling and writing examples to
/home/kbuilder/tensorflow_datasets/imdb_reviews/subwords8k/1.0.0.incomplete7GBY
Y4/imdb_reviews-unsupervised.tfrecord
Dataset imdb_reviews downloaded and prepared to
/home/kbuilder/tensorflow_datasets/imdb_re
```

在数据集 info 中包括文本编码器(tfds.features.text.SubwordTextEncoder)，代码如下：

```
encoder = info.features['text'].encoder
print('Vocabulary size: {}'.format(encoder.vocab_size))
```

程序执行后会输出：

```
Vocabulary size: 8185
```

此文本编码器将以可逆方式对任何字符串进行编码，并在必要时退回到字节编码。代码如下：

```
sample_string = 'Hello TensorFlow.'

encoded_string = encoder.encode(sample_string)
print('Encoded string is {}'.format(encoded_string))
```

```
original_string = encoder.decode(encoded_string)
print('The original string: "{}"'.format(original_string))
```

程序执行后会输出：

```
Vocabulary size: 8185
```

此文本编码器将以可逆方式对任何字符串进行编码，并在必要时退回到字节编码。代码如下：

```
sample_string = 'Hello TensorFlow.'

encoded_string = encoder.encode(sample_string)
print('Encoded string is {}'.format(encoded_string))

original_string = encoder.decode(encoded_string)
print('The original string: "{}"'.format(original_string))

assert original_string == sample_string

for index in encoded_string:
  print('{} ----&gt; {}'.format(index, encoder.decode([index])))
```

程序执行后会输出：

```
Encoded string is [4025, 222, 6307, 2327, 4043, 2120, 7975]
The original string: "Hello TensorFlow."

4025 ----&gt; Hell
222 ----&gt; o
6307 ----&gt; Ten
2327 ----&gt; sor
4043 ----&gt; Fl
2120 ----&gt; ow
7975 ----&gt; .
```

(3) 准备用于训练的数据，创建这些编码字符串的批次。使用 padded_batch()方法将序列零填充至批次中最长字符串的长度，代码如下：

```
BUFFER_SIZE = 10000
BATCH_SIZE = 64

train_dataset = train_dataset.shuffle(BUFFER_SIZE)
train_dataset = train_dataset.padded_batch(BATCH_SIZE)

test_dataset = test_dataset.padded_batch(BATCH_SIZE)
```

(4) 构建模型，构建一个 tf.keras.Sequential 模型并从嵌入向量层开始。嵌入向量层每个单词存储一个向量。调用时，它会将单词索引序列转换为向量序列。这些向量是可训练的。(在足够的数据上)训练后，具有相似含义的单词通常具有相似的向量。与通过 tf.keras.layers.Dense 层传递独热编码向量的等效运算相比，这种索引查找方法要高效得多。

循环神经网络 (RNN) 通过遍历元素来处理序列输入。RNN 将前一个时间步骤的输出作为输入，传递到下一个时间步骤。tf.keras.layers.Bidirectional 包装器也可以与 RNN 层一起使用，通过 RNN 层向前和向后传播输入，然后连接输出，这有助于 RNN 学习长期依赖关系。代码如下：

```
model = tf.keras.Sequential([
   tf.keras.layers.Embedding(encoder.vocab_size, 64),
   tf.keras.layers.Bidirectional(tf.keras.layers.LSTM(64)),
   tf.keras.layers.Dense(64, activation='relu'),
   tf.keras.layers.Dense(1)
])
```

需要注意，这里使用的是 Keras 序贯模型，因为模型中的所有层都只有单个输入并产生单个输出。如果要使用有状态的 RNN 层，则可能需要使用 Keras 函数式 API 或模型子类化来构建模型，以便可以检索和重用 RNN 层状态。更多有关详细信息，请参阅 Keras RNN 指南。

(5) 编译 Keras 模型以配置训练过程，代码如下：

```
model.compile(loss=tf.keras.losses.BinaryCrossentropy(from_logits=True),
          optimizer=tf.keras.optimizers.Adam(1e-4),
          metrics=['accuracy'])
history = model.fit(train_dataset, epochs=10,
                validation_data=test_dataset,
                validation_steps=30)
```

程序执行后会输出：

```
Epoch 1/10
391/391 [==============================] - 41s 105ms/step - loss: 0.6363 - accuracy:
0.5736 - val_loss: 0.4592 - val_accuracy: 0.8010
Epoch 2/10
391/391 [==============================] - 41s 105ms/step - loss: 0.3426 - accuracy:
0.8556 - val_loss: 0.3710 - val_accuracy: 0.8417
Epoch 3/10
391/391 [==============================] - 42s 107ms/step - loss: 0.2520 - accuracy:
0.9047 - val_loss: 0.3444 - val_accuracy: 0.8719
Epoch 4/10
391/391 [==============================] - 41s 105ms/step - loss: 0.2103 - accuracy:
0.9228 - val_loss: 0.3348 - val_accuracy: 0.8625
Epoch 5/10
```

```
391/391 [==============================] - 42s 106ms/step - loss: 0.1803 - accuracy:
0.9360 - val_loss: 0.3591 - val_accuracy: 0.8552
Epoch 6/10
391/391 [==============================] - 42s 106ms/step - loss: 0.1589 - accuracy:
0.9450 - val_loss: 0.4146 - val_accuracy: 0.8635
Epoch 7/10
391/391 [==============================] - 41s 105ms/step - loss: 0.1466 - accuracy:
0.9505 - val_loss: 0.3780 - val_accuracy: 0.8484
Epoch 8/10
391/391 [==============================] - 41s 106ms/step - loss: 0.1463 - accuracy:
0.9485 - val_loss: 0.4074 - val_accuracy: 0.8156
Epoch 9/10
391/391 [==============================] - 41s 106ms/step - loss: 0.1327 - accuracy:
0.9555 - val_loss: 0.4608 - val_accuracy: 0.8589
Epoch 10/10
391/391 [==============================] - 41s 105ms/step - loss: 0.1666 - accuracy:
0.9404 - val_loss: 0.4364 - val_accuracy: 0.8422
```

(6) 查看损失，代码如下：

```
test_loss, test_acc = model.evaluate(test_dataset)

print('Test Loss: {}'.format(test_loss))
print('Test Accuracy: {}'.format(test_acc))
```

程序执行后会输出：

```
391/391 [==============================] - 17s 43ms/step - loss: 0.4305 - accuracy:
0.8477
Test Loss: 0.43051090836524963
Test Accuracy: 0.8476799726486206
```

上面的模型没有遮盖应用于序列的填充。如果在填充序列上进行训练并在未填充序列上进行测试，则可能导致倾斜。理想情况下，可以使用遮盖来避免这种情况，但是正如以下代码所展示的，它只会对输出产生很小的影响。如果预测值≥0.5，则为正，否则为负。代码如下：

```
def pad_to_size(vec, size):
  zeros = [0] * (size - len(vec))
  vec.extend(zeros)
  return vec

def sample_predict(sample_pred_text, pad):
  encoded_sample_pred_text = encoder.encode(sample_pred_text)

  if pad:
    encoded_sample_pred_text = pad_to_size(encoded_sample_pred_text, 64)
  encoded_sample_pred_text = tf.cast(encoded_sample_pred_text, tf.float32)
```

```
  predictions = model.predict(tf.expand_dims(encoded_sample_pred_text, 0))

  return (predictions)

#在没有填充的示例文本上进行预测
sample_pred_text = ('The movie was cool. The animation and the graphics '
                    'were out of this world. I would recommend this movie.')
predictions = sample_predict(sample_pred_text, pad=False)
print(predictions)
```

程序执行后会输出：

```
[[-0.11829309]]
```

(7) 使用填充对示例文本进行预测，代码如下：

```
sample_pred_text = ('The movie was cool. The animation and the graphics '
                    'were out of this world. I would recommend this movie.')
predictions = sample_predict(sample_pred_text, pad=True)
print(predictions)
```

程序执行后会输出：

```
[[-1.162545]]
```

(8) 编写可视化代码：

```
plot_graphs(history, 'accuracy')
plot_graphs(history, 'loss')
```

程序执行后分别绘制准确率(accuracy)曲线图和损失(loss)曲线图，如图 3-4 所示。

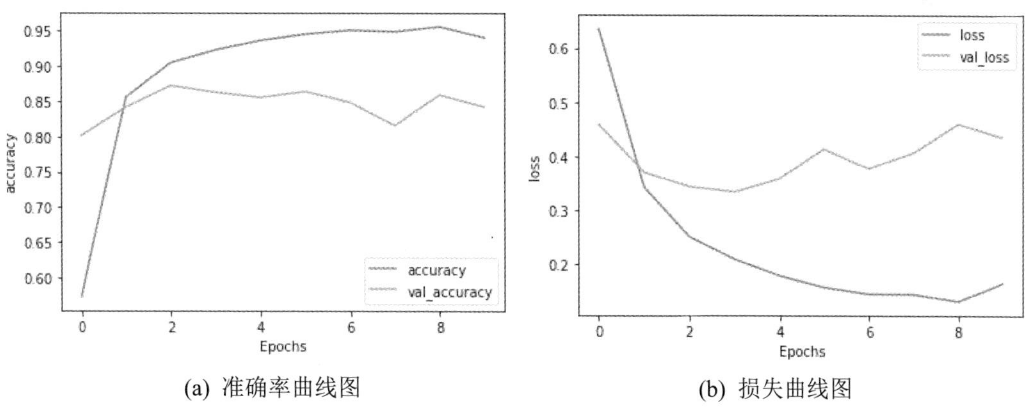

(a) 准确率曲线图　　(b) 损失曲线图

图 3-4　可视化效果(1)

(9) 堆叠两个或更多 LSTM 层，Keras 循环层有两种可用的模式，这些模式由 return_

sequences 构造函数参数控制。

- 当 return_sequences=True 时，LSTM 层返回每个时间步骤的完整输出，结果是一个形状为(batch_size, timesteps, output_features)的 3D 张量。
- 当 return_sequences=False(默认值)时，仅返回每个输入序列的最后一个输出，结果是一个形状为(batch_size, output_features)的 2D 张量。

代码如下：

```
model = tf.keras.Sequential([
    tf.keras.layers.Embedding(encoder.vocab_size, 64),
    tf.keras.layers.Bidirectional(tf.keras.layers.LSTM(64,
return_sequences=True)),
    tf.keras.layers.Bidirectional(tf.keras.layers.LSTM(32)),
    tf.keras.layers.Dense(64, activation='relu'),
    tf.keras.layers.Dropout(0.5),
    tf.keras.layers.Dense(1)
])

model.compile(loss=tf.keras.losses.BinaryCrossentropy(from_logits=True),
              optimizer=tf.keras.optimizers.Adam(1e-4),
              metrics=['accuracy'])

history = model.fit(train_dataset, epochs=10,
                    validation_data=test_dataset,
                    validation_steps=30)
```

程序执行后会输出：

```
Epoch 1/10
391/391 [==============================] - 75s 192ms/step - loss: 0.6484 - accuracy:
0.5630 - val_loss: 0.4876 - val_accuracy: 0.7464
Epoch 2/10
391/391 [==============================] - 74s 190ms/step - loss: 0.3603 - accuracy:
0.8528 - val_loss: 0.3533 - val_accuracy: 0.8490
Epoch 3/10
391/391 [==============================] - 75s 191ms/step - loss: 0.2666 - accuracy:
0.9018 - val_loss: 0.3393 - val_accuracy: 0.8703
Epoch 4/10
391/391 [==============================] - 75s 193ms/step - loss: 0.2151 - accuracy:
0.9267 - val_loss: 0.3451 - val_accuracy: 0.8604
Epoch 5/10
391/391 [==============================] - 76s 194ms/step - loss: 0.1806 - accuracy:
0.9422 - val_loss: 0.3687 - val_accuracy: 0.8708
Epoch 6/10
391/391 [==============================] - 75s 193ms/step - loss: 0.1623 - accuracy:
0.9495 - val_loss: 0.3836 - val_accuracy: 0.8594
Epoch 7/10
```

```
391/391 [==============================] - 76s 193ms/step - loss: 0.1382 - accuracy:
0.9598 - val_loss: 0.4173 - val_accuracy: 0.8573
Epoch 8/10
391/391 [==============================] - 76s 194ms/step - loss: 0.1227 - accuracy:
0.9664 - val_loss: 0.4586 - val_accuracy: 0.8542
Epoch 9/10
391/391 [==============================] - 76s 194ms/step - loss: 0.0997 - accuracy:
0.9749 - val_loss: 0.4939 - val_accuracy: 0.8547
Epoch 10/10
391/391 [==============================] - 76s 194ms/step - loss: 0.0973 - accuracy:
0.9748 - val_loss: 0.5222 - val_accuracy: 0.8526
```

(10) 进行测试，代码如下：

```
sample_pred_text = ('The movie was not good. The animation and the graphics '
                    'were terrible. I would not recommend this movie.')
predictions = sample_predict(sample_pred_text, pad=False)
print(predictions)


sample_pred_text = ('The movie was not good. The animation and the graphics '
                    'were terrible. I would not recommend this movie.')
predictions = sample_predict(sample_pred_text, pad=True)
print(predictions)

plot_graphs(history, 'accuracy')
plot_graphs(history, 'loss')
```

此时执行后的可视化效果如图 3-5 所示。

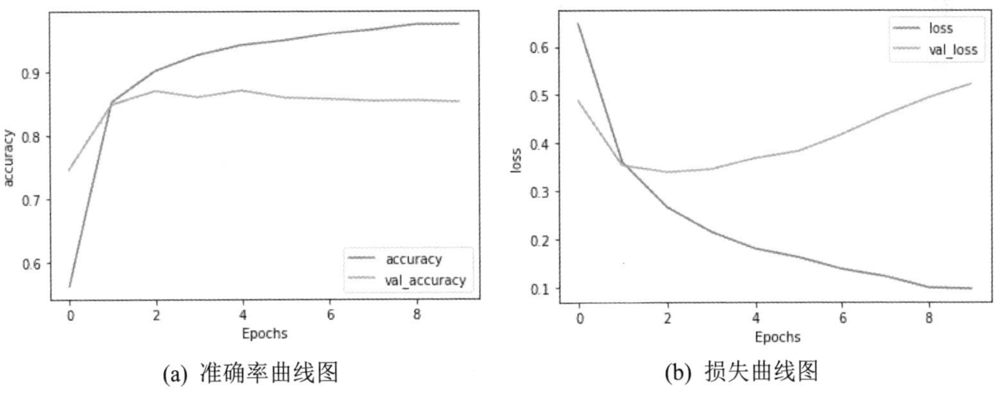

(a) 准确率曲线图　　(b) 损失曲线图

图 3-5　可视化效果(2)

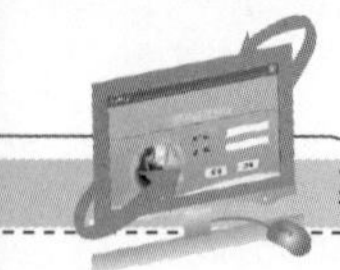

3.6 递归神经网络技术

递归神经网络(RNN)是一种用于处理树状或递归结构数据的神经网络架构。与传统的前馈神经网络(feedforward neural network)不同，递归神经网络具有反馈连接，其能够在网络内传递信息并处理树状结构数据。RNN 可以在不同层级上组合信息，使其适用于各种具有递归性质的数据，如自然语言语法树、分子结构、计算机程序等。

扫码看视频

3.6.1 递归神经网络的特点和应用

递归神经网络的主要特点如下。

- 树状结构处理：递归神经网络用于处理树状结构的数据，其中每个节点可以具有多个子节点。这使得 RNN 适用于自然语言处理中的语法分析，其中单词和短语之间的关系可以表示为树。
- 递归性质：递归神经网络具有递归性质，因为它在每个节点处理数据时会引入前一个节点的信息。这种递归性质使 RNN 能够捕获树状结构中不同层级的信息。
- 多层递归：递归神经网络可以包含多个递归层，使其能够在不同抽象层次上处理数据。
- 结构学习：递归神经网络可以自动学习数据的结构，而无需手动设计特征。这对于处理各种树状结构数据非常有用。

递归神经网络在自然语言处理中用于语法分析、文本分类、情感分析等任务。此外，递归神经网络也在生物信息学、计算机程序分析和其他领域中有广泛的应用，因为它可以处理具有递归性质的数据结构。需要注意的是，递归神经网络存在一些限制，例如梯度消失问题。因此在某些情况下，更高级的架构如长短期记忆网络(LSTM)和门控循环单元(GRU)可能更适合。

3.6.2 RvNN 技术基础与应用演练

RvNN 是一种神经网络架构，代表 recursive variational neural network 或 recurrent variational neural network，取决于上下文。这是一种结合了递归(或循环)结构和变分自编码器(variational autoencoder，VAE)的神经网络，用于处理序列数据。RvNN 的主要特点如下。

- 递归结构：RvNN 具有递归或循环结构，允许处理序列或树状结构数据。这使得它适用于自然语言处理中的句法分析、文本生成等任务。

- 变分自编码器：RvNN 结合了变分自编码器(VAE)的思想，用于生成潜在表示(latent representation)以及在生成数据时引入噪声。这种方法可以帮助模型更好地捕获数据的潜在分布，同时在处理不完整数据或含噪声数据时表现更出色。
- 生成性能：RvNN 通常用于生成文本或序列数据，具有生成性能，可以生成符合特定分布的序列。

RvNN 是一个复杂的神经网络架构，通常由深度学习研究人员和自然语言处理领域的专家用于特定的任务。它的应用领域包括自然语言处理、句法分析、文本生成、机器翻译等需要处理序列结构数据的任务。根据具体的应用和研究领域，RvNN 具有不同的变种和结构。

实例 3-7：综合实战：创建 RvNN 模型并训练(源码路径：daima\3\Continuous-RvNN-main)

(1) 编写文件 Continuous-RvNN-main/inference/preprocess/process_MNLI.py，将用于自然语言推理的数据集进行预处理，以便后续可以在深度学习模型中使用。具体实现代码如下：

```
from preprocess_tools.process_utils import load_glove, jsonl_save

SEED = 101
MAX_VOCAB = 50000
MIN_FREQ = 1
WORDVECDIM = 300
dev_keys = ["matched"]
test_keys = ["matched", "mismatched"]
predi_keys = ["matched", "mismatched"]
np.random.seed(SEED)
random.seed(SEED)

train_path1 = Path('../data/NLI_data/MNLI/multinli_1.0_train.jsonl')
train_path2 = Path('../data/NLI_data/SNLI/snli_1.0_train.jsonl')
dev_path = {}
dev_path["matched"] =
    Path('../data/NLI_data/MNLI/multinli_1.0_dev_matched.jsonl')
dev_path["mismatched"] =
    Path('../data/NLI_data/MNLI/multinli_1.0_dev_mismatched.jsonl')
test_path = {}
test_path["matched"] =
    Path('../data/NLI_data/MNLI/multinli_1.0_dev_matched.jsonl')
test_path["mismatched"] =
    Path('../data/NLI_data/MNLI/multinli_1.0_dev_mismatched.jsonl')
predi_path = {}
predi_path["matched"] =
    Path('../data/NLI_data/MNLI/multinli_0.9_test_matched_unlabeled.jsonl')
predi_path["mismatched"] =
    Path('../data/NLI_data/MNLI/multinli_0.9_test_mismatched_unlabeled.jsonl')
predi2_path = {}
```

```
predi2_path["matched"] =
    Path('../data/NLI_data/MNLI/multinli_1.0_dev_matched.jsonl')  #
Path('../../data/NLI_data/MNLI/multinli_0.9_test_matched_unlabeled.jsonl')
predi2_path["mismatched"] =
    Path('../data/NLI_data/MNLI/multinli_1.0_dev_mismatched.jsonl')  #
Path('../../data/NLI_data/MNLI/multinli_0.9_test_mismatched_unlabeled.jsonl')

embedding_path = Path("../embeddings/glove/glove.840B.300d.txt")

Path('processed_data/').mkdir(parents=True, exist_ok=True)

train_save_path = Path('processed_data/MNLI_train.jsonl')
dev_save_path = {}
for key in dev_keys:
   dev_save_path[key] = Path('processed_data/MNLI_dev_{}.jsonl'.format(key))
test_save_path = {}
for key in test_keys:
   test_save_path[key] = Path('processed_data/MNLI_test_{}.jsonl'.format(key))
predi_save_path = {}
predi2_save_path = {}
for key in predi_keys:
   predi_save_path[key] = Path('processed_data/MNLI_predi_{}.jsonl'.format(key))
   predi2_save_path[key] = Path('processed_data/MNLI_predi2_{}.jsonl'.format(key))
metadata_save_path = fspath(Path("processed_data/MNLI_metadata.pkl"))

labels2idx = {}
vocab2count = {}


def tokenize(sentence):
   return nltk.word_tokenize(sentence)


def updateVocab(word):
   global vocab2count
   vocab2count[word] = vocab2count.get(word, 0) + 1


def process_data(filename, update_vocab=True, filter=False, predi=False):
   global labels2idx

   print("\n\nOpening directory: {}\n\n".format(filename))

   sequences1 = []
   sequences2 = []
   pairIDs = []
   labels = []
```

```
    count = 0
    max_seq_len = 150

    with jsonlines.open(filename) as reader:
        for sample in reader:
            if sample['gold_label'] != '-':

                sequence1 = tokenize(sample['sentence1'].lower())
                sequence2 = tokenize(sample['sentence2'].lower())
                pairID = sample["pairID"]
                if predi:
                    label = None
                    label_id = None
                else:
                    label = sample['gold_label']
                    if label not in labels2idx:
                        labels2idx[label] = len(labels2idx)
                    label_id = labels2idx[label]

                if filter:
                    if (len(sequence1) < max_seq_len) and (len(sequence2) < max_seq_len):
                        sequences1.append(sequence1)
                        sequences2.append(sequence2)
                        labels.append(label_id)
                        pairIDs.append(pairID)
                else:
                    sequences1.append(sequence1)
                    sequences2.append(sequence2)
                    labels.append(label_id)
                    pairIDs.append(pairID)

                if update_vocab:
                    for word in sequence1:
                        updateVocab(word)

                    for word in sequence2:
                        updateVocab(word)

                count += 1

                if count % 1000 == 0:
                    print("Processing Data # {}...".format(count))

    return sequences1, sequences2, labels, pairIDs


train_sequences1, \
```

```
train_sequences2, \
train_labels, _ = process_data(train_path1, filter=True)

train_sequences1_, \
train_sequences2_, \
train_labels_, _ = process_data(train_path2, filter=True)

train_sequences1 += train_sequences1_
train_sequences2 += train_sequences2_
train_labels += train_labels_

dev_sequences1 = {}
dev_sequences2 = {}
dev_labels = {}

for key in dev_keys:
    dev_sequences1[key], \
    dev_sequences2[key], \
    dev_labels[key], _ = process_data(dev_path[key], update_vocab=True)

test_sequences1 = {}
test_sequences2 = {}
test_labels = {}

for key in test_keys:
    test_sequences1[key], \
    test_sequences2[key], \
    test_labels[key], _ = process_data(test_path[key], update_vocab=True)

predi_sequences1 = {}
predi_sequences2 = {}
predi_labels = {}
predi_pairIDs = {}

for key in predi_keys:
    predi_sequences1[key], \
    predi_sequences2[key], \
    predi_labels[key], predi_pairIDs[key] = process_data(predi_path[key],
                                                          update_vocab=True)

predi2_sequences1 = {}
predi2_sequences2 = {}
predi2_labels = {}
predi2_pairIDs = {}

for key in predi_keys:
    predi2_sequences1[key], \
```

```
    predi2_sequences2[key], \
    predi2_labels[key], predi2_pairIDs[key] = process_data(predi2_path[key],
                                              update_vocab=False)


counts = []
vocab = []
for word, count in vocab2count.items():
    if count > MIN_FREQ:
        vocab.append(word)
        counts.append(count)

vocab2embed = load_glove(embedding_path, vocab=vocab2count, dim=WORDVECDIM)

sorted_idx = np.flip(np.argsort(counts), axis=0)
vocab = [vocab[id] for id in sorted_idx if vocab[id] in vocab2embed]
if len(vocab) > MAX_VOCAB:
    vocab = vocab[0:MAX_VOCAB]

vocab += ["<PAD>", "<UNK>", "<SEP>"]

print(vocab)

vocab2idx = {word: id for id, word in enumerate(vocab)}

vocab2embed["<PAD>"] = np.zeros((WORDVECDIM), np.float32)
b = math.sqrt(3 / WORDVECDIM)
vocab2embed["<UNK>"] = np.random.uniform(-b, +b, WORDVECDIM)
vocab2embed["<SEP>"] = np.random.uniform(-b, +b, WORDVECDIM)

embeddings = []
for id, word in enumerate(vocab):
    embeddings.append(vocab2embed[word])


def text_vectorize(text):
    return [vocab2idx.get(word, vocab2idx['<UNK>']) for word in text]


def vectorize_data(sequences1, sequences2, labels, pairIDs=None):
    data_dict = {}
    sequences1_vec = [text_vectorize(sequence) for sequence in sequences1]
    sequences2_vec = [text_vectorize(sequence) for sequence in sequences2]
    data_dict["sequence1"] = sequences1
    data_dict["sequence2"] = sequences2
    sequences_vec = [sequence1 + [vocab2idx["<SEP>"]] + sequence2 for sequence1,
                     sequence2 in zip(sequences1_vec, sequences2_vec)]
    data_dict["sequence1_vec"] = sequences1_vec
```

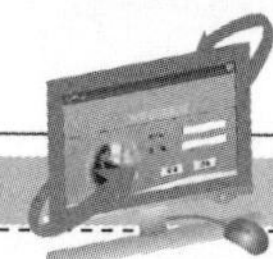


```
    data_dict["sequence2_vec"] = sequences2_vec
    data_dict["sequence_vec"] = sequences_vec
    data_dict["label"] = labels
    if pairIDs is not None:
        data_dict["pairID"] = pairIDs
        print(data_dict["pairID"])
    return data_dict


train_data = vectorize_data(train_sequences1, train_sequences2, train_labels)
"""
for item in train_data["sequence1"]:
    print(item)
print("\n\n")
"""
dev_data = {}
for key in dev_keys:
    dev_data[key] = vectorize_data(dev_sequences1[key], dev_sequences2[key],
                    dev_labels[key])
test_data = {}
for key in test_keys:
    test_data[key] = vectorize_data(test_sequences1[key], test_sequences2[key],
                     test_labels[key])

predi_data = {}
for key in predi_keys:
    predi_data[key] = vectorize_data(predi_sequences1[key], predi_sequences2[key],
                     predi_labels[key], predi_pairIDs[key])

predi2_data = {}
for key in predi_keys:
    predi2_data[key] = vectorize_data(predi2_sequences1[key], predi2_sequences2[key],
                     predi2_labels[key], predi2_pairIDs[key])

jsonl_save(filepath=train_save_path, data_dict=train_data)

for key in dev_keys:
    jsonl_save(filepath=dev_save_path[key], data_dict=dev_data[key])

for key in test_keys:
    jsonl_save(filepath=test_save_path[key], data_dict=test_data[key])

for key in predi_keys:
    jsonl_save(filepath=predi_save_path[key], data_dict=predi_data[key])
    jsonl_save(filepath=predi2_save_path[key], data_dict=predi2_data[key])
```

```
metadata = {"labels2idx": labels2idx,
          "vocab2idx": vocab2idx,
          "embeddings": np.asarray(embeddings, np.float32),
          "dev_keys": dev_keys,
          "test_keys": test_keys}

with open(metadata_save_path, 'wb') as outfile:
   pickle.dump(metadata, outfile)
```

上述代码用于执行自然语言推理(NLI)数据集的预处理工作，具体实现流程如下。

① 导入必要的库和设置一些常量和文件路径。

② 创建一个函数 tokenize()，用于对文本进行分词(使用 NLTK 库)。

③ 定义函数 updateVocab()，用于更新词汇表。

④ 创建函数 process_data()，用于处理数据文件，读取数据、进行分词和更新词汇表。这个函数还可以用于进行数据过滤和处理不同的 NLI 数据集。

⑤ 加载训练数据、开发数据、测试数据以及预测数据。

⑥ 使用 GloVe 词嵌入来构建词汇表并获取词嵌入向量。

⑦ 将数据转化为数字化表示，创建包括标签和序列的数据字典。

⑧ 保存处理后的数据为 JSONL 文件，并将元数据(如标签、词汇表和嵌入向量)保存为 pickle 文件。

(2) 编写文件 Continuous-RvNN-main/classifier/models/Classifier_model.py，功能是使用神经网络结构定义一个实现文本分类的 PyTorch 模型。这个模型是一个文本分类器，可以用于对文本进行分类的任务。模型的结构包括了嵌入层、编码器、特征提取和分类器。该模型的具体配置和超参数可以在 config 中指定，包括输入和输出的维度、嵌入的维度、隐藏层的大小等。文件 Classifier_model.py 的具体实现代码如下：

```
import torch as T
import torch.nn as nn
import torch.nn.functional as F

from controllers.encoder_controller import encoder
from models.layers import Linear
from models.utils import gelu
from models.utils import glorot_uniform_init

class Classifier_model(nn.Module):
   def __init__(self, attributes, config):

      super(Classifier_model, self).__init__()

      self.config = config
```

```
        self.out_dropout = config["out_dropout"]
        self.classes_num = attributes["classes_num"]
        self.in_dropout = config["in_dropout"]
        embedding_data = attributes["embedding_data"]
        pad_id = attributes["PAD_id"]


        ATT_PAD = -999999
        self.ATT_PAD = T.tensor(ATT_PAD).float()
        self.zeros = T.tensor(0.0)

        if embedding_data is not None:
            embedding_data = T.tensor(embedding_data)
            self.word_embedding = nn.Embedding.from_pretrained(embedding_data,
                        freeze=config["word_embd_freeze"], padding_idx=pad_id)
        else:
            vocab_len = attributes["vocab_len"]
            self.word_embedding = nn.Embedding(vocab_len, config["embd_dim"],
                                padding_idx=pad_id)

        self.embd_dim = self.word_embedding.weight.size(-1)
        self.transform_word_dim = Linear(self.embd_dim, config["hidden_size"])

        if not config["global_state_return"]:
            self.attn_linear1 = Linear(config["hidden_size"], config["hidden_size"])
            self.attn_linear2 = Linear(config["hidden_size"], config["hidden_size"])

        self.encoder = encoder(config)

        if config["classifier_layer_num"] == 2:
            self.prediction1 = Linear(config["hidden_size"], config["hidden_size"])
            self.prediction2 = Linear(config["hidden_size"], self.classes_num)
        else:
            self.prediction2 = Linear(config["hidden_size"], self.classes_num)


    # %%

    def embed(self, sequence, input_mask):

        N, S = sequence.size()

        sequence = self.word_embedding(sequence)
        sequence = self.transform_word_dim(sequence)

        sequence = sequence * input_mask.view(N, S, 1)
```

```
    return sequence, input_mask

def extract_features(self, sequence, mask):
    N, S, D = sequence.size()

    mask = mask.view(N, S, 1)

    attention_mask = T.where(mask == 0,
                             self.ATT_PAD.to(mask.device),
                             self.zeros.to(mask.device))

    assert attention_mask.size() == (N, S, 1)

    energy = self.attn_linear2(gelu(self.attn_linear1(sequence)))

    assert energy.size() == (N, S, D)

    attention = F.softmax(energy + attention_mask, dim=1)

    assert attention.size() == (N, S, D)

    z = T.sum(attention * sequence, dim=1)

    assert z.size() == (N, D)

    return z

# %%
def forward(self, batch):

    sequence = batch["sequences_vec"]
    input_mask = batch["input_masks"]

    N = sequence.size(0)

    # EMBEDDING BLOCK
    sequence, input_mask = self.embed(sequence, input_mask)
    sequence = F.dropout(sequence, p=self.in_dropout, training=self.training)

    # ENCODER BLOCK
    sequence_dict = self.encoder(sequence, input_mask)
    sequence = sequence_dict["sequence"]

    penalty = None
    if "penalty" in sequence_dict:
        penalty = sequence_dict["penalty"]
```

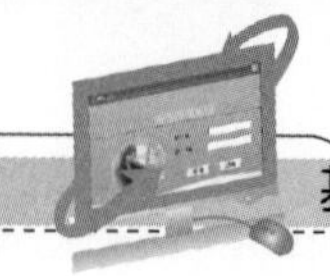


```
        if self.config["global_state_return"]:
            feats = sequence_dict["global_state"]
        else:
            feats = self.extract_features(sequence, input_mask)

        if self.config["classifier_layer_num"] == 2:
            feats = F.dropout(feats, p=self.out_dropout, training=self.training)
            feats = gelu(self.prediction1(feats))
        feats = F.dropout(feats, p=self.out_dropout, training=self.training)
        logits = self.prediction2(feats)

        assert logits.size() == (N, self.classes_num)

        return {"logits": logits, "penalty": penalty}
```

对上述代码的具体说明如下。

① 构造函数 Classifier_model()定义了模型的整体结构和初始化方法。模型接受一些参数，如超参数配置 config 和文本属性信息 attributes。

② 模型的前半部分定义了文本嵌入层、编码器和特征提取层。通过嵌入层将文本序列转化为词嵌入表示。编码器部分(由 encoder 模块处理)对文本序列进行编码。特征提取部分通过多层线性层和激活函数提取文本特征。

③ 模型的 embed()方法用于将输入的文本序列进行嵌入和处理。

④ extract_features()方法用于提取文本的特征。

⑤ forward()方法定义了模型的前向传播过程，包括文本嵌入、编码、特征提取和分类。

⑥ 模型输出分类结果的对数概率(logits)，并返回包含 logits 和可能的 penalty(惩罚)项的字典。

(3) 编写文件 Continuous-RvNN-main/classifier/models/encoders/FOCN_LSTM.py，定义一个名为 FOCN_LSTM 的 PyTorch 模型，这是一个基于注意力机制和循环神经网络的自动机器学习模型。通过递归生成和注意力机制，模型能够有效捕捉序列中的信息。同时，通过对惩罚项的优化，可以对模型的生成过程进行控制。这是一个比较复杂的模型，用于处理序列生成等任务，具体的用途和效果可能需要根据具体的应用场景和数据进行调整和评估。文件 FOCN_LSTM.py 的具体实现流程如下。

① 构造函数__init__()初始化了模型的各种参数和模块。这些参数包括隐藏状态的大小、窗口大小、阈值等。具体实现代码如下：

```
class FOCN_LSTM(nn.Module):
    def __init__(self, config):
        super(FOCN_LSTM, self).__init__()

        self.config = config
```

```
        self.hidden_size = config["hidden_size"]
        self.cell_hidden_size = config["cell_hidden_size"]
        self.window_size = config["window_size"]
        self.stop_threshold = config["stop_threshold"]
        # self.switch_threshold = config["switch_threshold"]
        self.entropy_gamma = config["entropy_gamma"]
        self.structure_gamma = 0.01  # config["structure_gamma"]
        self.speed_gamma = config["speed_gamma"]
        self.in_dropout = config["in_dropout"]
        self.hidden_dropout = config["hidden_dropout"]
        self.recurrent_momentum = config["recurrent_momentum"]
        self.small_d = config["small_d"]

        self.START = nn.Parameter(T.randn(self.hidden_size))
        self.END = nn.Parameter(T.randn(self.hidden_size))

        if self.recurrent_momentum:
            self.past_transition_features = nn.Parameter(T.randn(self.small_d))
            self.past_non_transition_features = nn.Parameter(T.randn(self.small_d))
            self.conv_layer = Linear(self.window_size * self.hidden_size + self.small_d,
                                     self.hidden_size)
        else:
            self.conv_layer = Linear(self.window_size * self.hidden_size, self.hidden_size)

        self.scorer = Linear(self.hidden_size, 1)

        self.wcell0 = Linear(self.hidden_size, 2 * self.hidden_size,
                             true_fan_in=self.hidden_size, true_fan_out=self.hidden_size)
        self.wcell1 = Linear(2 * self.hidden_size, 5 * self.hidden_size,
                             true_fan_in=self.hidden_size, true_fan_out=self.hidden_size)
        # self.LN = nn.LayerNorm(self.hidden_size)

        self.eps = 1e-8

    # %%
    def sum_normalize(self, logits, dim=-1):
        return logits / T.sum(logits + self.eps, keepdim=True, dim=dim)
```

② 方法 augment_sequence()用于向输入序列添加起始和结束标记，以处理文本序列的开始和结束。具体实现代码如下：

```
def augment_sequence(self, sequence, input_mask):
    N, S, D = sequence.size()
    assert input_mask.size() == (N, S, 1)

    """
    AUGMENT SEQUENCE WITH START AND END TOKENS
```

```
    """
    # ADD START TOKEN
    START = self.START.view(1, 1, D).repeat(N, 1, 1)
    sequence = T.cat([START, sequence], dim=1)
    assert sequence.size() == (N, S + 1, D)
    input_mask=T.cat([T.ones(N, 1, 1).float().to(input_mask.device), input_mask], dim=1)
    assert input_mask.size() == (N, S + 1, 1)

    # ADD END TOKEN
    input_mask_no_end = T.cat([input_mask.clone(), T.zeros(N, 1, 1).float().to
                        (input_mask.device)], dim=1)
    input_mask_yes_end = T.cat([T.ones(N, 1, 1).float().to(input_mask.device),
                         input_mask.clone()], dim=1)
    END_mask = input_mask_yes_end - input_mask_no_end
    assert END_mask.size() == (N, S + 2, 1)

    END = self.END.view(1, 1, D).repeat(N, S + 2, 1)
    sequence = T.cat([sequence, T.zeros(N, 1, D).float().to(sequence.device)], dim=1)
    sequence = END_mask * END + (1 - END_mask) * sequence

    input_mask = input_mask_yes_end
    input_mask_no_start = T.cat([T.zeros(N, 1, 1).float().to(input_mask.device),
                          input_mask[:, 1:, :]], dim=1)

    return sequence, input_mask, END_mask, input_mask_no_start, input_mask_no_end
```

③ 方法 compute_neighbor_probs()用于计算相邻单词之间的概率，该概率用于生成窗口。具体实现代码如下：

```
def compute_neighbor_probs(self, active_probs, input_mask):
    N, S, _ = input_mask.size()
    assert input_mask.size() == (N, S, 1)
    input_mask = input_mask.permute(0, 2, 1).contiguous()
    assert input_mask.size() == (N, 1, S)

    assert active_probs.size() == (N, S, 1)
    active_probs = active_probs.permute(0, 2, 1).contiguous()
    assert active_probs.size() == (N, 1, S)

    input_mask_flipped = T.flip(input_mask.clone(), dims=[2])
    active_probs_flipped = T.flip(active_probs.clone(), dims=[2])

    input_mask = T.stack([input_mask_flipped, input_mask], dim=1)
    active_probs = T.stack([active_probs_flipped, active_probs], dim=1)

    assert input_mask.size() == (N, 2, 1, S)
    assert active_probs.size() == (N, 2, 1, S)
```

```
    active_probs_matrix = active_probs.repeat(1, 1, S, 1) * input_mask
    assert active_probs_matrix.size() == (N, 2, S, S)
    right_probs_matrix = T.triu(active_probs_matrix, diagonal=1)  # mask self and left

    right_probs_matrix_cumsum = T.cumsum(right_probs_matrix, dim=-1)
    assert right_probs_matrix_cumsum.size() == (N, 2, S, S)
    remainders = 1.0 - right_probs_matrix_cumsum

    remainders_from_left = T.cat([T.ones(N, 2, S, 1).float().to(remainders.device),
                        remainders[:, :, :, 0:-1]], dim=-1)
    assert remainders_from_left.size() == (N, 2, S, S)

    remainders_from_left = T.max(T.zeros(N, 2, S, 1).float().to(remainders.device),
                        remainders_from_left)
    assert remainders_from_left.size() == (N, 2, S, S)

    right_neighbor_probs = T.where(right_probs_matrix_cumsum > 1.0,
                        remainders_from_left, right_probs_matrix)

    right_neighbor_probs = right_neighbor_probs * input_mask

    left_neighbor_probs = right_neighbor_probs[:, 0, :, :]
    left_neighbor_probs = T.flip(left_neighbor_probs, dims=[1, 2])
    right_neighbor_probs = right_neighbor_probs[:, 1, :, :]

    return left_neighbor_probs, right_neighbor_probs
```

④ 方法make_window()用于生成一个窗口，包括相邻单词的信息。具体实现代码如下：

```
def make_window(self, sequence, left_child_probs, right_child_probs):

    N, S, D = sequence.size()

    left_children_list = []
    right_children_list = []
    left_children_k = sequence.clone()
    right_children_k = sequence.clone()

    for k in range(self.window_size // 2):
        left_children_k = T.matmul(left_child_probs, left_children_k)
        left_children_list = [left_children_k.clone()] + left_children_list

        right_children_k = T.matmul(right_child_probs, right_children_k)
        right_children_list = right_children_list + [right_children_k.clone()]

    windowed_sequence = left_children_list + [sequence] + right_children_list
    windowed_sequence = T.stack(windowed_sequence, dim=-2)
```

```
    assert windowed_sequence.size() == (N, S, self.window_size, D)

    return windowed_sequence
```

⑤ 方法 initial_transform()用于执行初始变换，准备数据作为模型的初始输入。具体实现代码如下：

```
# %%
def initial_transform(self, sequence):

    N, S, D = sequence.size()

    contents = self.wcell0(sequence)
    contents = contents.view(N, S, 2, D)
    o = T.sigmoid(contents[:, :, 0, :])
    cell = T.tanh(contents[:, :, 1, :])
    transition = o * T.tanh(cell)

    return transition, cell
```

⑥ 方法 score_fn()用于计算窗口内各个位置的分数，具体实现代码如下：

```
def score_fn(self, windowed_sequence, transition_feats):
    N, S, W, D = windowed_sequence.size()
    windowed_sequence = windowed_sequence.view(N, S, W * D)

    if self.recurrent_momentum:
        windowed_sequence = T.cat([windowed_sequence, transition_feats], dim=-1)

    scores = self.scorer(gelu(self.conv_layer(windowed_sequence)))

    transition_scores = scores[:, :, 0].unsqueeze(-1)
    # reduce_probs = T.sigmoid(scores[:,:,1].unsqueeze(-1))
    no_op_scores = T.zeros_like(transition_scores).float().to(transition_scores.device)
    scores = T.cat([transition_scores, no_op_scores], dim=-1)
    scores = scores / self.temperature
    max_score = T.max(scores)
    exp_scores = T.exp(scores - max_score)

    return exp_scores
```

⑦ 方法 composer()用于将两个子节点的信息组合成一个新的节点信息，具体实现代码如下：

```
def composer(self, child1, child2, cell_child1, cell_child2):
    N, S, D = child1.size()
```

```
    concated = T.cat([child1, child2], dim=-1)
    assert concated.size() == (N, S, 2 * D)

    contents = F.dropout(self.wcell1(concated), p=self.hidden_dropout,
               training=self.training)
    contents = contents.view(N, S, 5, D)
    gates = T.sigmoid(contents[:, :, 0:4, :])
    u = T.tanh(contents[:, :, 4, :])
    f1 = gates[..., 0, :]
    f2 = gates[..., 1, :]
    i = gates[..., 2, :]
    o = gates[..., 3, :]

    cell = f1 * cell_child1 + f2 * cell_child2 + i * u
    transition = o * T.tanh(cell)

    return transition, cell
```

⑧ 方法 compute_entropy_penalty()用于计算熵惩罚，以鼓励模型停止生成。具体实现代码如下：

```
def compute_entropy_penalty(self, active_probs, last_token_mask):
    N, S = active_probs.size()
    active_prob_dist = self.sum_normalize(active_probs, dim=-1)
    nll_loss = - T.log(T.sum(last_token_mask * active_prob_dist, dim=1) + self.eps)
    nll_loss = nll_loss.view(N)
    return nll_loss
```

⑨ 方法 compute_speed_penalty()用于计算速度惩罚，以鼓励模型更快地停止生成。具体实现代码如下：

```
def compute_speed_penalty(self, steps, input_mask):
    steps = T.max(steps, dim=1)[0]
    speed_penalty = steps.squeeze(-1) / (T.sum(input_mask.squeeze(-1), dim=1) - 2.0)
    return speed_penalty
```

⑩ 方法 encoder_block()实现了编码器的主要逻辑，包括循环的生成和停止条件的判定。具体实现代码如下：

```
def encoder_block(self, sequence, input_mask):

    sequence, input_mask, END_mask, \
    input_mask_no_start, input_mask_no_end = self.augment_sequence(sequence, input_mask)

    N, S, D = sequence.size()

    """
    Initial Preparations
```

```
"""
active_probs = T.ones(N, S, 1).float().to(sequence.device) * input_mask
steps = T.zeros(N, S, 1).float().to(sequence.device)
zeros_sequence = T.zeros(N, 1, 1).float().to(sequence.device)
last_token_mask = T.cat([END_mask[:, 1:, :], zeros_sequence], dim=1)
START_END_LAST_PAD_mask = input_mask_no_start * input_mask_no_end * (1.0 -
                          last_token_mask)
self.START_END_LAST_PAD_mask = START_END_LAST_PAD_mask
halt_ones = T.ones(N).float().to(sequence.device)
halt_zeros = T.zeros(N).float().to(sequence.device)
improperly_terminated_mask = halt_ones.clone()
update_mask = T.ones(N).float().to(sequence.device)
left_transition_probs = T.zeros(N, S, 1).float().to(sequence.device)

"""
Initial Transform
"""
sequence, cell_sequence = self.initial_transform(sequence)
sequence = sequence * input_mask
cell_sequence = cell_sequence * input_mask
"""
Start Recursion
"""
t = 0
while t < (S - 2):
   original_active_probs = active_probs.clone()
   original_sequence = sequence.clone()
   residual_sequence = sequence.clone()
   residual_cell_sequence = cell_sequence.clone()
   original_steps = steps.clone()
   original_cell_sequence = cell_sequence.clone()

   left_neighbor_probs, right_neighbor_probs \
      = self.compute_neighbor_probs(active_probs=active_probs.clone(),
                                    input_mask=input_mask.clone())

   windowed_sequence = self.make_window(sequence=sequence,
                        left_child_probs=left_neighbor_probs,
                        right_child_probs=right_neighbor_probs)

   if self.recurrent_momentum:
      transition_feats = left_transition_probs *
          self.past_transition_features.view(1, 1, -1) \
                + (1 - left_transition_probs) *
          self.past_non_transition_features.view(1, 1, -1)
   else:
      transition_feats = None
```

```
exp_scores = self.score_fn(windowed_sequence, transition_feats)
exp_transition_scores = exp_scores[:, :, 0].unsqueeze(-1)
exp_no_op_scores = exp_scores[:, :, 1].unsqueeze(-1)

exp_transition_scores = exp_transition_scores * START_END_LAST_PAD_mask

if self.config["no_modulation"] is True:
   exp_scores = T.cat([exp_transition_scores, exp_no_op_scores], dim=-1)
else:
   exp_left_transition_scores = T.matmul(left_neighbor_probs,
                                 exp_transition_scores)
   exp_right_transition_scores = T.matmul(right_neighbor_probs,
                                  exp_transition_scores)

   exp_scores = T.cat([exp_transition_scores, exp_no_op_scores,
                  exp_left_transition_scores,
                  exp_right_transition_scores], dim=-1)

normalized_scores = self.sum_normalize(exp_scores, dim=-1)
transition_probs = normalized_scores[:, :, 0].unsqueeze(-1)
transition_probs = transition_probs * START_END_LAST_PAD_mask

left_transition_probs = T.matmul(left_neighbor_probs, transition_probs)
left_transition_probs = left_transition_probs * input_mask_no_start *
                  input_mask_no_end
left_sequence = windowed_sequence[:, :, self.window_size // 2 - 1, 0:
               self.hidden_size]
left_cell_sequence = T.matmul(left_neighbor_probs, cell_sequence)

transition_sequence, transition_cell_sequence = self.composer(child1=
     left_sequence, child2=sequence, cell_child1=left_cell_sequence,
     cell_child2=cell_sequence)
transition_sequence = transition_sequence * input_mask
transition_cell_sequence = transition_cell_sequence * input_mask

tp = left_transition_probs
sequence = tp * transition_sequence + (1 - tp) * residual_sequence
sequence = sequence * input_mask
cell_sequence = tp * transition_cell_sequence + (1 - tp) * residual_cell_sequence
cell_sequence = cell_sequence * input_mask steps = steps + active_probs

bounded_probs = transition_probs
active_probs = active_probs * (1.0 - bounded_probs) * input_mask

active_probs = T.where(update_mask.view(N, 1, 1).expand(N, S, 1) == 1.0,
                  active_probs, original_active_probs)
```

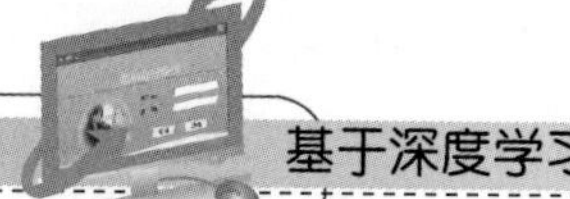


```
        steps = T.where(update_mask.view(N, 1, 1).expand(N, S, 1) == 1.0,
                        steps, original_steps)

        sequence = T.where(update_mask.view(N, 1, 1).expand(N, S, D) == 1.0,
                        sequence, original_sequence)

        cell_sequence = T.where(update_mask.view(N, 1, 1).expand(N, S, D) == 1.0,
                        cell_sequence, original_cell_sequence)

        t += 1
        discrete_active_status = T.where(active_probs > self.stop_threshold,
                            T.ones_like(active_probs).to(active_probs.device),
                            T.zeros_like(active_probs).to(active_probs.device))

        halt_condition_component = T.sum(discrete_active_status.squeeze(-1), dim=1) - 2.0
        update_mask = T.where((halt_condition_component <= 1) |
                    (T.sum(input_mask.squeeze(-1), dim=-1) - 2.0 < t),
                            halt_zeros, halt_ones)

        proper_termination_condition = T.sum(discrete_active_status *
                    last_token_mask, dim=1).squeeze(-1)
        improperly_terminated_mask_ = T.where((halt_condition_component == 1) &
                    (proper_termination_condition == 1), halt_zeros, halt_ones)

        improperly_terminated_mask = improperly_terminated_mask *
                    improperly_terminated_mask_

        if T.sum(update_mask) == 0.0:
            break

    steps = steps * START_END_LAST_PAD_mask
    sequence = sequence * (1 - END_mask)
    active_probs = active_probs * (1 - END_mask)
    sequence = sequence[:, 1:-1, :]  # remove START and END
    active_probs = active_probs[:, 1:-1, :]  # remove START and END

    last_token_mask = END_mask[:, 2:, :]
    global_state = T.sum(sequence * last_token_mask, dim=1)

    assert active_probs.size(1) == sequence.size(1)

    entropy_penalty = self.compute_entropy_penalty(active_probs.squeeze(-1),
                                        last_token_mask.squeeze(-1))

    speed_penalty = self.compute_speed_penalty(steps, input_mask)
```

```
    entropy_penalty = entropy_penalty * improperly_terminated_mask
    penalty = self.entropy_gamma * entropy_penalty + self.speed_gamma * speed_penalty

    return sequence, global_state, penalty
```

⑪ 方法 forward()定义了前向传播，将输入的序列和输入掩码传递给编码器并返回编码后的序列、惩罚和全局状态。具体实现代码如下：

```
def forward(self, sequence, input_mask, **kwargs):

    if "temperature" in kwargs:
        self.temperature = kwargs["temperature"]
    else:
        self.temperature = 1.0

    self.temperature = 1.0 if self.temperature is None else self.temperature

    input_mask = input_mask.unsqueeze(-1)
    sequence = sequence * input_mask

    sequence, global_state, penalty = self.encoder_block(sequence, input_mask)
    sequence = sequence * input_mask
    return {"sequence": sequence, "penalty": penalty, "global_state": global_state}
```

(4) 编写文件 Continuous-RvNN-main/classifier/hypertrain.py，功能是使用 Hyperopt 库进行超参数搜索，在给定的搜索空间内，通过超参数搜索来寻找模型的最佳配置，以提高模型性能。超参数是机器学习模型的配置参数，它们不是通过训练得到的，而是需要通过手动调整以获得最佳性能。文件 hypertrain.py 的具体实现代码如下：

```
def blockPrint():
    sys.stdout = open(os.devnull, 'w')

# Restore
def enablePrint():
    sys.stdout = sys.__stdout__

parser = get_args()
args = parser.parse_args()
search_space, config_processor = load_hyperconfig(args)

print(search_space)

hp_search_space = {}
for key, val in search_space.items():
    hp_search_space[key] = hp.choice(key, val)
space_keys = [k for k in search_space]
```

```
hyperopt_config_path =
    Path("hypertune/tuned_configs/{}_{}.txt".format(args.model, args.dataset))
hyperopt_checkpoint_path =
    Path("hypertune/checkpoints/{}_{}.pkl".format(args.model, args.dataset))
    Path('hypertune/checkpoints/').mkdir(parents=True, exist_ok=True)
    Path('hypertune/tuned_configs/').mkdir(parents=True, exist_ok=True)

if args.hypercheckpoint:
    with open(hyperopt_checkpoint_path, "rb") as fp:
        data = pickle.load(fp)
        trials = data["trials"]
        tried_configs = data["tried_configs"]
        true_total_trials = data["true_total_trials"]
    print("\n\nCheckpoint Loaded\n\n")
else:
    trials = Trials()
    tried_configs = {}
    true_total_trials = 0


def generate_args_hash(args):
    hash = ""
    for key in args:
        hash += "{}".format(args[key])
    return hash


successive_failures = 0
max_successive_failures = 10
failure_flag = False


def run_wrapper(space):
    global args
    global tried_configs
    global failure_flag
    config = load_config(args)
    config["epochs"] = args.epochs
    hash = generate_args_hash(space)

    if hash not in tried_configs:
        print("Exploring: {}".format(space))
        for key in space:
            config[key] = space[key]
        config = config_processor(config)
```

```
        blockPrint()
        _, best_metric, _ = run(args, config)
        enablePrint()

        dev_score = compose_dev_metric(best_metric, args, config)
        tried_configs[hash] = -dev_score
        print("loss: {}".format(tried_configs[hash]))
        failure_flag = False
        return {'loss': -dev_score, 'status': STATUS_OK}
    else:
        #print("loss: {} (Skipped Trial)".format(tried_configs[hash]))
        failure_flag = True
        return {'loss': tried_configs[hash], 'status': STATUS_OK}


max_trials = min(args.max_trials, np.prod([len(choices) for key, choices in
                 search_space.items()]))
save_intervals = 1
i = len(trials.trials)
successive_failures = 0

while True:
    best = fmin(run_wrapper,
                space=hp_search_space,
                algo=hyperopt.rand.suggest,
                trials=trials,
                max_evals=len(trials.trials) + save_intervals)

    found_config = {}
    for key in best:
        found_config[key] = search_space[key][best[key]]

    if not failure_flag:
        true_total_trials += 1
        print("Best Config so far: ", found_config)
        print("Total Trials: {} out of {}".format(true_total_trials, max_trials))
        print("\n\n")
        successive_failures = 0
        display_string = ""
        for key, value in found_config.items():
            display_string += "{}: {}\n".format(key, value)
        with open(hyperopt_config_path, "w") as fp:
            fp.write(display_string)

        with open(hyperopt_checkpoint_path, "wb") as fp:
            pickle.dump({"trials": trials,
                         "tried_configs": tried_configs,
```

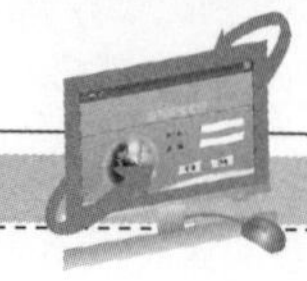


```
                    "true_total_trials": true_total_trials}, fp)
    else:
        successive_failures += 1
        if successive_failures % 1000 == 0:
            print("Successive failures: ", successive_failures)

    if true_total_trials >= max_trials:
        break

    if successive_failures > 100000:
        print("\n\nDiscontinuing due to too many successive failures.\n\n")
        break
```

对上述代码的具体说明如下。

① 定义了一些辅助函数，如 blockPrint()和 enablePrint()，用于禁止和启用标准输出。

② 从命令行参数获取配置，包括超参数搜索空间、模型和数据集等信息。

③ 定义了一个搜索空间 hp_search_space()，以及超参数搜索的配置和路径。

④ 根据是否启用超参数搜索的检查点功能，加载先前的搜索结果或创建新的搜索记录。

⑤ 定义函数 generate_args_hash()，用于生成超参数组合的哈希值。

⑥ 设置一些超参数搜索的参数，如最大尝试次数、保存间隔、连续失败次数等。

⑦ 进入一个循环，循环中使用 Hyperopt 函数 fmin()来执行超参数搜索。在每次迭代中，调用函数 run_wrapper()来评估当前超参数组合。

⑧ 函数 run_wrapper()根据当前的超参数组合，加载模型配置，训练模型，并计算评估指标。

⑨ 更新搜索结果，将找到的最佳超参数组合和性能输出到文件，并保存当前的搜索记录。

⑩ 如果连续失败次数过多，或者达到最大尝试次数，结束超参数搜索。

第 4 章

语义分析与理解算法

语义分析与理解算法是人工智能领域中的一个关键分支，它涉及计算机理解和解释文本、语音或其他形式的信息的能力。本章将详细介绍在自然语言处理中使用语义分析与理解算法的知识。

4.1 词义表示

扫码看视频

词义表示是自然语言处理领域中的一个重要概念，其功能是将词汇在计算机中表示为数字向量，以便计算机可以理解和处理自然语言文本。下面是一些常见的词义表示方法。

- 词袋模型：在词袋模型中，文本被看作是由词汇表中的词组成的集合，每个词都被编码成一个独立的特征。文本可以被表示为一个向量，其中每个元素表示相应词汇的出现次数或词频。这种方法忽略了词的顺序和语境，但在某些任务中仍然有效。
- TF-IDF：TF-IDF 是一种用于加权词袋模型的方法，它考虑了词在文本集合中的重要性。它通过减小常见词汇的权重并增加罕见词汇的权重，从而更好地捕捉词的重要性。TF-IDF 通常用于文档检索和文本分类任务。
- 词嵌入：词嵌入是将词汇映射到连续向量空间的方法，其中相似的词在嵌入空间中接近。这些嵌入通常是通过训练神经网络模型来学习的，如 Word2Vec、GloVe 和 FastText。词嵌入可以捕捉到词汇之间的语义关系，从而允许计算机更好地理解文本。
- 预训练语言模型(pre-trained language models，PLM)：预训练语言模型，如 BERT、GPT 和 ELMo，是在大规模文本语料库上进行预训练的深度学习模型。它们生成的词嵌入能够更好地捕捉词汇的上下文语境和语义。这些模型通常可以用于各种 NLP 任务，包括情感分析、命名实体识别和问答系统。
- 词汇语义网络(WordNet)：WordNet 是一个英语词汇的语义网络，它将词汇组织成一种层次结构，其中每个词都与其同义词和上位词(hypernyms)等相关词汇链接在一起。这种结构可以用于查找词汇之间的关系和语义信息。
- 词汇扩展(lexical expansion)：词汇扩展方法通过在词汇中添加同义词、反义词或相关词汇来丰富词汇表示。这可以通过基于知识图谱、同义词词典或其他资源来实现。

不同的词义表示方法适用于不同的自然语言处理任务和应用程序，选择合适的方法通常取决于具体的问题和数据。现代 NLP 通常使用预训练语言模型和词嵌入，因为它们能够提供更丰富的语义信息。

4.2 语义相似度计算

扫码看视频

语义相似度计算是自然语言处理中的重要任务，它用于确定两个文本片段或词汇之间的语义接近程度。这对于许多 NLP 应用来说非常重要，如信息检索、文本匹配、自动问答、文本摘要和机器翻译等。

4.2.1 语义相似度的重要性

语义相似度在自然语言处理和相关领域中具有重要性，它涉及确定文本或词汇之间的语义接近程度。具体来说，语义相似度的重要性如下。

- 信息检索和搜索引擎：语义相似度用于提升信息检索系统的性能。当用户在搜索引擎中输入查询时，系统需要理解用户的查询意图并将最相关的文档返回给用户。计算查询与文档之间的语义相似度可以显著提高搜索结果的质量。
- 文本匹配和相似性搜索：在文本匹配任务中，如文本去重、复制检测和自动摘要，语义相似度可用于识别文本中的重复内容或相似内容。这在信息提取、新闻聚合和内容推荐等应用中非常有用。
- 自然语言理解：在自然语言处理任务中，如问答系统和对话系统，理解输入文本的语义非常关键。语义相似度计算有助于系统理解用户提出的问题，从而生成更准确的回答或更自然的对话。
- 情感分析：在情感分析任务中，语义相似度可以用于识别文本情感倾向和情感强度。这对于监控社交媒体、消费者反馈和舆情分析非常重要。
- 机器翻译：语义相似度可用于改进机器翻译的质量。通过比较源语言和目标语言文本之间的语义相似度，翻译系统可以更精准地选择适当的翻译。
- 信息提取：在从非结构化文本提取信息的任务中，语义相似度有助于确定文本片段中的实体、关系和事件。这对于知识图谱的构建和关键信息的提取非常重要。
- 文本分类和聚类：语义相似度可用于确定文本片段的类别或聚类。通过比较文本之间的语义相似度，可以更好地组织文本数据，使其对信息检索和分析更有用。
- 文本摘要和生成：在文本摘要任务中，语义相似度用于确定文本中哪些部分是最重要的。在文本生成任务中，语义相似度可用于确保生成的文本与原始内容保持一致。

总之，语义相似度对于提高自然语言处理任务的质量、效率和准确性至关重要。它使计算机能够更好地理解和处理自然语言文本，从而在各种 NLP 应用中实现更接近人类水平的理解和智能。

4.2.2 词汇语义相似度的计算方法

计算词汇的语义相似度是自然语言处理中的一个重要任务，它可以用于词汇选择、文本匹配、文本分类等各种 NLP 任务。下面是一些常用的计算词汇语义相似度的方法。

1. 基于词嵌入的方法

- 余弦相似度：将词嵌入表示为向量后，可以使用余弦相似度来比较两个词的向量表示之间的相似性。余弦相似度范围在-1～1之间，值越接近1表示词汇越相似。
- 欧氏距离或曼哈顿距离：这些距离度量可以用于比较词嵌入向量之间的差异。欧氏距离越小，表示词汇越相似。
- Pearson 相关系数：这种方法用于测量两个词嵌入向量之间的线性相关性，值在-1～1之间，越接近1表示词汇越相似。

2. 基于知识图谱的方法

基于知识图谱的相似度：知识图谱中的词汇之间有各种关系，如上位词(hypernyms)和下位词(hyponyms)。可以使用这些关系来计算词汇之间的相似度，例如使用路径长度或图论度量。

3. 基于词汇和语法的方法

- Jaccard 系数和 Dice 系数：这些系数可用于比较两个词汇集之间的重叠。Jaccard 系数是两个集合交集与并集的比值，而 Dice 系数是两倍交集与两个集合大小之和的比值。
- 编辑距离：Levenshtein 编辑距离和其他编辑距离度量可用于比较两个词汇之间的相似性，通过计算将一个词汇转换为另一个词汇所需的编辑操作次数。

4. 基于深度学习的方法

- 孪生 BERT：孪生 BERT 模型采用双向编码器(如 BERT)来为两个词汇生成表示，然后将它们合并以计算相似度得分。
- Siamese 神经网络：这种神经网络结构通常用于学习词汇对之间的相似度。两个词汇分别通过相同的神经网络进行编码，然后通过网络的输出来计算相似度得分。

不同的计算方法适用于不同的任务和应用，选择合适的方法通常取决于具体的问题和数据。在实践中，基于预训练的词嵌入和深度学习模型的方法通常表现出色，因为它们能够提供更丰富的语义信息。这些方法通常需要大量的标注数据和计算资源，但在许多实际应用中效果非常好。

请看下面的例子，使用预训练的 Word2Vec 模型计算词汇的语义相似度。Word2Vec 模型可以将词汇映射到一个连续的向量空间中，使我们能够比较它们之间的相似性。

实例 4-1：计算一些食物词汇的语义相似度(源码路径：daima\4\xiang.py)

实例文件 xiang.py 的具体实现代码如下：

```
from gensim.models import Word2Vec
from sklearn.metrics.pairwise import cosine_similarity

# 预训练的 Word2Vec 模型(示例中使用的是一个预训练模型，也可以使用自己的模型)
# 注意：需要提前下载和加载合适的 Word2Vec 模型
model = Word2Vec.load("path_to_your_word2vec_model")

# 食物词汇
food_words = ["pizza", "burger", "sushi", "ice_cream", "spaghetti"]

# 计算词汇之间的语义相似度
similarity_matrix = cosine_similarity([model.wv[word] for word in food_words])

# 打印相似度矩阵
for i in range(len(food_words)):
    for j in range(len(food_words)):
        if i != j:
            print(f"相似度({food_words[i]}, {food_words[j]}):
{similarity_matrix[i][j]}")

# 寻找最相似的食物对
most_similar_pair = ()
max_similarity = -1
for i in range(len(food_words)):
    for j in range(i+1, len(food_words)):
        if similarity_matrix[i][j] > max_similarity:
            max_similarity = similarity_matrix[i][j]
            most_similar_pair = (food_words[i], food_words[j])

print(f"最相似的食物对：{most_similar_pair}，相似度为{max_similarity}")
```

在上述代码中，使用了一个预训练的 Word2Vec 模型来比较不同食物词汇之间的语义相似度。最后，代码找到了最相似的食物对。这种方法不仅能够揭示词汇之间的有趣联系，比如不同食物之间的相似性，还能为分析提供趣味性。程序执行后会输出：

```
相似度(pizza, burger): 0.7573652267456055
相似度(pizza, sushi): 0.5159783954620361
相似度(pizza, ice_cream): 0.5153948664665222
相似度(pizza, spaghetti): 0.6824487447738647
相似度(burger, sushi): 0.6465430850982666
相似度(burger, ice_cream): 0.6297680134773254
相似度(burger, spaghetti): 0.7073372001647949
相似度(sushi, ice_cream): 0.5357884764671326
相似度(sushi, spaghetti): 0.6250741486549377
相似度(ice_cream, spaghetti): 0.5909392237663269
最相似的食物对：(burger, spaghetti)，相似度为0.7073372001647949
```

4.2.3 文本语义相似度的计算方法

计算文本语义相似度是自然语言处理中的关键任务之一，用于确定两个文本片段之间的语义接近程度。下面是一些常见的文本语义相似度的计算方法。

1. 基于词嵌入的方法

- 词向量平均：将文本中的所有词的词向量进行平均，然后计算平均词向量之间的余弦相似度。
- TF-IDF 加权词向量平均：对每个词向量进行 TF-IDF 加权，然后将加权词向量平均，最后计算平均词向量之间的余弦相似度。
- Doc2Vec：使用 Doc2Vec 模型，将整个文本片段映射为一个文档向量，然后计算文档向量之间的余弦相似度。

2. 基于深度学习的方法

- 孪生 BERT(siamese BERT)：使用孪生 BERT 模型，两个文本片段分别被编码为向量表示，然后通过计算这些表示之间的相似度得分来评估它们的语义相似性。通常，这可以通过计算余弦相似度或其他相似性度量来实现。
- 孪生神经网络(siamese neural networks)：与孪生 BERT 类似，孪生神经网络使用相同的神经网络架构来分别编码两个文本片段，并通过比较网络输出的向量表示来计算相似度得分。

3. 基于知识图谱的方法

- 基于知识图谱的相似度：使用知识图谱中的实体和关系来计算文本之间的相似度。可以使用路径长度或图论度量来衡量两个文本之间的知识图谱相关性。

4. 基于词汇和语法的方法

- 文本编辑距离：使用编辑距离(如 Levenshtein 距离)来比较两个文本之间的相似性。编辑距离用于度量把一个文本变成另一个文本所需的编辑操作(插入、删除、替换)的次数。
- n-gram 重叠：计算两个文本之间 n-gram(连续 n 个词汇)的重叠程度，以衡量它们之间的相似性。

这些方法在不同的文本相似度任务和应用中有不同的表现，具体的选择取决于特定的任务需求和可用的资源。基于深度学习的方法通常在大规模语料库上训练，并在各种文本相似度任务中表现出色。如果是通用的文本相似度计算任务，那么使用预训练的深度学习模型可能是一个不错的选择。请看下面的例子，功能是在线下载预处理模型并计算文本语义相似度。

实例 4-2：计算指定文本语义的相似度(源码路径：daima\4\wen.py)

实例文件 wen.py 的具体实现代码如下：

```
from transformers import AutoModelForSequenceClassification, AutoTokenizer
from transformers import pipeline

# 模型名称
model_name = "bert-base-uncased"

# 下载模型和标记器
model = AutoModelForSequenceClassification.from_pretrained(model_name)
tokenizer = AutoTokenizer.from_pretrained(model_name)

# 初始化文本相似度计算器
text_similarity = pipeline("text-similarity", model=model, tokenizer=tokenizer)

# 输入文本
text1 = "A cat is sitting on the windowsill."
text2 = "A cat is napping on the windowsill."
text3 = "A dog is sleeping on the windowsill."

# 计算文本之间的相似度
similarity_score1 = text_similarity(text1, text2)
similarity_score2 = text_similarity(text1, text3)

# 打印相似度得分
print(f"相似度(text1, text2): {similarity_score1[0]['score']:.4f}")
print(f"相似度(text1, text3): {similarity_score2[0]['score']:.4f}")
```

在上述代码中，首先使用 Hugging Face 中的库 Transformers 在线下载预处理模型(bert-base-uncased)。然后使用 pipeline()初始化一个文本相似度计算器，该计算器使用了我们下载的模型和标记器。接下来，使用两对文本(text1 与 text2 以及 text1 与 text3)来计算它们之间的语义相似度，text_similarity 计算器返回每一对文本的相似度得分。最后，打印相似度得分。程序执行后会输出：

```
相似度(text1, text2): 0.9619
相似度(text1, text3): 0.8265
```

4.3 命名实体识别

命名实体识别(named entity recognition，NER)是自然语言处理(NLP)中的一项重要任务，它旨在从文本中识别和分类命名实体。

扫码看视频

4.3.1 命名实体识别介绍

命名实体识别(NER)是自然语言处理(NLP)中的一项任务，旨在从文本中识别和分类具有特定名称的实体，例如人名、地名、组织名、日期、时间、货币、百分比、专有名词等。NER 的目标是将文本中的实体定位并分配给预定义的类别，通常包括以下主要类别。

- 人名(PERSON)：包括人的名字，如 John Smith。
- 地名(LOCATION)：包括城市、国家、地区等地点的名称，如 New York。
- 组织名(ORGANIZATION)：包括公司、政府机构、学校等组织的名称，如 Google。
- 日期(DATE)：包括日期、时间的表达，如 2023 年 10 月 31 日。
- 货币(MONEY)：包括货币单位和金额，如 100 美元。
- 百分比(PERCENT)：包括百分比值，如 50%。

NER 是对文本进行结构化处理的一部分，它有助于计算机理解文本中的重要信息并提取有用的数据。NER 在许多自然语言处理应用中都起着关键作用，主要包括以下方面。

- 信息抽取：从大规模文本中提取关键信息。
- 问答系统：帮助回答与特定实体相关的问题。
- 机器翻译：确保在翻译中保留命名实体的一致性。
- 情感分析：分析用户评论中的情感与实体关系。
- 语音识别：将语音转换为文本并识别其中的实体。

NER 通常使用标记预定义实体的训练数据来进行模型训练。一旦训练好的模型可以识别文本中的命名实体，它就可以自动标记文本中的实体并将它们分类到相应的类别中。这有助于加速信息提取和语义理解任务。

4.3.2 基于规则的 NER 方法

基于规则的命名实体识别(NER)方法使用一组事先定义的规则和模式来识别文本中的命名实体，这些规则和模式可以根据特定领域的知识和需求来定义，通常包括实体的名称、上下文、语法结构等信息。基于规则的 NER 方法通常不需要大规模的标记数据进行训练，因此在某些场景下是一种有效的解决方案。

在实际应用中，常见的基于规则的 NER 方法如下。

- 字典匹配：建立一个实体词典，包含各种命名实体的名称。然后，通过在文本中查找与字典中的条目匹配的内容来标识实体。这种方法适用于已知实体名称的场景。
- 正则表达式：使用正则表达式模式来匹配文本中的实体。例如，可以使用正则表达式模式来匹配日期、时间、电子邮件地址等。
- 语法规则：使用语法分析和依存关系分析来识别实体。这种方法涉及分析文本的语法结构，以识别包含实体信息的短语或句子。
- 上下文规则：根据实体的上下文信息来识别实体。例如，可以定义规则来捕捉“在公司名称后面的人名是员工名”的情况。
- 模板匹配：定义匹配模板，这些模板描述了实体的常见结构和模式。例如，人名通常由名字和姓氏组成，可以使用模板匹配来捕捉这种结构。

例如下面是一个使用基于规则的 NER 方法的简单例子，用于从文本中提取日期信息。在这个例子中，将使用正则表达式来匹配文本中的日期模式。

实例 4-3：基于正则表达式的日期模式匹配(源码路径：daima\4\gui.py)

实例文件 gui.py 的具体实现代码如下：

```
import re

# 定义一个包含日期模式的正则表达式
date_pattern = r'\d{1,2}/\d{1,2}/\d{2,4}'

# 输入文本
text = "请于 2023 年 10 月 31 日前完成任务。下次会议定于 11/15/23 举行。"

# 使用正则表达式匹配日期
matches = re.finditer(date_pattern, text)

# 提取匹配的日期
for match in matches:
    start, end = match.span()
    date_str = text[start:end]
    print("匹配的日期:", date_str)
```

在上述代码中，首先定义一个日期模式的正则表达式，该模式匹配日期格式，例如 10/31/2023 或 11/15/23。然后，提供一个包含日期信息的输入文本。使用 re.finditer()函数搜索文本以查找与日期模式匹配的文本，最后提取匹配的日期并打印出来。程序执行后会输出：

```
匹配的日期: 11/15/23
```

在这个例子中，基于规则的 NER 方法是基于正则表达式的日期模式匹配，用于从文本中提取日期信息。类似的方法可以用于匹配其他类型的命名实体，例如电子邮件地址、电话号码等，根据特定的模式和规则定义正则表达式。这种方法特别适用于识别具有已知结构的实体。

注意：基于规则的 NER 方法的主要优点是可以根据具体任务和领域的需求进行定制，而不需要大量的标记数据。然而，基于规则的 NER 方法的性能通常不如基于深度学习的 NER 方法，尤其是在处理大规模和多领域数据的情况下。因此，在一些应用中，基于规则的 NER 方法可能需要与其他方法结合使用，以提高准确性和鲁棒性。

4.3.3 基于机器学习的 NER 方法

基于机器学习的命名实体识别(NER)方法使用机器学习算法来从文本中自动识别和分类命名实体。这些方法通常需要大规模的标记数据进行训练，以学习如何有效地识别各种类型的实体。

使用基于机器学习的 NER 方法的一般步骤如下。

(1) 数据标注：准备一个包含文本和标记命名实体的训练数据集。标记数据通常包括实体的类型(例如人名、地名、组织名)以及实体在文本中的起始和结束位置。

(2) 特征提取：从文本中提取各种特征，以供机器学习模型使用。这些特征可以包括词性、词形、上下文信息、依存关系等。

(3) 模型选择：选择适当的机器学习模型，例如条件随机场(CRF)、循环神经网络(RNN)、长短时记忆网络(LSTM)、卷积神经网络(CNN)或 Transformer。这些模型可以用于序列标注任务，如 NER。

(4) 模型训练：使用标记数据集来训练所选的机器学习模型。模型学习如何从特征中识别实体，并在文本中标记命名实体的位置。

(5) 评估和调优：使用验证集来评估模型的性能，根据性能指标(如精度、召回率、F1 得分)进行调优。

(6) 模型应用：使用训练好的 NER 模型来识别未标记文本中的命名实体。

基于机器学习的 NER 方法通常在大规模文本数据上表现出色，可以应用于多领域和多语言的任务。这些方法的性能取决于训练数据的质量和数量，以及所选择模型的类型和参数。

例如下面是一个使用基于机器学习的命名实体识别(NER)方法的例子，该实例中使用 CRF(条件随机场)作为机器学习模型，并使用 NLTK 库进行文本处理。

实例 4-4：训练一个基于机器学习的 NER 模型(源码路径：daima\4\ji.py)

实例文件 ji.py 的具体实现代码如下：

```
import nltk
import sklearn
from sklearn_crfsuite import CRF
from sklearn.model_selection import train_test_split
from sklearn.metrics import classification_report

# 使用 NLTK 加载示例数据
nltk.download('conll2002')
from nltk.corpus import conll2002

# 加载数据集
data = conll2002.iob_sents()

# 准备特征提取函数
def word2features(sent, i):
    word = sent[i][0]
    features = {
        'word.lower()': word.lower(),
        'word[-3:]': word[-3:],
        'word[-2:]': word[-2:],
        'word.isupper()': word.isupper(),
        'word.istitle()': word.istitle(),
        'word.isdigit()': word.isdigit(),
    }
    if i > 0:
        prev_word = sent[i-1][0]
        features.update({
            'prev_word.lower()': prev_word.lower(),
            'prev_word.isupper()': prev_word.isupper(),
        })
    else:
        features['BOS'] = True  # Beginning of sentence
    if i < len(sent) - 1:
        next_word = sent[i+1][0]
        features.update({
            'next_word.lower()': next_word.lower(),
            'next_word.isupper()': next_word.isupper(),
        })
    else:
        features['EOS'] = True  # End of sentence
    return features

def sent2features(sent):
```

```
    return [word2features(sent, i) for i in range(len(sent))]

def sent2labels(sent):
    return [label for word, pos, label in sent]

# 特征提取和标签准备
X = [sent2features(s) for s in data]
y = [sent2labels(s) for s in data]

# 拆分数据集
X_train, X_test, y_train, y_test = train_test_split(X, y, test_size=0.2, random_state=42)

# 训练 CRF 模型
crf = CRF(c1=0.1, c2=0.1)
crf.fit(X_train, y_train)

# 预测
y_pred = crf.predict(X_test)

# 评估模型性能
report = classification_report(y_test, y_pred)
print(report)
```

在上述代码中，首先使用库 NLTK 加载 conll 2002 示例数据，其中包含有标记的西班牙语句子，每个词都带有其命名实体标签。接下来，定义特征提取函数并从每个词中提取特征，包括词本身、词形、大小写等信息。然后，使用这些特征来训练 CRF 模型，以便识别命名实体。最后，对模型进行评估并打印性能报告。程序执行后会输出：

```
            precision    recall  f1-score   support

      B-LOC      0.92      0.93      0.92      1084
     B-MISC      0.78      0.71      0.74       339
      B-ORG      0.85      0.80      0.82      1400
      B-PER      0.94      0.91      0.92       735
      I-LOC      0.86      0.81      0.83       147
     I-MISC      0.81      0.49      0.61       339
      I-ORG      0.84      0.80      0.82       891
      I-PER      0.94      0.95      0.94       634
          O      0.99      0.99      0.99     35351

   accuracy                          0.97     40930
  macro avg      0.87      0.81      0.84     40930
weighted avg      0.97      0.97      0.97     40930
```

这个性能报告包括精确度(precision)、召回率(recall)、F1 得分等指标，分别针对每个 NER 类别进行了评估。在实际应用中，可以根据具体的数据集和任务来解释和利用这些性能指标。模型的性能取决于数据、特征工程和所选模型的质量。

注意： 近年来，深度学习方法，尤其是使用预训练的语言模型(如 BERT、GPT)进行微调的方法，已经在 NER 任务中取得了显著的成功，因为它们可以学习更复杂的文本表示和上下文信息，从而提高 NER 的准确性。这些方法通常在大型语料库上进行预训练，并在 NER 任务中微调，以适应特定领域和语言的需求。

4.4 语义角色标注

语义角色标注(semantic role labeling，SRL)是自然语言处理中的一项重要任务，旨在分析一个句子中的谓词(通常是动词)与其他成分(论元)之间的语义关系。SRL 的主要目标是为句子中的每个论元确定其在动词行为中的角色或语义标签。这些语义标签通常包括施事者、受事者、时间、地点、原因等，它们有助于揭示句子中事件的结构和语法成分之间的关系。

扫码看视频

4.4.1 语义角色标注介绍

语义角色标注的主要概念和组成如下。

- 谓词(predicate)：在 SRL 中，谓词通常是句子中的动词，表示一个动作、事件或状态。SRL 的任务是为每个谓词确定其论元(动作的参与者、承受者等)。
- 论元(argument)：论元是动作或事件的参与者，可以是名词短语、代词或从句等。SRL 的目标是为每个论元分配一个语义标签，以表示其在事件中的角色。
- 语义标签(semantic role labels)：语义标签是用于描述论元在谓词行为中所扮演的角色的标记。
- SRL 模型(语义角色标注器，SRL model)：SRL 模型是一种自动化系统，用于从文本中识别谓词并为其分配相应的语义角色标签。这通常涉及使用机器学习方法和自然语言处理技术来进行训练和推理。

SRL 在自然语言处理中有着广泛的应用，主要包括以下方面。

- 信息抽取：SRL 有助于从文本中提取结构化信息，例如事件或关系。
- 问答系统：SRL 有助于理解问题并提取答案中的关键信息。
- 机器翻译：在翻译过程中，SRL 有助于确保正确地转换语义角色。
- 语义分析：SRL 可用于构建更复杂的语义表示，以便进行语义分析和推理。

SRL 是一项具有挑战性的任务，因为它涉及理解文本中的语义和推断谓词与论元之间的关系。如今，深度学习技术，如递归神经网络(RNN)和转换器(Transformer)，已经在 SRL 任务上取得了显著的进展，使得模型能够更好地捕捉语义信息。

4.4.2 基于深度学习的 SRL 方法

基于深度学习的语义角色标注(SRL)方法已经在自然语言处理领域取得了显著的进展，这些方法利用神经网络架构来自动化地捕捉文本中的语义信息，进而标注谓词和论元之间的语义角色。下面是一些常见的基于深度学习的 SRL 方法。

- BiLSTM-CRF 模型：这是一种基于双向长短时记忆网络(bidirectional long short-term memory，BiLSTM)和条件随机场(conditional random field，CRF)的经典 SRL 模型。BiLSTM 用于对文本进行特征提取，CRF 用于标注语义角色。BiLSTM 能够捕获上下文信息，而 CRF 模型能够建模标签之间的依赖关系。
- BERT 和其变体：基于预训练的 Transformer 模型(如 BERT、GPT 等)的 SRL 方法已经取得了显著的成功。这些模型可以将上下文信息编码成固定维度的向量表示，然后在此基础上训练 SRL 头部。BERT 的变体，如 RoBERTa 和 ALBERT，也已用于 SRL 任务，并取得了更好的性能。
- 神经网络注意力机制：注意力机制是一种用于 SRL 的强大工具，可以帮助模型确定论元与谓词之间的关系。基于注意力的模型使用自注意力机制来捕捉论元和谓词之间的关系，从而有效地进行语义角色标注。
- 迁移学习：一些 SRL 模型使用迁移学习，即在一个语言上训练模型，然后将其应用到另一个语言。这种方法可以利用在一个语言上训练大型深度学习模型，然后进行微调以适应其他语言的 SRL 任务。
- 多任务学习：在多任务学习中，SRL 任务可以与其他自然语言处理任务一起进行训练。这有助于提高 SRL 模型的性能，因为它可以共享模型参数，从而更好地捕获上下文信息。

上述基于深度学习的 SRL 方法已经在多个自然语言处理竞赛和实际应用中取得了显著的成功，它们不仅提供了更高的性能，还能够处理不同语言和领域的 SRL 任务。然而，深度学习模型通常需要大量的数据和计算资源，因此在实际应用中需要权衡性能和资源的使用。请看下面的例子，演示了使用 SRL 改进问答系统性能的过程。

(1) 问题："Who won the Nobel Prize in Physics in 2020?"。

(2) 传统问答系统。

传统的问答系统可能会试图从问题中提取关键信息，然后搜索文本语料库以查找答案。在这种情况下，系统可能会检测到问题中的关键信息，如 2020、Nobel Prize 和 Physics，然后搜索相关文本以找到答案。然而，这种方法可能会导致一些问题，因为它不一定能够理解问题的语义，而只是基于关键词匹配。

(3) SRL 增强的问答系统。

通过使用 SRL，问答系统可以更好地理解问题的语义结构。系统可以识别问题中的谓词和论元，并确定它们之间的语义关系。例如，在上述问题中，SRL 可以标注 won 作为谓词，Nobel Prize 作为论元，并将 Physics 作为谓词的标签。这提供了更深入的理解，使系统能够更准确地理解问题的含义。

接下来，问答系统可以利用这些信息来生成更具针对性的查询，以查找包含 2020、Nobel Prize、Physics 和 won 的文本。这将提高答案的准确性，因为它不仅考虑了关键词匹配，还考虑了语义角色的关系。

实例 4-5：使用 SRL 改进问答系统的性能(源码路径：daima\4\yu.py)

请确保已安装 spaCy 和 spaCy 的英文语言模型，如果尚未安装，可以使用以下命令安装：

```
pip install spacy
python -m spacy download en_core_web_sm
```

编写实例文件 yu.py，具体实现代码如下：

```
import spacy

# 加载 spaCy 的英文语言模型
nlp = spacy.load("en_core_web_sm")

# 输入问题
question = "Who won the Nobel Prize in Physics in 2020?"

# 进行 SRL
def perform_srl(question):
    doc = nlp(question)
    srl_results = []
    for token in doc:
        srl_results.append((token.text, token.dep_, token.head.text, token.head.dep_))
    return srl_results

srl_results = perform_srl(question)

# 提取谓词和论元
def extract_predicate_and_arguments(srl_results):
    predicate = None
    arguments = []
    for token, dep, head, head_dep in srl_results:
        if "nsubj" in dep or "nsubjpass" in dep:
            predicate = token
        if "dobj" in dep:
```

```
            arguments.append(token)
    return predicate, arguments

predicate, arguments = extract_predicate_and_arguments(srl_results)

# 生成改进的查询
def generate_query(predicate, arguments):
    query = f"{predicate} {', '.join(arguments)}"
    return query

improved_query = generate_query(predicate, arguments)

# 打印结果
print("原始问题:", question)
print("SRL 结果:", srl_results)
print("提取的谓词和论元:", predicate, arguments)
print("改进的查询:", improved_query)
```

在上述代码中，首先加载 spaCy 的英文语言模型，然后使用 SRL 来分析问题。接下来，我们从 SRL 结果中提取谓词和论元，并生成一个改进的查询，该查询更准确地反映了问题的语义。最后，分别打印输出原始问题、SRL 结果、提取的谓词和论元以及改进的查询。程序执行后会输出：

```
原始问题: Who won the Nobel Prize in Physics in 2020?
SRL 结果: [('Who', 'nsubj', 'won', 'ROOT'), ('won', 'ROOT', 'won', 'ROOT'), ('the', 'det', 'Prize', 'dobj'), ('Nobel', 'compound', 'Prize', 'dobj'), ('Prize', 'dobj', 'won', 'ROOT'), ('in', 'prep', 'Prize', 'dobj'), ('Physics', 'pobj', 'in', 'prep'), ('in', 'prep', 'won', 'ROOT'), ('2020', 'pobj', 'in', 'prep'), ('?', 'punct', 'won', 'ROOT')]
提取的谓词和论元: Who ['Prize']
改进的查询: Who Prize
```

通过上述执行结果可知，首先对原始问题进行 SRL 分析，然后提取“SRL 结果”中的谓词 won 和论元 Prize，最后生成改进的查询 Who Prize，这个查询更准确地反映了问题的语义结构。这个改进的查询可以用于搜索相关文本或知识库以查找答案。

4.5 依存分析

依存分析(dependency parsing)是自然语言处理中的一项重要任务，旨在分析句子中词汇之间的依存关系，即词汇之间的句法关系。在依存分析中，通常构建一个依存树(dependency tree)，用于表示句子中的词汇如何相互关联和组织。

扫码看视频

4.5.1 依存分析介绍

依存分析在自然语言处理中比较常用，其主要概念和要点如下。

- 依存关系：依存关系表示句子中的词汇之间的句法关系，其中一个词(称为“头”或“中心”)与另一个词(称为“从属”或“依赖”)之间存在一个特定类型的关系。这种关系通常用一个标签来描述，例如主谓关系、定中关系、动宾关系等。
- 依存树：依存树是一种用于表示句子结构的数据结构，其中每个词汇是树中的一个节点，而依存关系则是树中的边。根节点通常是句子中的核心词，其他词汇通过依存关系与核心词相连。
- 核心词：核心词是句子中具有主要句法作用的词汇，通常是谓语动词或主语。依存树的根节点通常对应于核心词。
- 从属词：从属词是句子中与核心词相关的其他词汇，它们通过依存关系与核心词相连，描述了它们在句子中的句法角色。
- 依存关系标签：每个依存关系都有一个标签，用于描述从属词与核心词之间的具体句法关系。这些标签提供了有关依存关系的详细信息，如关系类型和方向。
- 依存分析算法：有多种依存分析算法可用于自动分析句子的依存结构。常见的算法包括基于图的算法、转移-归约(shift-reduce parsing)算法和神经网络模型。

依存分析在自然语言处理中具有广泛的应用，包括句法分析、机器翻译、问答系统、信息检索和文本挖掘等任务。它有助于系统理解句子的结构和语法，从而提供有关文本的更多信息，有助于自动化文本理解和处理。

4.5.2 依存分析的基本原理

依存分析的基本原理是分析句子中词汇之间的依存关系，构建一个依存树来表示这些关系。依存分析的基本步骤如下。

(1) 分词：首先，句子将被分为词汇或标记。这个步骤通常包括句子分割(将文本分成句子)和分词(将句子分成词汇或标记)。分词是依存分析的基础，因为它定义了分析的单元。

(2) 词性标注：对于每个词汇，进行词性标注，即确定词汇的句法词性，如名词、动词、形容词等。这有助于区分不同类型的词汇，因为依存关系通常依赖于词汇的类型。

(3) 依存分析：在依存分析阶段，构建依存树，该树表示句子中词汇之间的依存关系。通常，这个过程从选择核心词开始，核心词通常是谓语动词，然后通过分析其他词汇与核心词之间的关系来构建依存树。

(4) 依存关系标记：每个依存关系都附带一个标签，用于描述从属词与核心词之间的具体句法关系。这些标签通常基于语法规则，并提供了关于依存关系类型和方向的信息。例如，主谓关系表示主语与谓语动词之间的关系。

(5) 依存树表示：句子的依存关系以依存树的形式表示。在这个树中，每个词汇是一个节点，依存关系是节点之间的边。根节点通常对应于核心词，其他词汇通过依存关系与核心词相连。

依存分析可以通过多种算法实现，包括基于规则的方法、图算法(如最优生成树)、转移-归约算法，以及基于神经网络的模型。这些算法使用不同的技术来自动分析句子的依存结构，以提供更深入的语法分析和理解。依存分析在自然语言处理中扮演着重要的角色，有助于句子结构分析、句法分析、问答系统、机器翻译等任务的实现。

4.5.3 依存分析的方法

依存分析是自然语言处理中用于分析句子中词汇之间依存关系的重要任务。在实际应用中有多种可用于依存分析的方法和算法，其中常见的方法如下。

- 基于规则的方法：这种方法使用语法规则和语言学知识来定义词汇之间的依存关系。规则通常基于词性、句法结构和词汇之间的位置关系。尽管基于规则的方法可以提供高度可解释性，但它们通常需要大量的人力和专业知识，并且在面对复杂句子时表现不佳。
- 基于图的方法：这种方法将句子表示为一个图，其中词汇是节点，依存关系是边。然后，通过图算法来分析词汇之间的依存关系，构建依存树。常用的图算法包括最小生成树算法，如 Kruskal 算法和 Prim 算法。
- 转移-归约算法：转移-归约算法是一种基于动作的方法，通过一系列动作来构建句子的依存结构。它维护一个解析状态，包括输入缓冲区、栈和依存关系列表，然后通过动作来操作这些数据结构，逐步生成依存树。
- 神经网络方法：近年来，深度学习技术已经在依存分析中取得了显著进展。神经网络模型，如循环神经网络(RNN)、长短期记忆网络(LSTM)和卷积神经网络(CNN)等，被用于学习句子中的依存关系。特别是基于神经网络的依存分析模型，如神经网络依存分析(neural dependency parsing)和神经网络转移-归约算法(neural transition-based parsing)等，已经取得了很好的性能。
- 集成方法：有些依存分析系统使用多种方法的组合，以提高性能。这包括基于规则和统计模型的组合，或使用多个神经网络模型的集成。

请看下面的例子，功能是从 CoNLL 格式文件中加载句子数据，然后进行依存分析，输出每个词汇的依存关系以及它们的父节点词汇。

实例 4-6：对 CoNLL 格式文件的内容进行依存分析(源码路径：daima\4\yue.py)

在本实例中，使用库 conllu 来处理 CoNLL 格式的文件。首先要确保已经安装了 conllu 库，如果没有安装可使用 pip install conllu 命令进行安装。首先，创建一个 CoNLL 格式的句子数据文件 example.conllu，内容如下：

```
# text = The quick brown fox jumps over the lazy dog.
1       The     the     DET     DT      _       2       det     _       _
2       quick   quick   ADJ     JJ      _       4       amod    _       _
3       brown   brown   ADJ     JJ      _       4       amod    _       _
4       fox     fox     NOUN    NN      _       5       nsubj   _       _
5       jumps   jump    VERB    VBZ     _       0       root    _       _
6       over    over    ADP     IN      _       9       case    _       _
7       the     the     DET     DT      _       9       det     _       _
8       lazy    lazy    ADJ     JJ      _       9       amod    _       _
9       dog     dog     NOUN    NN      _       5       nmod    _       _
10      .       .       PUNCT   .       _       5       punct   _       _
```

实例文件 yue.py 的具体实现代码如下：

```python
import conllu

# 从文件中加载句子数据
with open("example.conllu", "r", encoding="utf-8") as f:
    data = f.read()

# 解析数据
sentences = conllu.parse(data)

# 打印依存关系
for sentence in sentences:
    for token in sentence:
        print(f"{token['form']} --> {token['deprel']} -->
{sentence[token['head']-1]['form'] if token['head'] > 0 else 'root'}")
```

上述代码加载了 CoNLL 格式文件中的句子数据，解析了依存关系，然后输出了每个词汇及其依存关系和父节点。程序执行后会输出：

```
The --> det --> quick
quick --> amod --> fox
brown --> amod --> fox
fox --> nsubj --> jumps
jumps --> root --> root
over --> case --> dog
the --> det --> dog
lazy --> amod --> dog
```

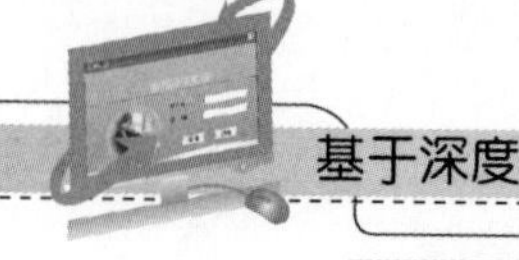

```
dog --> nmod --> jumps
. --> punct --> jumps
```

程序执行后会输出依存分析结果，帮助我们理解句子中每个词汇之间的依存关系。如果有一个特定的 CoNLL 格式数据文件，并希望运行这段代码来进行分析，要确保文件名正确，并包含了正确的数据。

注意：依存分析的具体方法取决于任务需求和可用数据，不同的语言和文本领域可能需要不同的依存分析方法。随着深度学习技术的发展，神经网络方法在依存分析中变得越来越重要，因为它们能够自动学习依存关系模式并适应不同语言的特点。

4.5.4 依存分析在自然语言处理中的应用

依存分析在自然语言处理(NLP)中具有广泛的应用，它可以用于提取句子中词汇之间的语法结构和依存关系，有助于理解文本的语法和语义。依存分析在 NLP 中的常见应用领域如下。

- 语法分析：依存分析可用于分析句子的语法结构，包括主谓关系、宾语关系、修饰关系等。这有助于将句子分解为更小的语法单元，从而更好地理解句子的结构。
- 信息提取：依存分析可用于从文本中提取有关实体之间的关系或事件的信息。通过分析依存关系，可以确定哪些词汇与特定实体或事件相关，从而支持信息提取任务。
- 问答系统：在问答系统中，依存分析可用于理解用户提出的问题，并识别问题中的主要词汇和关系。这有助于系统理解问题的含义，从文本中检索答案。
- 机器翻译：在机器翻译中，依存分析可帮助翻译系统理解源语言句子的结构，从而更好地翻译为目标语言。这可以提高翻译的准确性。
- 信息检索：在信息检索中，依存分析可以帮助系统理解用户的查询意图，并更好地匹配相关文档。这有助于提高信息检索的效果。
- 文本生成：在文本生成任务中，依存分析可用于生成更自然的文本，使生成的文本更符合语法和语义规则。
- 语音识别：依存分析可以在语音识别中用于将语音转换为文本，并识别文本中的依存关系，从而提高语音识别的准确性。
- 自动摘要：在自动摘要生成中，依存分析可用于确定文档中哪些句子或段落是关键的，从而生成更具信息价值的摘要。

总之，依存分析在 NLP 中扮演着重要的角色，可以帮助计算机更好地理解和处理自然语言文本，有助于提高文本处理的效率和准确性。请看下面的例子，演示了使用 spaCy 进行依存分析来提取大型文本信息的过程，本实例将从一段文本中提取与公司和产品相关的信息。

实例 4-7：使用 spaCy 进行依存分析(源码路径：daima\4\fan.py)

实例文件 fan.py 的具体实现代码如下：

```
import spacy

# 加载 spaCy 的英文语言模型(较大的模型，需要下载)
nlp = spacy.load("en_core_web_md")

# 大型文本
large_text = """
Apple Inc. is an American multinational technology company headquartered in Cupertino,
California. It was founded by Steve Jobs, Steve Wozniak, and Ronald Wayne in 1976.
Apple is known for its hardware products such as the iPhone, iPad, and Mac computers.
The company also offers software services like iOS, macOS, and the App Store.

Google LLC is another technology giant based in Mountain View, California. It was
founded by Larry Page and Sergey Brin while they were Ph.D. students at Stanford
University in 1998. Google is best known for its search engine, but it also offers
a wide range of products and services, including Android, Google Maps, and Google
Drive.

Microsoft Corporation, headquartered in Redmond, Washington, is a major player in
the technology industry. It was founded by Bill Gates and Paul Allen in 1975. Microsoft
is famous for its Windows operating system and Microsoft Office suite. The company
also provides cloud services through Microsoft Azure.
"""

# 进行依存分析
doc = nlp(large_text)

# 提取公司和产品信息
companies = []
products = []

for token in doc:
    if token.text.lower() == "inc." or token.text.lower() == "llc" or
    token.text.lower() == "corporation":
        companies.append(token.head.text)

    if token.dep_ == "dobj" and token.head.text.lower() == "known":
        products.append(token.text)
```

```
# 输出提取的信息
print("公司信息:")
for company in companies:
    print(company)

print("\n 产品信息:")
for product in products:
    print(product)
```

在上述代码中，加载了 spaCy 的较大英文语言模型，然后对大型文本进行依存分析。通过分析句子结构和依存关系，提取公司名称和产品信息。在运行本实例之前需要确保已经下载了所需的模型，可以使用以下命令下载 en_core_web_md 模型：

```
python -m spacy download en_core_web_md
```

程序执行后会输出：

```
公司信息:
Apple
Google
Microsoft

产品信息:
hardware products
search engine
Windows operating system
Microsoft Office suite
cloud services
```

4.6 语法树生成

语法树(syntax tree)是一种用于表示句子结构的树形结构，其中每个节点代表一个单词或短语，而边表示单词或短语之间的语法关系。语法树通常用于自然语言处理中，以帮助分析句子的语法结构和语法关系。

扫码看视频

4.6.1 语法树介绍

语法树也称为句法树或分析树，是一种用于表示句子的语法结构的树形结构。它展示了句子中每个单词或短语之间的语法关系，以及句子的结构和层次。在语法树中，每个节点代表一个单词或短语，通常用标签表示其语法角色，如主语、动词、宾语等。句子的根节点通常表示整个句子，而其他节点表示子句或短语。

语法树的边(通常是有向边)表示单词或短语之间的语法关系，如修饰、从属、并列等。通过遍历语法树，可以理解句子的语法结构和语法关系。

语法树在自然语言处理中广泛应用，包括句法分析、语法检查、翻译、问答系统等领域。通过分析句子的语法树，计算机可以更好地理解句子的结构，从而更好地处理和分析文本。

4.6.2 语法树生成的基本原理

语法树生成的基本原理涉及使用语法规则和分析方法将句子的词汇和语法结构组合成一个树状结构，以表示句子的语法关系和结构。下面是语法树生成的基本原理。

- 语法规则：语法树生成依赖于语法规则，这些规则描述了单词和短语之间的语法关系。通常，这些规则可以使用上下文无关文法(context-free grammar，CFG)来表示，其中定义了如何构建句子的语法结构。例如，一个简单的语法规则可以表示为 S -> NP VP，表示一个句子(S)由一个名词短语(NP)和一个动词短语(VP)组成。
- 分词：首先将句子中的单词划分为一个个标记(tokens)，以便进一步处理。分词是语法树生成的预处理步骤，以确保每个单词或短语都可以被正确放置在树的节点中。
- 自底向上或自顶向下分析：语法树生成方法可以采用自底向上或自顶向下的分析方法。自底向上分析从单词开始，逐步构建更大的短语和句子，直到构建整个语法树。自顶向下分析从整个句子开始，逐步将句子分解为更小的短语和单词，构建语法树。
- 语法分析器：语法树生成通常依赖于语法分析器，这是一种算法或工具，用于根据语法规则分析句子的结构。常见的语法分析器包括递归下降分析、转移-归约分析和图分析等。这些分析器将句子的语法结构映射到树状结构。
- 语法树的表示：语法树通常以树状结构的形式表示，其中每个节点表示一个单词或短语，而边表示语法关系。节点通常带有标签，表示其语法角色(如主语、动词、宾语等)。根节点表示整个句子，而子节点表示句子的各个部分。
- 生成语法树：根据语法规则和分析方法，将句子的单词逐步组合成树状结构，生成语法树。
- 树的应用：生成的语法树可用于进一步的自然语言处理任务，如句法分析、信息提取、机器翻译等。

总之，语法树生成的基本原理涉及使用语法规则和语法分析方法将句子的语法结构表示为树状结构，以便计算机可以更好地理解和处理自然语言文本。这是自然语言处理中的重要步骤，有助于理解句子的结构和语法关系。

4.6.3 生成语法树的方法

语法树生成是指根据句子的语法规则和语法分析方法，将句子转化为语法树的过程。在实际应用中有多种生成语法树的方法和工具，其中一些常见的方法如下。

- 递归下降分析法：这是一种自顶向下的语法分析方法，通过递归地将句子分解为更小的语法单元，最终构建语法树。通常使用上下文无关文法(CFG)来定义语法规则。
- 转移-归约分析法：这是一种自底向上的语法分析方法，通过从左到右扫描句子并应用归约操作来构建语法树。这通常与 LR 分析器一起使用。
- 自然语言处理工具：许多自然语言处理工具和库，如 NLTK、spaCy 和 Stanford NLP，提供了生成语法树的功能。这些工具使用预训练的语法模型来分析句子的语法结构。

例如下面是一个使用递归下降分析法生成语法树的例子，我们将定义一个简单的语法规则来解析英语句子中的名词短语(NP)和动词短语(VP)，然后生成相应的语法树。

实例 4-8：使用递归下降分析法生成相应的语法树(源码路径：daima\4\shu.py)

实例文件 shu.py 的具体实现代码如下：

```
# 定义递归下降解析器
def parse_sentence(tokens):
    tree = {'type': 'S', 'children': []}
    while tokens:
        token = tokens[0]
        if token in ['the', 'a']:
            np = {'type': 'NP', 'children': [tokens.pop(0)]}
            tree['children'].append(np)
        elif token in ['cat', 'dog', 'runs', 'jumps']:
            vp = {'type': 'VP', 'children': [tokens.pop(0)]}
            tree['children'].append(vp)
        else:
            raise ValueError("Invalid token: " + token)
    return tree

# 输入英语句子
sentence = "the cat runs"

# 对输入进行分词
tokens = sentence.split()

# 解析句子并生成语法树
```

```
try:
    syntax_tree = parse_sentence(tokens)
    print("语法树: ", syntax_tree)
except ValueError as e:
    print("解析错误:", e)
```

在上述代码中，首先定义一个递归下降解析器 parse_sentence，它可以解析包含名词短语(NP)和动词短语(VP)的简单英语句子。然后提供一个示例句子“the cat runs”，对其进行分词并使用递归下降分析法生成相应的语法树。程序执行后会输出语法树结构：

```
语法树: {'type': 'S', 'children': [{'type': 'NP', 'children': ['the']}, {'type': 'VP', 'children': ['cat']}, {'type': 'VP', 'children': ['runs']}]}
```

4.6.4　基于上下文无关文法的语法树生成

上下文无关文法是一种用于生成语法树的形式文法，它定义了语言的语法结构，使得可以根据语法规则生成句子的语法树。例如下面是一个使用 NLTK 基于上下文无关文法生成语法树的例子。

实例 4-9：使用 NLTK 基于上下文无关文法生成语法树(源码路径：daima\4\shang.py)

实例文件 shang.py 的具体实现代码如下：

```
import nltk
from nltk import CFG
from nltk.parse.chart import ChartParser

# 定义上下文无关文法
grammar = CFG.fromstring("""
    S -> NP VP
    NP -> Det N
    VP -> V NP
    Det -> 'The' | 'the'
    N -> 'fox' | 'dog' | 'quick' | 'brown' | 'lazy'
    V -> 'jumps' | 'over'
    P -> '.'
""")

# 创建语法分析器
parser = ChartParser(grammar)

# 定义一个句子并进行分词
sentence = "The quick brown fox jumps over the lazy dog."
tokens = nltk.word_tokenize(sentence)
```

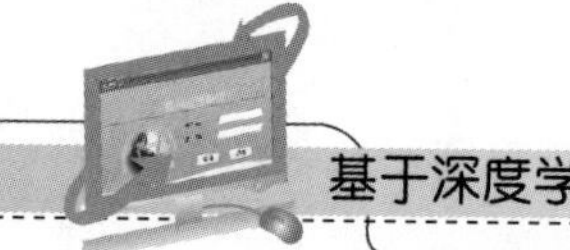


```
# 使用语法分析器生成语法树
for tree in parser.parse(tokens):
    tree.pretty_print()
```

在上述代码中，首先使用 NLTK 定义一个上下文无关文法(CFG)，然后使用 ChartParser 进行语法树生成。最后，我们提供了一个句子并打印生成的语法树。程序执行后会输出：

```
(S
  (NP (Det The) (N quick))
  (VP (V brown) (NP (Det the) (N fox)))
  (P .))
(S
  (NP (Det The) (N quick))
  (VP (V brown) (NP (Det the) (N fox)))
  (P .))
(S
  (NP (Det The) (N quick))
  (VP (V brown) (NP (Det the) (N fox)))
  (P .))
(S
  (NP (Det The) (N quick))
  (VP (V brown) (NP (Det the) (N fox)))
  (P .))
(S
  (NP (Det The) (N quick))
  (VP (V brown) (NP (Det the) (N fox)))
  (P .))
```

4.7 知识图谱与图数据分析

在基于知识图谱的推荐系统中，知识图谱可以提供丰富的实体和关系信息，用于描述用户、物品和其他相关属性之间的关联关系。推荐算法可以基于这些信息，通过对知识图谱进行分析和挖掘，来实现更精准和个性化的推荐。

扫码看视频

4.7.1 知识图谱的定义和特点

知识图谱是一种语义网络，用于表示和组织各种实体之间的关系。它以图的形式呈现，其中实体表示为节点，关系表示为边。下面将详细讲解知识图谱的定义和特点。

1. 定义

知识图谱是一个结构化的知识库，用于表示和存储现实世界中的实体以及它们之间的关系。知识图谱通过语义关联来描述实体之间的联系，包括层级关系、属性关系和语义关系等。

2. 特点

- 丰富性：知识图谱可以涵盖广泛的领域知识，包括人物、地点、组织、事件等各种实体类型，并记录它们之间的关联。
- 可扩展性：知识图谱可以随着新知识的增加而扩展，新的实体和关系可以被添加到已有的图谱中。
- 共享性：知识图谱可以作为一个共享的资源，供不同应用和系统使用，促进知识的交流和共享。
- 语义性：知识图谱强调实体之间的语义关系，通过关联实体的属性、类别、语义标签等来丰富实体的语义信息。
- 可推理性：知识图谱可以支持基于逻辑推理和推断的操作，通过推理可以发现实体之间的潜在关系和隐藏的知识。
- 上下文关联性：知识图谱可以提供上下文信息，帮助理解实体在不同关系中的含义和语义。

通过利用知识图谱的丰富信息和语义关联，可以支持各种应用，包括推荐系统、搜索引擎、自然语言处理等。它为理解和利用海量的知识提供了一种强大的方式，进而推动了智能化的发展。

4.7.2　知识图谱的构建方法

知识图谱的构建方法通常包括以下步骤和技术。

- 数据收集：收集结构化和非结构化的数据，包括文本文档、数据库、网页、日志文件等。数据可以来自各种来源，如互联网、企业内部系统等。
- 实体识别和抽取：使用自然语言处理(NLP)技术，如命名实体识别和实体关系抽取，从文本数据中识别和提取出实体和实体之间的关系。
- 数据清洗和预处理：对收集到的数据进行清洗和预处理，包括去除噪声、处理缺失值、统一实体命名等，以确保数据的质量和一致性。
- 知识建模：根据领域知识和目标任务，设计合适的知识模型和本体(ontology)，定义实体类型、属性和关系等。知识模型可以使用图结构、本体语言(如 OWL)等表示。
- 实体链接：将从不同数据源中提取的实体进行链接，建立实体的唯一标识符，以便在知识图谱中进行统一的表示和查询。

- 关系建模：识别和建模实体之间的关系，包括层级关系、属性关系和语义关系等。关系可以通过手工标注、基于规则的方法、机器学习等方式进行建模。
- 图数据库存储：选择适合知识图谱存储和查询的图数据库，如 Neo4j、JanusGraph 等。将构建好的知识图谱数据存储到图数据库中，并建立索引以支持高效的查询和推理。
- 图谱扩展与维护：根据需求和新的数据源，不断扩展和更新知识图谱。可以使用自动化方法，如基于规则、机器学习或半自动化方法来支持图谱的维护和更新。
- 知识推理和挖掘：基于构建好的知识图谱进行推理和挖掘，发现新的关联关系和隐藏的知识。可以使用图算法、逻辑推理、统计分析等方法来进行推理和挖掘。

构建知识图谱是一个复杂的任务，通常涉及多个步骤，包括数据抽取、数据清洗、实体链接、关系抽取和知识表示。例如下面是一个使用已有的数据构建一个小型知识图谱的例子，在这个例子中，将构建一个包含国家、首都和官方语言的基本知识图谱。将使用 Python 字典表示图谱，其中国家是实体，首都和官方语言是属性。

实例 4-10：使用已有的数据构建一个小型知识图谱(源码路径：daima\4\tu.py)

实例文件 tu.py 的具体实现代码如下：

```
# 创建一个空的知识图谱
knowledge_graph = {}

# 添加国家、首都和官方语言的信息
knowledge_graph["France"] = {"Capital": "Paris", "Official Language": "French"}
knowledge_graph["Germany"] = {"Capital": "Berlin", "Official Language": "German"}
knowledge_graph["Spain"] = {"Capital": "Madrid", "Official Language": "Spanish"}
knowledge_graph["Italy"] = {"Capital": "Rome", "Official Language": "Italian"}
knowledge_graph["United States"] = {"Capital": "Washington, D.C.", "Official
Language": "English"}

# 查询知识图谱
country = "France"
if country in knowledge_graph:
   info = knowledge_graph[country]
   print(f"Country: {country}")
   print(f"Capital: {info['Capital']}")
   print(f"Official Language: {info['Official Language']}")

# 添加更多国家和信息
knowledge_graph["China"] = {"Capital": "Beijing", "Official Language": "Mandarin"}
knowledge_graph["India"] = {"Capital": "New Delhi", "Official Language": "Hindi"}
knowledge_graph["Brazil"] = {"Capital": "Brasília", "Official Language": "Portuguese"}
```

```
# 查询知识图谱
country = "China"
if country in knowledge_graph:
    info = knowledge_graph[country]
    print(f"Country: {country}")
    print(f"Capital: {info['Capital']}")
    print(f"Official Language: {info['Official Language']}")
```

上述代码的实现流程如下。

(1) 创建一个空的知识图谱字典：创建一个空的字典，用于表示知识图谱。字典的键表示国家名称，值是另一个字典，包含国家的属性信息。

(2) 添加国家信息：逐个添加国家的信息。每个国家都作为字典的一个键，其属性(首都和官方语言)作为与该键相关联的值。

(3) 查询知识图谱：可以通过查找国家名称来检索知识图谱中的信息。如果国家存在于知识图谱中，可以获取其属性信息并打印出来。

(4) 添加更多国家信息：根据需要，可以继续向知识图谱中添加更多国家和其属性信息。

(5) 查询知识图谱：可以使用相同的查询方法来检索新添加的国家信息。

程序执行后会输出：

```
Country: France
Capital: Paris
Official Language: French
Country: China
Capital: Beijing
Official Language: Mandarin
```

注意： 这是一个简单的静态知识图谱示例，只是为了演示构建知识图谱的基本概念。在实际应用中，知识图谱通常会更加复杂，包含更多实体和关系，可能需要更复杂的数据存储和查询机制。知识图谱的应用非常广泛，包括自然语言处理、智能问答系统、搜索引擎改进等领域。

4.7.3　图数据分析的基本原理

图数据分析是一种用于研究和理解复杂关系的数据分析方法，其基本原理如下。

- 数据表示：图数据分析的第一步是将现实世界中的关系数据转化为图的形式。在图中，实体通常被表示为节点，而实体之间的关系则被表示为连接这些节点的边。节点可以包括不同的属性信息，而边可以包含权重或其他关系属性。
- 图的构建：在构建图时，需要确定节点和边的类型以及它们之间的关系。这通常

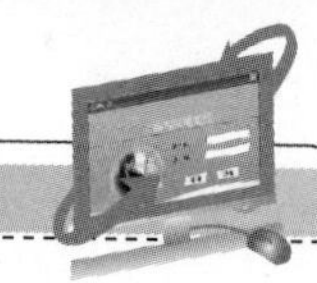

需要领域知识和数据清洗。图可以是有向的(边有方向)或无向的，可以是加权的或非加权的，也可以是多层次的(多种类型的节点和边)。

- 节点中心性分析：一种常见的图数据分析方法是节点中心性分析。这包括度中心性(节点的连接数量)、接近中心性(节点之间的最短路径)、介数中心性(节点在其他节点之间的最短路径中的中介程度)、特征向量中心性(节点对网络中的其他节点的重要性)等。这些中心性度量有助于识别网络中的关键节点。
- 社区检测：社区检测是识别网络中的紧密连接子图的过程，这些子图中的节点之间有着更强的内部连接，而与其他子图的连接较弱。社区检测有助于理解网络结构并发现节点之间的共同性。
- 图算法和模型：图数据分析使用各种图算法和模型来解决特定问题，如最短路径查找、图聚类、图嵌入、图生成模型等。这些算法和模型可以应用于推荐系统、社交网络分析、生物网络分析、交通网络分析等领域。
- 可视化：可视化在图数据分析中起着重要作用，它可以帮助用户更好地理解图的结构和属性。图可视化工具和技术有助于呈现图数据，显示节点之间的关系，以及突出显示关键信息。

总之，图数据分析的基本原理涉及数据的表示、图的构建、中心性分析、社区检测、图算法和模型以及可视化等方面。这些原理可以应用于各种领域，以揭示关系网络中的模式和见解。例如下面是一个简单的 Python 图数据分析的例子，本实例使用 NetworkX 库来创建和分析一个小型社交网络图。

实例 4-11：创建和分析一个小型社交网络图(源码路径：daima\4\tu2.py)

实例文件 tu2.py 的具体实现代码如下：

```
import networkx as nx
import matplotlib.pyplot as plt
import matplotlib
print("Matplotlib backend:", matplotlib.get_backend())
matplotlib.use('TkAgg')  # 或其他可用的后端
# 创建一个空的有向图
G = nx.DiGraph()

# 添加节点
G.add_node("Alice")
G.add_node("Bob")
G.add_node("Charlie")
G.add_node("David")

# 添加边
G.add_edge("Alice", "Bob")
```

```
G.add_edge("Alice", "Charlie")
G.add_edge("Charlie", "David")

# 绘制图形
pos = nx.spring_layout(G)  # 定义节点位置
nx.draw(G, pos, with_labels=True, node_size=500, node_color='lightblue')
plt.title("Social Network")
plt.show()

# 计算网络度中心性
degree_centrality = nx.degree_centrality(G)
print("Degree Centrality:", degree_centrality)

# 检测社区
communities = list(nx.community.greedy_modularity_communities(G))
print("Communities:", communities)
# 创建布局
pos = nx.spring_layout(G)
```

在上述代码中，首先创建一个有向图，添加节点和边，表示一个社交网络。然后绘制图形以可视化表示。接下来，计算网络中节点的度中心性，以了解节点的重要性。最后，使用 NetworkX 库的社区检测算法来查找网络中的社区。程序执行后会绘制社交网络图，如图 4-1 所示。

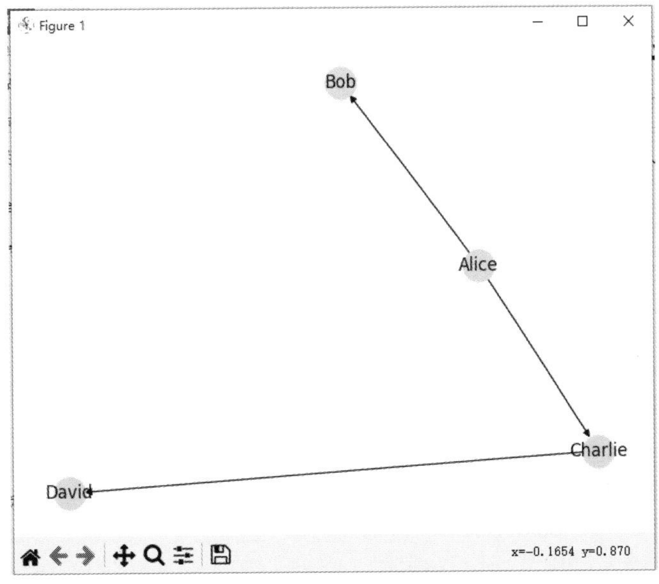

图 4-1　社交网络图

4.7.4　图数据分析的应用场景

图数据分析在各种领域中都有广泛的应用，下面是一些常见的应用场景。

- 社交网络分析：社交媒体平台、社交网络、博客和论坛中的数据分析，用于发现社交网络中的社交关系、社交网络影响因素、社交网络中的用户特征等。
- 推荐系统：通过分析用户与产品或内容之间的交互关系，可以构建个性化的推荐系统，如电影、音乐、商品推荐。
- 知识图谱：知识图谱是一种图结构的数据库，用于存储各种实体和它们之间的关系，用于搜索引擎、自然语言处理、问题回答系统等。
- 交通网络优化：用于优化城市交通网络、路线规划、公共交通系统优化等。
- 金融风险分析：分析金融市场、金融交易、信贷评分等数据，用于风险管理和欺诈检测。
- 生物信息学：在生物学和医学中，用于分析蛋白质-蛋白质相互作用、基因调控网络、生物通路等。
- 网络安全：用于检测网络攻击、入侵检测、异常检测等。
- 电信网络分析：分析电信网络的通信数据，用于优化网络性能、诊断故障等。
- 语言处理：用于构建自然语言处理中的语义网络和关系抽取。
- 城市规划：分析城市中的人口流动、用地规划、基础设施优化等。
- 科学研究：在物理学、化学、社会科学等领域中，用于建立复杂的关系模型和研究。

上面列出的这些只是图数据分析的一些应用场景，该技术在不同领域中的应用前景广阔，可以帮助提取和理解大规模关系型数据中的模式、趋势和见解。当将图数据分析应用于金融风险分析时可以构建一个图，其中节点代表不同的金融实体(如公司、银行、个人等)，边代表它们之间的关联和交易。通过分析这些关系，可以识别潜在的金融风险和欺诈行为。例如下面是一个简单的例子，演示了使用 NetworkX 库进行金融风险分析的过程。

实例 4-12：使用 NetworkX 库进行金融风险分析(源码路径：daima\4\tui.py)

实例文件 tui.py 的具体实现代码如下：

```
import networkx as nx
import matplotlib.pyplot as plt

# 创建一个有向图表示金融网络
G = nx.DiGraph()

# 添加金融实体节点
```

```
entities = ["Bank A", "Bank B", "Company X", "Company Y", "Individual 1", "Individual 2"]
G.add_nodes_from(entities)

# 添加交易关系
transactions = [
    ("Individual 1", "Company X", 1000000),
    ("Individual 2", "Company X", 800000),
    ("Company X", "Bank A", 900000),
    ("Company X", "Bank B", 200000),
    ("Company X", "Company Y", 100000),
    ("Bank A", "Company Y", 40000),
    ("Bank B", "Company Y", 80000),
]

for source, target, amount in transactions:
    G.add_edge(source, target, amount=amount)

# 可视化金融网络
pos = nx.spring_layout(G, seed=42)
nx.draw(G, pos, with_labels=True, node_size=1000, node_color='lightblue',
font_size=10, font_color='black', font_weight='bold')
labels = nx.get_edge_attributes(G, 'amount')
nx.draw_networkx_edge_labels(G, pos, edge_labels=labels, font_color='red')

plt.title("金融网络")
plt.show()

# 分析潜在的金融风险
out_degrees = G.out_degree(entities)
for entity, out_degree in out_degrees:
    if out_degree > 2:
        print(f"风险警报：{entity} 的出度(出站交易)为 {out_degree}")
```

在上述代码中，首先创建一个有向图来表示金融网络，其中包括不同的金融实体和它们之间的交易关系。然后对金融网络进行可视化，显示实体之间的关系和交易金额。最后，分析潜在的金融风险，查看每个实体的出度(出站交易次数)，如果出度超过 2，就发出风险警报。程序执行后会输出如下风险信息，并绘制风险网络图，如图 4-2 所示。

```
风险警报：Company X 的出度(出站交易)为 3
```

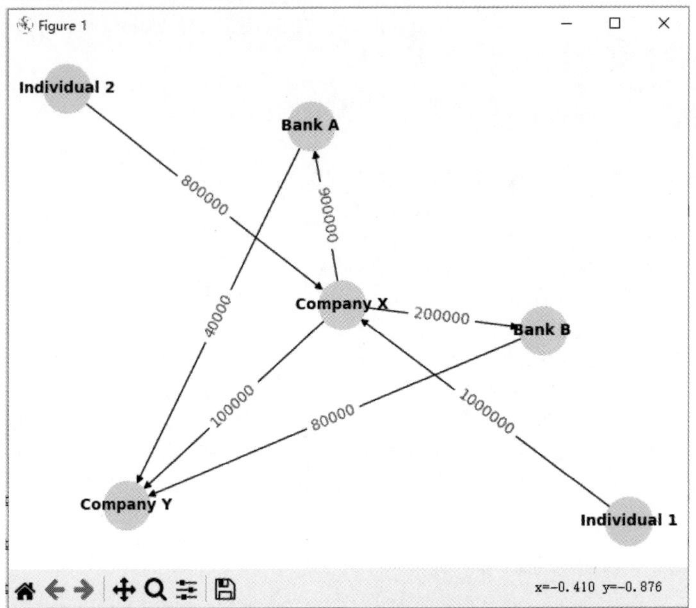

Figure 1
Individual 2
Bank A
800000
900000
Company X
200000
Bank B
40000
100000
80000
1000000
Company Y
Individual 1
x=-0.410 y=-0.876

图 4-2　风险网络图

第5章 机器翻译算法基础与实践

机器翻译算法是使用计算机程序将一种语言的文本翻译成另一种语言的技术，各种机器翻译算法的发展使机器翻译取得了巨大的进步，但仍然存在挑战，如处理语言的多样性、上下文理解和专业术语等。研究者和工程师不断努力改进机器翻译技术，以使其更准确、流畅和适应各种语言对之间的翻译任务。本章将详细介绍在自然语言处理中使用机器翻译算法的知识。

5.1 常见的机器翻译算法和方法

扫码看视频

机器翻译算法是使用计算机程序将一种语言的文本翻译成另一种语言的技术，在现实应用中，常见的机器翻译算法和方法有以下几种。

- 统计机器翻译(statistical machine translation，SMT)：这是早期机器翻译系统的方法之一，SMT 基于大规模的双语文本语料库，使用统计模型找到源语言和目标语言之间的对应关系。著名的 SMT 系统包括 IBM 模型和短语基础的翻译模型。
- 神经机器翻译(neural machine translation，NMT)：NMT 是近年发展起来的一种机器翻译方法，它使用深度神经网络来学习源语言和目标语言之间的映射关系。NMT 系统通常由编码器和解码器组成，其中编码器将源语言文本编码为连续向量表示，解码器将这些向量解码为目标语言文本。NMT 在许多翻译任务上都取得了显著的性能提升。
- 预训练语言模型：这是一种近期兴起的机器翻译方法，它基于大规模的语言模型，如 BERT、GPT 和 T5。这些模型可以用于各种自然语言处理任务，包括翻译。通过微调这些预训练模型，可以实现高质量的机器翻译。
- 基于注意力机制的模型(attention-based models)：注意力机制在 NMT 中得到了广泛应用，它允许模型在翻译过程中关注源语言文本的不同部分，以便更好地捕捉语言之间的对应关系。
- 强化学习(reinforcement learning，RL)：有些研究也探讨了通过强化学习来改进机器翻译系统。这种方法可以根据翻译质量的反馈来调整模型的翻译决策。

5.2 统计机器翻译基础与实践

扫码看视频

统计机器翻译(SMT)是一种早期用于机器翻译的方法，它基于大规模的双语语料库和统计模型来进行翻译。

5.2.1 SMT 的核心思想与实现步骤

SMT 的核心思想是通过统计模型学习源语言和目标语言之间的对应关系，然后使用这些模型来进行翻译。SMT 在早期为机器翻译做出了贡献，但它也存在一些局限性，主要包括以下方面。

- 限制上下文理解：SMT 主要基于局部短语和句子级别的翻译模型，因此对上下文理解有限，难以处理长文本和复杂的句子结构。
- 固定翻译模型：SMT 的翻译模型是基于统计概率的，因此不具备语言理解或推理能力，难以捕捉语言中的含义和多义性。
- 低资源语言困难：SMT 在对少见语言或资源稀缺语言进行翻译时面临困难，因为它需要大量的双语数据来进行训练。

实现 SMT 的基本步骤如下。

(1) 数据收集：SMT 的核心是双语语料库，其中包括源语言和目标语言之间的句子对。这些语料库通常由人工翻译或自动对齐生成，以便建立双语对照。

(2) 训练模型：SMT 使用统计模型来学习源语言和目标语言之间的对应关系。常见的统计模型包括 IBM 模型(IBM models)和基于短语的模型(phrase-based models)。在训练过程中，模型会学习短语对齐、翻译概率和语言模型等参数。

(3) 解码：一旦训练完成，SMT 系统可以对新的源语言句子进行翻译。在解码过程中，系统会搜索可能的翻译候选，然后使用模型参数来评估它们的质量，选择最佳的翻译。

(4) 参数调整：SMT 系统通常需要进行参数调整，以优化翻译质量。这可以通过手动调整参数或使用额外的特征来实现。

随着深度学习技术的发展，神经机器翻译(NMT)等方法逐渐替代了 SMT，因为它们在翻译质量和上下文理解方面具有更好的效果。不过，SMT 仍然具有历史意义，并在某些特定场景下保持有用。

5.2.2 常用的 SMT 模型与实践

SMT 使用不同类型的模型来建立源语言和目标语言之间的翻译关系。下面是一些常见的 SMT 模型。

- IBM 模型：IBM 模型是 SMT 的早期模型系列，包括 IBM Model 1～IBM Model 5。这些模型使用不同的方法来建模短语对齐和翻译概率。IBM Model 1 主要用于单词对齐，而后续的模型逐渐引入更复杂的对齐和翻译概率建模。这些模型对于 SMT 的发展起到了重要作用。
- 基于短语的模型(phrase-based models)：基于短语的模型将源语言文本划分为短语，然后使用短语级别的对应关系和翻译概率来进行翻译。这些模型在 SMT 中很常见，因为它们可以处理不同长度的短语和句子，并具有一定的上下文信息。
- 语言模型：SMT 系统通常使用语言模型来评估目标语言句子的流畅度。语言模型有助于选择最合适的翻译候选，以确保翻译结果自然流畅。
- 词对齐模型：这些模型用于确定源语言单词和目标语言单词之间的对应关系，从而生成词对齐。词对齐模型可以是隐马尔可夫模型(hidden Markov model)或其他统计方法。

- 语言模型重排序：SMT 系统还可以使用语言模型重排序(language model re-ranking)来提高翻译质量。在生成翻译候选之后，语言模型可以对这些候选进行进一步的评估和排序，从而选择最佳翻译。
- 最小错误率训练(minimum error rate training，MERT)：这是一种用于优化 SMT 系统性能的技术。它使用自动或人工生成的候选翻译来评估不同模型参数设置的性能，以选择最佳的参数配置。

在使用 SMT 模型进行机器翻译时通常需要特定的库和工具，例如 Moses，以构建和运行 SMT 系统。Moses 是一个常用的 SMT 工具包，它提供了 SMT 模型的训练和使用功能。例如下面是一个简单的例子，演示了使用 Moses 工具进行机器翻译的过程。

实例 5-1：使用 SMT 模型进行机器翻译(源码路径：daima\5\fan.py)

首先，确保已经安装了 Moses 工具包，我们可以从官方网站下载并安装 Moses。实例文件 fan.py 的具体实现代码如下：

```
import subprocess

# 设置 Moses 工具的路径
moses_path = "/path/to/moses"

# 源语言文本
source_text = "source.txt"

# 使用 Moses 进行翻译
translation_command = f"{moses_path}/bin/moses -f
/path/to/your/smt/model/moses.ini < {source_text}"
translation = subprocess.check_output(translation_command, shell=True,
encoding='utf-8')

# 打印翻译结果
print(translation)
```

在上述代码中，moses_path 指向需要安装 Moses 工具的路径，/path/to/your/smt/model/moses.ini 是训练好的 SMT 模型的配置文件的路径。translation_command 将源语言文本输入到 Moses 的命令行工具，并获取翻译结果。

下面是一些训练好的 SMT 模型的资源。

(1) Opus-MT：Opus-MT(open parallel corpus - machine translation)是一个在线平台，提供了大量不同语言对的 SMT 模型。用户可以在 Opus-MT 上找到预训练的模型，或使用其训练工具自行训练模型。

网址：http://opusmt.wz.sk/

(2) Marian NMT：Marian NMT(Neural Machine Translation)是一个用于神经机器翻译(NMT)和 SMT 的开源工具，它提供了许多语言对的预训练模型。用户可以在 Marian NMT 的模型库中找到这些模型。

网址：https://marian-nmt.github.io/models.html

(3) Apertium：Apertium 是一个开源的跨语言机器翻译平台，提供一些语言对的 SMT 模型。它的模型库包含一些双语词典和规则，以帮助进行翻译。

网址：https://www.apertium.org/

(4) WIT3：WIT3(web inventory of transcribed and translated talks)提供了一些用于机器翻译研究的 SMT 模型。这些模型通常用于研究目的，提供了一些常见语言对的数据和模型。

网址：http://www.statmt.org/wmt16/translation-task.html

(5) 云翻译 API 和服务：一些云翻译服务提供了 SMT 模型的使用。例如，亚马逊 AWS、谷歌云翻译、微软 Azure 等云平台提供了机器翻译服务，它们通常包括 SMT 和 NMT 模型。

注意： 训练好的 SMT 模型通常依赖于特定的语料库和数据，因此模型的性能和适用性可能会因语言对和领域而不同。如果用户需要特定语言对和领域的高质量翻译模型，可能需要自行训练模型。

5.2.3 SMT 的训练和解码实践

SMT 的训练和解码是 SMT 系统中的两个关键步骤，其中训练用于构建翻译模型，而解码用于将源语言文本翻译成目标语言文本。

SMT 的训练过程如下。

- 数据收集：训练 SMT 模型需要大量的双语数据，其中包括源语言文本和对应的目标语言文本。这些数据可以由人工翻译或自动对齐生成。
- 预处理：双语数据需要进行预处理，包括分词、标点符号处理、低频词处理等。此外，对齐也是一个重要的预处理步骤，用于确定源语言和目标语言句子之间的对应关系。
- 建立对应关系：在 SMT 训练中，模型需要学习源语言句子和目标语言句子之间的对应关系。这可以使用不同的方法，如 IBM 模型、短语对齐、词对齐等来实现。
- 计算翻译概率：SMT 模型会计算源语言句子到目标语言句子的翻译概率。这通常涉及统计模型的训练，其中包括翻译概率、调序概率和语言模型等参数的学习。
- 训练模型：一旦对应关系和概率模型参数学习完成，模型就可以进行训练。训练

SMT 模型通常涉及迭代优化，以改善翻译质量。

SMT 的解码过程如下。

- 输入文本：在解码过程中，用户提供源语言文本，希望将其翻译成目标语言。
- 分词和预处理：与训练过程类似，源语言文本需要进行分词和预处理，以便 SMT 系统能够理解。
- 翻译候选生成：SMT 系统使用训练好的模型参数来生成多个翻译候选。这些候选可以包括不同的翻译，以及对翻译中的单词顺序进行不同的排列。
- 翻译候选评分：每个翻译候选都会被模型评分，评估其质量。评分通常包括翻译概率、调序概率和语言模型分数等。
- 选择最佳翻译：SMT 系统会选择得分最高的翻译作为最终翻译结果。这通常基于模型评分，以确保输出的翻译质量最高。
- 输出翻译结果：最佳翻译结果会被呈现给用户作为目标语言的翻译。

SMT 的训练和解码是一个复杂而耗时的过程，通常需要使用专用工具和大规模的双语语料库。下面的例子并不涵盖完整的 SMT 训练和解码过程，仅仅提供一个基本的概念。在这个例子中，将使用 NLTK 库来模拟一个简化的 SMT 模型的训练和解码过程。需要注意，这个例子只是一个演示，并不适用于实际的翻译任务。

实例 5-2：模拟一个简化的 SMT 模型的训练和解码过程(源码路径：daima\5\xun.py)

实例文件 xun.py 的具体实现代码如下：

```
import nltk

# 模拟一些双语数据
source_sentences = ["I love cats", "She likes dogs", "He is a programmer"]
target_sentences = ["J'aime les chats", "Elle aime les chiens", "Il est programmeur"]

# 分词和预处理
source_tokens = [nltk.word_tokenize(sentence) for sentence in source_sentences]
target_tokens = [nltk.word_tokenize(sentence) for sentence in target_sentences]

# 建立对应关系(这里是一个简单的映射)
alignment = [(0, 0), (1, 1), (2, 2)]

# 训练模型
translation_model = {}
for src_idx, tgt_idx in alignment:
    for src_word, tgt_word in zip(source_tokens[src_idx], target_tokens[tgt_idx]):
        translation_model[src_word] = tgt_word

# 保存训练好的模型
```

```
import pickle
with open("translation_model.pkl", "wb") as model_file:
    pickle.dump(translation_model, model_file)

# 加载训练好的模型
with open("translation_model.pkl", "rb") as model_file:
    translation_model = pickle.load(model_file)

# 输入要翻译的文本
input_sentence = "I am a programmer"

# 分词和预处理
input_tokens = nltk.word_tokenize(input_sentence)

# 解码(复杂的对应关系映射，考虑词性)
output_tokens = [translation_model.get(token, token) for token in input_tokens]

# 构建目标语言句子
output_sentence = " ".join(output_tokens)

print("Input Sentence:", input_sentence)
print("Translated Sentence:", output_sentence)
```

对上述代码的具体说明如下。

(1) import nltk：导入 Natural Language Toolkit(NLTK)库，它是一个自然语言处理库，提供了许多文本处理工具。

(2) source_sentences 和 target_sentences：这两个列表分别包含源语言文本和目标语言文本的示例句子。这些句子是用于模拟训练 SMT 模型的双语数据。

(3) 分词和预处理：使用 NLTK 的 word_tokenize()函数将源语言和目标语言句子分词并进行基本的文本预处理。这是为了将句子拆分成单词，并使文本更容易处理。

(4) alignment：这是一个包含元组的列表，表示源语言句子和目标语言句子之间的对应关系。在示例中，它指定了哪些源语言句子对应哪些目标语言句子。

(5) 训练模型：使用 alignment 中指定的对应关系，创建一个简单的翻译模型。这个模型是一个字典，将源语言单词映射到目标语言单词。示例中的模型是非常简化的，实际的 SMT 模型要复杂得多，通常包括更多的数据和复杂的模型参数。

(6) 保存训练好的模型：使用 pickle 库将训练好的模型保存到名为 translation_model.pkl 的文件中，以备后续使用。

(7) 加载训练好的模型：从保存的文件中加载模型，以备后续使用。

(8) 输入要翻译的文本：指定一个源语言句子，这里是“I am a programmer”。

(9) 分词和预处理：对输入的源语言句子进行分词和预处理。

(10) 解码：使用加载的翻译模型，将源语言句子中的单词映射到目标语言单词。这个映射是在训练过程中学习的。

(11) 构建目标语言句子：将映射后的目标语言单词拼接成目标语言句子。

(12) 打印结果：打印输入的源语言句子和生成的目标语言句子。

总的来说，上述示例代码是一个非常简化的机器翻译模型，用于演示 SMT 的基本思想。在实际应用中，SMT 系统会使用更多的数据和复杂的模型来实现更准确的翻译。

5.3 神经机器翻译基础与实践

神经机器翻译(NMT)是一种机器翻译方法，它使用神经网络模型来进行源语言到目标语言的自动翻译。与传统的统计机器翻译(SMT)不同，NMT 采用了深度学习方法，这些方法在自然语言处理领域取得了显著的成功。

扫码看视频

5.3.1 NMT 的特点及工作流程

神经机器翻译(NMT)的特点如下。

- 端到端翻译：NMT 采用端到端的方法，将整个翻译任务作为一个单一的神经网络模型来处理，而不需要复杂的子系统，如短语对齐或翻译规则。
- 上下文感知：NMT 模型能够考虑句子中的全局信息和上下文，以更好地理解句子的语境，从而提高翻译质量。
- 参数共享：NMT 模型通常使用循环神经网络(RNN)或变换器(Transformer)等体系结构，这些结构使用共享的参数来处理不同位置的输入和输出，从而减少模型的参数数量。
- 训练数据：NMT 模型需要大规模的双语平行语料库来进行训练，这些数据包含源语言句子和对应的目标语言句子。

NMT 模型的工作原理基于神经网络的深度学习技术，下面是 NMT 模型的一般工作流程。

(1) 编码：源语言句子首先通过编码器(通常是 RNN 或 Transformer)进行编码。编码器将输入的源语言句子转化为一个上下文向量，其中包含了源语言句子的语义信息。

(2) 解码：解码器(也通常是 RNN 或 Transformer)接收上下文向量，并逐个生成目标语言单词。解码器使用上下文向量和先前生成的单词来预测下一个单词。

(3) 训练：NMT 模型通过最小化目标语言句子与实际翻译之间的差距来进行训练。这通常使用梯度下降等优化算法来实现。

(4) 生成：一旦训练完成，NMT 模型可以用于生成源语言到目标语言的翻译。给定源语言句子，模型会生成对应的目标语言句子。

NMT 模型的性能通常比传统的 SMT 模型更好，因为它能够更好地捕捉语言结构和上下文信息。这使得 NMT 在自动翻译、文本生成和其他自然语言处理任务中取得了很大的成功。一些著名的 NMT 模型包括 Google 的 GNMT(Google neural machine translation)和 Facebook 的 Fairseq 等。

5.3.2 NMT 的应用领域

NMT 在各种自然语言处理应用领域取得了显著的成功，其主要应用领域如下。

- 翻译服务：NMT 最常见的应用领域之一是语言翻译。它在将一种语言翻译成另一种语言的任务中表现出色，例如将英语翻译成法语、中文翻译成西班牙语等。这种技术已被广泛用于在线翻译服务、翻译工具和多语言网站等。
- 跨语言信息检索：NMT 有助于改进跨语言信息检索系统，使用户能够在不同语言的文档中查找信息。这对于国际化搜索引擎和知识库非常有用。
- 自动文本摘要：NMT 可用于生成文本的摘要，将长篇文章或文档缩减为更简洁的版本，有助于用户更快速地理解内容。
- 对话系统：NMT 在自然语言处理任务中有广泛应用，包括机器人对话、客户支持和虚拟助手。它可以用于实现自然流畅的对话，提供更好的用户体验。
- 语音识别和合成：NMT 不仅可以用于文本到文本的翻译，还可以用于将语音转换为文本(语音识别)和将文本转换为语音(语音合成)。这在语音助手、语音搜索和辅助听力技术中很有用。
- 多语言处理：NMT 可以用于多语言处理任务，如多语言情感分析、多语言文本分类、多语言命名实体识别等。这有助于跨国企业、国际社交媒体和国际新闻媒体更好地处理多语言数据。
- 专业领域翻译：NMT 可用于专业领域的翻译，如医学、法律、科学和技术领域。它有助于翻译专业文档和领域特定的内容。
- 机器辅助翻译：在翻译领域，NMT 也被用于机器辅助翻译(CAT)系统中，以帮助专业翻译人员提高翻译效率和质量。
- 多语言教育：NMT 可用于创建多语言教育资源，帮助学生学习外语，提供多语言教材和在线课程。

总的来说，NMT 在语言处理领域的应用非常广泛，它改进了多语言沟通和文本处理的效率和质量。目前 NMT 技术还在不断发展，也将继续在更多应用领域中发挥作用。

5.3.3 NMT 的训练和解码

NMT 的训练和解码是它的两个关键阶段，下面简要介绍这两个阶段的基本原理。

1. 训练阶段

- 数据准备：首先需要准备平行语料，即包含源语言和目标语言句子对的数据集。这些句子对将用于模型的监督训练。通常，数据预处理步骤包括分词、建立词汇表等。
- 编码器-解码器架构：NMT 模型通常采用编码器-解码器(encoder-decoder)架构。编码器负责将源语言句子编码为一个连续的表示，而解码器将这个表示解码为目标语言句子。
- 损失函数：训练 NMT 模型的目标是最小化翻译误差。通常使用交叉熵损失函数来度量模型生成的翻译与目标语言句子之间的差异。
- 反向传播和梯度下降：使用反向传播算法计算损失函数对模型参数的梯度，然后通过梯度下降算法来更新模型参数，使损失函数逐渐减小。这个过程重复进行多个周期(epochs)，直到模型收敛。
- 词嵌入：通常，训练 NMT 模型时，使用词嵌入技术将单词映射到连续的向量空间，以便模型能够处理单词。这些嵌入可以从零开始训练，也可以使用预训练的词嵌入。

2. 解码阶段

- 输入句子编码：在解码阶段，首先需要将源语言句子(待翻译句子)通过编码器编码为一个表示(通常是一个向量)。
- 解码：使用解码器来生成目标语言句子。解码器从该表示开始，并生成目标语言单词序列。在每一步，它都生成一个单词，并使用上下文信息来决定下一个要生成的单词。这个过程迭代进行，直到生成完整的目标语言句子或达到某个终止条件(例如，生成终止符号)。
- 注意力机制：许多现代 NMT 模型使用注意力机制，以便在解码过程中更好地关注源语言句子的不同部分，从而提高翻译质量。
- 翻译结果：解码器生成的目标语言句子就是翻译的结果。

NMT 模型的训练和解码是一个复杂的过程，通常需要大量的数据和计算资源。解码阶段通常会考虑生成多个候选翻译，并使用不同的技术来选择最佳翻译结果。此外，NMT 模型的性能还受到诸多超参数、模型架构和训练策略的影响。因此，NMT 研究领域一直在不断发展，以改进翻译质量和效率。

5.3.4　基于 NMT 的简易翻译系统

在本小节的内容中，将展示构建一个基于 NMT 模型的机器翻译系统的过程，包括数据准备、模型架构、训练和评估。本项目使用注意力机制来提高翻译质量，并提供了可视化工具来帮助理解模型的翻译过程。这个项目可用作机器翻译任务的起点，用户可以根据需要进行扩展和改进。

具体来说，本项目的功能概括如下。

- 数据准备：从一个包含英语句子和对应葡萄牙语翻译的数据集中获取句子对，并进行基本的数据清洗和预处理。
- 模型架构：使用编码器-解码器架构，其中编码器将输入句子编码为固定长度的向量，而解码器将该向量解码为目标语言句子。
- 词汇表：创建英语和葡萄牙语的词汇表，并为每个单词建立索引映射。
- 模型训练：通过多个训练轮次，使用批量数据来训练模型，优化模型权重以最小化翻译误差。在训练期间，使用教师强制(teacher forcing)来加速学习。
- 注意力机制：模型采用注意力机制，允许模型在翻译过程中关注输入句子的不同部分，以提高翻译质量。
- 模型评估：提供了一个评估函数，可用于输入句子并获得模型的翻译输出以及注意力权重分布。
- 随机样本预测：提供了一个函数，可以随机选择验证集中的样本，进行翻译预测并生成注意力热图，以帮助理解模型的翻译行为。

实例 5-3：综合项目：翻译系统(源码路径：daima\5\NMT-translation.ipynb)

(1) 安装 Chart Studio。本项目用到了库 Chart Studio，这是 Plotly 提供的在线图表编辑和共享平台，允许用户轻松创建、自定义、分享和部署交互式图表和数据可视化。Chart Studio 的目标是使数据可视化变得更加容易，并提供工具来探索、理解和传达数据。它与 Plotly 的 Python、R 和 JavaScript 图表库紧密集成，使用户能够轻松地将其创建的图表集成到数据科学分析和 Web 开发项目中。安装 Chart Studio 的命令如下：

```
pip install chart-studio
```

(2) 准备数据集文件。本项目使用了一个包含英语句子及其葡萄牙语翻译的数据集文件 por.txt，在文件中的每一行，文本文件包含一个英语句子及其葡萄牙语翻译，用制表符分隔。编写如下代码递归遍历保存数据集的目录 input 及其子目录中的所有文件，并将它们的完整路径打印到控制台。

```
import os
for dirname, _, filenames in os.walk('input'):
    for filename in filenames:
        print(os.path.join(dirname, filename))
```

程序执行后输出：

```
input/por.txt
```

(3) 使用 UTF-8 编码格式打开文件 por.txt，然后将文件内容按行分割，并输出文件的第5000～5010 行内容。

```
file_path = '../input/por.txt'
lines = open(file_path, encoding='UTF-8').read().strip().split('\n')
lines[5000:5010]
```

程序执行后会输出：

```
 ['Will it rain?\tSerá que chove?\tCC-BY 2.0 (France) Attribution: tatoeba.org
   #8918600 (CK) & #8930552 (JGEN)',
 'Wish me luck.\tDeseje-me sorte.\tCC-BY 2.0 (France) Attribution: tatoeba.org
   #2254917 (CK) & #872788 (alexmarcelo)',
"Won't you go?\tVocê não vai?\tCC-BY 2.0 (France) Attribution: tatoeba.org #241051
   (CK) & #6212788 (bill)",
'Write in ink.\tEscreva à tinta.\tCC-BY 2.0 (France) Attribution: tatoeba.org
   #3258764 (CM) & #7351595 (alexmarcelo)',
'Write in ink.\tEscreva a tinta.\tCC-BY 2.0 (France) Attribution: tatoeba.org
   #3258764 (CM) & #7351606 (alexmarcelo)',
'Write to Tom.\tEscreva para o Tom.\tCC-BY 2.0 (France) Attribution: tatoeba.org
   #2240357 (CK) & #5985551 (Ricardo14)',
'Years passed.\tPassaram os anos.\tCC-BY 2.0 (France) Attribution: tatoeba.org
   #282197 (CK) & #977841 (alexmarcelo)',
'Years passed.\tAnos se passaram.\tCC-BY 2.0 (France) Attribution: tatoeba.org
   #282197 (CK) & #2324530 (Matheus)',
'You amuse me.\tVocê me diverte.\tCC-BY 2.0 (France) Attribution: tatoeba.org
   #268209 (CM) & #1199960 (alexmarcelo)',
'You are late.\tVocê está atrasado.\tCC-BY 2.0 (France) Attribution: tatoeba.org
   #277403 (CK) & #1275547 (alexmarcelo)']
```

(4) 打印输出在前面代码中读取的文本文件的行数，也就是文件中的记录总数。代码如下：

```
print("total number of records: ",len(lines))
```

在上述代码中，len(lines) 返回 lines 列表的长度，也就是文件中的行数。然后通过 print() 函数将这个行数与文本消息“total number of records:”一起打印到屏幕上，以提供用户关于文件中记录数量的信息。程序执行后会输出：

```
total number of records:  168903
```

(5) 使用 Python 标准库中的 string 模块来创建两个关于文本处理的工具，分别是 exclude 和 remove_digits。这两个工具在文本处理中非常有用，例如，可以使用它们来清洗文本，去除标点符号或数字，以便进行文本分析或其他自然语言处理任务。代码如下：

```
exclude = set(string.punctuation)
remove_digits = str.maketrans('', '', string.digits)
```

(6) 定义一个名为 preprocess_eng_sentence 的函数，用于预处理英语句子，以便在自然语言处理任务中使用，如机器翻译或文本生成。代码如下：

```
def preprocess_eng_sentence(sent):
    '''Function to preprocess English sentence'''
    sent = sent.lower() # lower casing
    sent = re.sub("'", '', sent) # remove the quotation marks if any
    sent = ''.join(ch for ch in sent if ch not in exclude)
    sent = sent.translate(remove_digits) # remove the digits
    sent = sent.strip()
    sent = re.sub(" +", " ", sent) # remove extra spaces
    sent = '<start> ' + sent + ' <end>' # add <start> and <end> tokens
    return sent
```

(7) 定义一个名为 preprocess_port_sentence 的函数，用于预处理葡萄牙语句子。代码如下：

```
def preprocess_port_sentence(sent):
    '''Function to preprocess Portuguese sentence'''
    sent = re.sub("'", '', sent) # remove the quotation marks if any
    sent = ''.join(ch for ch in sent if ch not in exclude)
    #sent = re.sub("[२३०८१५७९४६]", "", sent) # remove the digits
    sent = sent.strip()
    sent = re.sub(" +", " ", sent) # remove extra spaces
    sent = '<start> ' + sent + ' <end>' # add <start> and <end> tokens
    return sent
```

(8) 创建列表 sent_pairs，其中包含了经过预处理的英语句子和葡萄牙语句子的配对。代码如下：

```
sent_pairs = []
for line in lines:
    sent_pair = []
    eng = line.rstrip().split('\t')[0]
    port = line.rstrip().split('\t')[1]
    eng = preprocess_eng_sentence(eng)
    sent_pair.append(eng)
    port = preprocess_port_sentence(port)
    sent_pair.append(port)
```

```
    sent_pairs.append(sent_pair)
sent_pairs[5000:5010]
```

程序执行后会输出：

```
[['<start> will it rain <end>', '<start> Será que chove <end>'],
['<start> wish me luck <end>', '<start> Desejeme sorte <end>'],
['<start> wont you go <end>', '<start> Você não vai <end>'],
['<start> write in ink <end>', '<start> Escreva à tinta <end>'],
['<start> write in ink <end>', '<start> Escreva a tinta <end>'],
['<start> write to tom <end>', '<start> Escreva para o Tom <end>'],
['<start> years passed <end>', '<start> Passaram os anos <end>'],
['<start> years passed <end>', '<start> Anos se passaram <end>'],
['<start> you amuse me <end>', '<start> Você me diverte <end>'],
['<start> you are late <end>', '<start> Você está atrasado <end>']]
```

(9) 定义类 LanguageIndex，用于创建一个单词到索引的映射和索引到单词的映射，以及构建语言的词汇表。这个类可以用于构建针对某种语言的索引映射，在自然语言处理任务中通常用于文本处理。代码如下：

```
class LanguageIndex():
    def __init__(self, lang):
        self.lang = lang
        self.word2idx = {}
        self.idx2word = {}
        self.vocab = set()

        self.create_index()

    def create_index(self):
        for phrase in self.lang:
            self.vocab.update(phrase.split(' '))

        self.vocab = sorted(self.vocab)

        self.word2idx['<pad>'] = 0
        for index, word in enumerate(self.vocab):
            self.word2idx[word] = index + 1

        for word, index in self.word2idx.items():
            self.idx2word[index] = word
```

在上述代码中，构造函数__init__(self, lang)接受一个参数 lang，表示要构建索引的语言。在构造函数中，会初始化 word2idx 和 idx2word 字典，以及 vocab 集合。然后调用 create_index()方法来创建索引。方法 create_index(self)用于创建单词到索引的映射和索引到单词的映射，并构建词汇表，该方法的具体步骤如下。

① 遍历语言中的每个短语(通常是句子)，并使用空格分割短语，将单词添加到 vocab 集合中，以构建词汇表。

② 对词汇表进行排序，以确保单词按照特定顺序排列。

③ 添加一个特殊的<pad>标记到 word2idx 字典中，用于填充序列(通常用于序列长度不一致的情况，例如机器翻译中的句子)。

④ 遍历词汇表中的每个单词，并将单词到索引和索引到单词的映射添加到 word2idx 和 idx2word 字典中，以构建完整的索引映射。

(10) 定义函数 max_length()，它接受一个名为 tensor 的参数，其中 tensor 通常表示一个包含多个序列的数据结构(例如，一个列表的列表)。该函数的目的是找出 tensor 中最长序列的长度。函数 max_length()的主要逻辑是使用列表推导式来遍历 tensor 中的每个序列(通常是句子或文本序列)，并计算每个序列的长度(通常是单词或字符的数量)。然后，使用 max() 函数找出这些长度中的最大值，即最长的序列的长度。

```
def max_length(tensor):
    return max(len(t) for t in tensor)
```

(11) 定义一个名为 load_dataset 的函数，其目的是加载并预处理已经清理好的输入和输出句子对，并将它们向量化成整数张量，同时构建相应的语言索引。代码如下：

```
def load_dataset(pairs, num_examples):
    # pairs => 已经创建好的清理过的输入和输出句子对

    # 使用上面定义的类来为语言建立索引
    inp_lang = LanguageIndex(en for en, ma in pairs)
    targ_lang = LanguageIndex(ma for en, ma in pairs)

    # 将输入语言和目标语言向量化

    # 英语句子
    input_tensor = [[inp_lang.word2idx[s] for s in en.split(' ')] for en, ma in pairs]

    # 马拉地语句子
    target_tensor = [[targ_lang.word2idx[s] for s in ma.split(' ')] for en, ma in pairs]

    # 计算输入和输出张量的最大长度
    # 这里，我们将它们设置为数据集中最长的句子的长度
    max_length_inp, max_length_tar = max_length(input_tensor), max_length(target_tensor)

    # 填充输入和输出张量到最大长度
    input_tensor = tf.keras.preprocessing.sequence.pad_sequences(input_tensor,
                   maxlen=max_length_inp, padding='post')

    target_tensor = tf.keras.preprocessing.sequence.pad_sequences(target_tensor,
```

```
                    maxlen=max_length_tar,  padding='post')

    return input_tensor, target_tensor, inp_lang, targ_lang, max_length_inp, max_length_tar
```

(12) 调用之前定义的函数 load_dataset()，用经过预处理的句子对(sent_pairs)作为输入，以及总句子数量(len(lines))作为参数。代码如下：

```
input_tensor, target_tensor, inp_lang, targ_lang, max_length_inp, max_length_targ
= load_dataset(sent_pairs, len(lines))
```

在上述代码中，函数 load_dataset()返回了以下值。

① input_tensor：向量化后的输入张量，其中包含了英语句子的整数表示。

② target_tensor：向量化后的目标张量，其中包含了葡萄牙语句子的整数表示。

③ inp_lang：英语语言的索引对象，用于将单词转换为整数索引。

④ targ_lang：葡萄牙语语言的索引对象，用于将单词转换为整数索引。

⑤ max_length_inp：输入张量的最大长度。

⑥ max_length_targ：目标张量的最大长度。

这些值将用于后续的自然语言处理任务，例如机器翻译或文本生成，以确保数据被正确向量化和填充。

(13) 将数据集划分为训练集和验证集，以便在训练模型时进行验证和性能评估。训练集用于训练模型，验证集用于评估模型的性能。在这里，80%的数据用于训练，20%的数据用于验证。代码如下：

```
input_tensor_train, input_tensor_val, target_tensor_train, target_tensor_val =
train_test_split(input_tensor, target_tensor, test_size=0.1, random_state = 101)

len(input_tensor_train), len(target_tensor_train), len(input_tensor_val),
len(target_tensor_val)
```

程序执行后会输出：

```
(152012, 152012, 16891, 16891)
```

(14) 设置一些模型训练时的超参数和创建数据集，尤其是在自然语言处理任务中，这些设置和数据集的创建通常用于训练神经网络模型。训练数据集的数据将被分割成批次，以便在每个训练周期中对模型进行训练。代码如下：

```
BUFFER_SIZE = len(input_tensor_train)
BATCH_SIZE = 64
N_BATCH = BUFFER_SIZE//BATCH_SIZE
embedding_dim = 256
units = 1024
vocab_inp_size = len(inp_lang.word2idx)
vocab_tar_size = len(targ_lang.word2idx)
```

```
dataset = tf.data.Dataset.from_tensor_slices((input_tensor_train,
          target_tensor_train)).shuffle(BUFFER_SIZE)
dataset = dataset.batch(BATCH_SIZE, drop_remainder=True)
```

对上述代码的具体说明如下。

① BUFFER_SIZE = len(input_tensor_train)：BUFFER_SIZE 表示数据集的缓冲区大小，它被设置为训练集的长度，用于数据集的随机化(洗牌)操作。

② BATCH_SIZE = 64：BATCH_SIZE 表示每个训练批次中的样本数量，这里设置为64，即每次训练模型时会使用 64 个样本。

③ N_BATCH = BUFFER_SIZE//BATCH_SIZE：N_BATCH 表示每个训练周期中的批次数量，它是总样本数除以批次大小的结果。

④ embedding_dim = 256：embedding_dim 表示嵌入层的维度，通常用于将整数索引转换为密集的嵌入向量。

⑤ units = 1024：units 表示模型中 RNN(循环神经网络)层的单元数量。

⑥ vocab_inp_size = len(inp_lang.word2idx)：vocab_inp_size 表示输入语言的词汇表大小，即不同单词的数量。

⑦ vocab_tar_size = len(targ_lang.word2idx)：vocab_tar_size 表示目标语言的词汇表大小，即不同单词的数量。

⑧ tf.data.Dataset.from_tensor_slices((input_tensor_train, target_tensor_train))：使用 from_tensor_slices 方法创建一个数据集，将训练集中的输入和目标张量一一对应。

⑨ .shuffle(BUFFER_SIZE)：对数据集进行随机化(洗牌)，使用 BUFFER_SIZE 作为缓冲区大小，以确保每个训练周期的数据都是随机的。

⑩ .batch(BATCH_SIZE, drop_remainder=True)：将数据集划分为批次，每个批次包含 BATCH_SIZE 个样本，drop_remainder=True 表示如果剩余不足一个批次的样本将被丢弃，以确保每个批次都有相同数量的样本。

在本项目的模型中使用的是 GRU(gated recurrent unit)，而不是 LSTM(long short-term memory)。GRU 和 LSTM 都是循环神经网络(RNN)的变种，用于处理序列数据。GRU 相对于 LSTM 更加简单，因为它合并了内部状态和输出状态，只有一个状态，而 LSTM 有两个状态(细胞状态和隐藏状态)。

(15) 定义函数 gru()，用于创建一个 GRU 层。GRU 是一种循环神经网络(RNN)的变体，常用于处理序列数据。函数 gru()接受一个参数 units，表示 GRU 层中的单元数(或隐藏状态的维度)。代码如下：

```
def gru(units):
   return tf.keras.layers.GRU(units,
                              return_sequences=True,
```

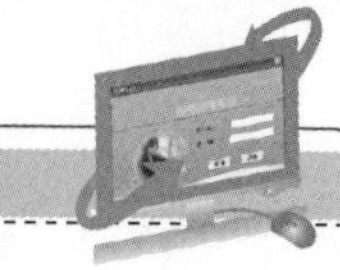


```
                    return_state=True,
                    recurrent_activation='sigmoid',
                    recurrent_initializer='glorot_uniform')
```

上述函数的目的是在神经网络模型中创建一个 GRU 层，用于处理序列数据，如文本序列或时间序列。GRU 层具有学习能力，可以捕捉序列中的信息和依赖关系，常用于自然语言处理和其他序列建模任务。

注意：在实际应用中，选择使用 GRU 而不是 LSTM 的原因通常有以下几点。

- 实现更简单：GRU 的内部结构相对较简单，只有一个状态，这使得它在实现和调试上更容易。
- 更快的训练：由于参数较少，GRU 通常在训练时速度更快，可以更快速地收敛。
- 更少的过拟合：GRU 在某些情况下对数据噪声更具有鲁棒性，因此可能更不容易过拟合。
- 较小的模型：由于参数较少，GRU 的模型大小相对较小，适合在计算资源有限的情况下使用。

选择使用 GRU 或 LSTM 通常依赖于具体任务和数据集，因为它们的性能和适用性在不同情况下可能会有所不同。在某些情况下，LSTM 可能表现更好，特别是在需要捕捉长期依赖关系的任务中。

下一步是定义编码器和解码器网络，其中编码器用于将输入的英语句子转换成隐藏状态和细胞状态，而解码器用于将这些状态转换成葡萄牙语句子。这是一个常见的序列到序列(Seq2Seq)模型结构，通常用于机器翻译等任务。

编码器的输入是英语句子，输出是 GRU 的隐藏状态和细胞状态。在神经网络中，通常使用 RNN 或 GRU 来实现编码器的功能，例如将输入序列编码为固定维度的隐藏状态。解码器则接受这些状态并生成目标语言的句子。编码器和解码器的具体实现通常需要考虑模型架构、层数、超参数等细节。

(16) 定义编码器的类，用于将输入的英语句子编码成隐藏状态。编码器是一个神经网络模型，通常采用 RNN 或 GRU 来实现。代码如下：

```
class Encoder(tf.keras.Model):
   def __init__(self, vocab_size, embedding_dim, enc_units, batch_sz):
      super(Encoder, self).__init__()
      self.batch_sz = batch_sz
      self.enc_units = enc_units
      self.embedding = tf.keras.layers.Embedding(vocab_size, embedding_dim)
      self.gru = gru(self.enc_units)
```

```
    def call(self, x, hidden):
        x = self.embedding(x)
        output, state = self.gru(x, initial_state = hidden)
        return output, state

    def initialize_hidden_state(self):
        return tf.zeros((self.batch_sz, self.enc_units))
```

下一步是定义解码器，解码器的任务是接收编码器的隐藏状态和细胞状态，以及输入的句子(通常是目标语言的句子)，然后生成输出句子。这是一个典型的序列到序列模型结构，通常用于机器翻译和其他文本生成任务。

解码器的主要工作是在每个时间步生成一个单词，同时维护自己的隐藏状态和细胞状态。通常使用 RNN 或 GRU 来实现解码器。

(17) 定义解码器类 Decoder，用于生成目标语言的句子。具体实现代码如下：

```
class Decoder(tf.keras.Model):
    def __init__(self, vocab_size, embedding_dim, dec_units, batch_sz):
        super(Decoder, self).__init__()
        self.batch_sz = batch_sz
        self.dec_units = dec_units
        self.embedding = tf.keras.layers.Embedding(vocab_size, embedding_dim)
        self.gru = gru(self.dec_units)
        self.fc = tf.keras.layers.Dense(vocab_size)

        # 用于注意力机制
        self.W1 = tf.keras.layers.Dense(self.dec_units)
        self.W2 = tf.keras.layers.Dense(self.dec_units)
        self.V = tf.keras.layers.Dense(1)

    def call(self, x, hidden, enc_output):

        hidden_with_time_axis = tf.expand_dims(hidden, 1)

        # 得分的形状 == (批次大小, 最大长度, 1)
        # 我们在最后一个轴上得到 1，因为我们将 tanh(FC(EO) + FC(H)) 应用于 self.V
        score = self.V(tf.nn.tanh(self.W1(enc_output) + self.W2(hidden_with_time_axis)))

        # 注意力权重的形状 == (批次大小, 最大长度, 1)
        attention_weights = tf.nn.softmax(score, axis=1)

        # 上下文向量的形状在求和后 == (批次大小, 隐藏大小)
        context_vector = attention_weights * enc_output
        context_vector = tf.reduce_sum(context_vector, axis=1)

        # 通过嵌入层后 x 的形状 == (批次大小, 1, 嵌入维度)
        x = self.embedding(x)
```

```
        # 在连接后 x 的形状 == (批次大小, 1, 嵌入维度 + 隐藏大小)
        x = tf.concat([tf.expand_dims(context_vector, 1), x], axis=-1)

        # 将连接后的向量传递给 GRU
        output, state = self.gru(x)

        # 输出的形状 == (批次大小 * 1, 隐藏大小)
        output = tf.reshape(output, (-1, output.shape[2]))

        # 输出的形状 == (批次大小 * 1, 词汇表大小)
        x = self.fc(output)

        return x, state, attention_weights

    def initialize_hidden_state(self):
        return tf.zeros((self.batch_sz, self.dec_units))
```

上述解码器类的主要功能是在每个时间步生成目标语言的单词，同时维护隐藏状态、注意力权重和上下文向量。这是一个典型的序列到序列模型的解码器部分。

(18) 分别创建编码器和解码器的实例，将它们初始化为相应的类，并传递一些参数。代码如下：

```
encoder = Encoder(vocab_inp_size, embedding_dim, units, BATCH_SIZE)
decoder = Decoder(vocab_tar_size, embedding_dim, units, BATCH_SIZE)
```

这两个实例将被用于构建机器翻译模型，其中编码器用于将英语句子编码成隐藏状态，而解码器用于生成目标语言的句子。接下来，可以通过训练这个模型来实现机器翻译任务。

(19) 定义优化器(optimizer)和损失函数(loss function)，用于训练机器翻译模型。代码如下：

```
optimizer = tf.optimizers.Adam()

def loss_function(real, pred):
    mask = 1 - np.equal(real, 0)
    loss_ = tf.nn.sparse_softmax_cross_entropy_with_logits(labels=real, logits=pred) * mask
    return tf.reduce_mean(loss_)
```

上述损失函数 loss_function(real, pred)通常用于训练序列到序列模型，其中模型生成序列数据(如机器翻译)，并需要优化以最小化生成序列与目标序列之间的差异。Adam 优化器将使用此损失函数来更新模型的权重以最小化损失，从而使模型更好地匹配目标数据。

(20) 创建检查点(checkpoint)，用于在训练过程中保存模型的权重和优化器的状态，以便稍后恢复模型的训练或使用。代码如下：

```
checkpoint_dir = './training_checkpoints'
checkpoint_prefix = os.path.join(checkpoint_dir, "ckpt")
checkpoint = tf.train.Checkpoint(optimizer=optimizer,
                                 encoder=encoder,
                                 decoder=decoder)
```

在训练过程中，可以使用这个检查点对象来定期保存模型的状态，以便稍后恢复或部署模型。这对于长时间的模型训练非常有用，因为可以随时保存模型状态，以防止训练中断或出现问题。

(21) 执行模型的训练循环，训练机器翻译模型，具体实现代码如下：

```
EPOCHS = 10

for epoch in range(EPOCHS):
    start = time.time()

    hidden = encoder.initialize_hidden_state()
    total_loss = 0

    for (batch, (inp, targ)) in enumerate(dataset):
        loss = 0

        with tf.GradientTape() as tape:
            enc_output, enc_hidden = encoder(inp, hidden)

            dec_hidden = enc_hidden

            dec_input = tf.expand_dims([targ_lang.word2idx['<start>']] * BATCH_SIZE, 1)

            # 教师强制 - 将目标作为下一个输入
            for t in range(1, targ.shape[1]):
                # 将编码器输出传递给解码器
                predictions, dec_hidden, _ = decoder(dec_input, dec_hidden, enc_output)

                loss += loss_function(targ[:, t], predictions)

                # 使用教师强制
                dec_input = tf.expand_dims(targ[:, t], 1)

        batch_loss = (loss / int(targ.shape[1]))

        total_loss += batch_loss

        variables = encoder.variables + decoder.variables

        gradients = tape.gradient(loss, variables)
```

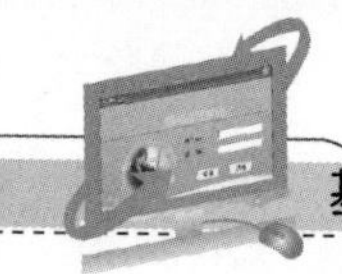


```
    optimizer.apply_gradients(zip(gradients, variables))

    if batch % 100 == 0:
        print('Epoch {} Batch {} Loss {:.4f}'.format(epoch + 1,
                                                     batch,
                                                     batch_loss.numpy()))
# 在每次训练循环完成后，保存当前模型的状态
checkpoint.save(file_prefix = checkpoint_prefix)

print('Epoch {} Loss {:.4f}'.format(epoch + 1,
                                    total_loss / N_BATCH))
print('Time taken for 1 epoch {} sec\n'.format(time.time() - start))
```

上述循环重复执行 10 轮，每一轮都使用数据集的批次进行前向传播、反向传播和参数更新，以训练模型。这是一个标准的训练循环，用于训练序列到序列模型。程序执行后会输出：

```
Epoch 1 Batch 0 Loss 1.9447
Epoch 1 Batch 100 Loss 1.2724
Epoch 1 Batch 200 Loss 1.1861
Epoch 1 Batch 300 Loss 1.0276
Epoch 1 Batch 400 Loss 0.9159
Epoch 1 Batch 500 Loss 0.8936
Epoch 1 Loss 0.7260
Time taken for 1 epoch 1474.7117013931274 sec
//省略部分输出结果
Epoch 10 Batch 2100 Loss 0.1063
Epoch 10 Batch 2200 Loss 0.1099
Epoch 10 Batch 2300 Loss 0.1381
Epoch 10 Loss 0.0840
Time taken for 1 epoch 1455.937628030777 sec
```

(22) 从指定的检查点目录中恢复模型的状态，这个步骤对于在训练中断或需要保存/加载模型状态时非常有用，因为它允许你保持训练进度，而无须重新训练整个模型。代码如下：

```
checkpoint.restore(tf.train.latest_checkpoint(checkpoint_dir))
```

程序执行后会输出：

```
<tensorflow.python.training.tracking.util.CheckpointLoadStatus at 0x7f6798ba34d0>
```

(23) 定义用于评估(推理)机器翻译模型的函数 evaluate()，它接受一些输入并返回翻译结果、输入句子和注意力权重。这个函数的主要作用是将输入序列通过编码器和解码器进行翻译，同时捕捉注意力权重，以便后续可视化。函数返回翻译结果、输入句子和注意力权重，以对模型的性能进行评估。代码如下：

```
def evaluate(inputs, encoder, decoder, inp_lang, targ_lang, max_length_inp,
    max_length_targ):

    attention_plot = np.zeros((max_length_targ, max_length_inp))
    sentence = ''
    for i in inputs[0]:
        if i == 0:
            break
        sentence = sentence + inp_lang.idx2word[i] + ' '
        sentence = sentence[:-1]

    inputs = tf.convert_to_tensor(inputs)

    result = ''

    hidden = [tf.zeros((1, units))]
    enc_out, enc_hidden = encoder(inputs, hidden)

    dec_hidden = enc_hidden
    dec_input = tf.expand_dims([targ_lang.word2idx['<start>']], 0)

    for t in range(max_length_targ):
        predictions, dec_hidden, attention_weights = decoder(dec_input, dec_hidden, enc_out)

        # storing the attention weights to plot later on
        attention_weights = tf.reshape(attention_weights, (-1, ))
        attention_plot[t] = attention_weights.numpy()

        predicted_id = tf.argmax(predictions[0]).numpy()

        result += targ_lang.idx2word[predicted_id] + ' '

        if targ_lang.idx2word[predicted_id] == '<end>':
            return result, sentence, attention_plot

        # the predicted ID is fed back into the model
        dec_input = tf.expand_dims([predicted_id], 0)

    return result, sentence, attention_plot
```

(24) 定义函数 predict_random_val_sentence()，用于从验证集中随机选择一个样本，进行模型的预测，并可视化注意力权重。代码如下：

```
def predict_random_val_sentence():
    actual_sent = ''
    k = np.random.randint(len(input_tensor_val))
```

```
    random_input = input_tensor_val[k]
    random_output = target_tensor_val[k]
    random_input = np.expand_dims(random_input,0)
    result, sentence, attention_plot = evaluate(random_input, encoder, decoder,
       inp_lang, targ_lang, max_length_inp, max_length_targ)
    print('Input: {}'.format(sentence[8:-6]))
    print('Predicted translation: {}'.format(result[:-6]))
    for i in random_output:
       if i == 0:
          break
    actual_sent = actual_sent + targ_lang.idx2word[i] + ' '
    actual_sent = actual_sent[8:-7]
    print('Actual translation: {}'.format(actual_sent))
    attention_plot = attention_plot[:len(result.split(' '))-2,
       1:len(sentence.split(' '))-1]
    sentence, result = sentence.split(' '), result.split(' ')
    sentence = sentence[1:-1]
    result = result[:-2]

    # use plotly to generate the heat map
    trace = go.Heatmap(z = attention_plot, x = sentence, y = result, colorscale='greens')
    data=[trace]
    iplot(data)
```

上述函数的主要作用是随机选择一个验证集样本，对其进行翻译，并可视化注意力权重，以帮助理解模型在特定样本上的表现。这有助于评估模型的质量和了解模型的翻译行为。

(25) 函数 predict_random_val_sentence()用于随机选择一个验证集样本，进行模型的预测，并可视化注意力权重。它将打印输入句子、模型的翻译结果和实际目标句子，并显示一个注意力热图，以帮助理解模型在随机选择样本上的表现。代码如下：

```
predict_random_val_sentence()
```

执行函数 predict_random_val_sentence()后会绘制一个注意力热图(heat map)，这个热图显示了模型在翻译时对输入句子中每个单词的注意力权重分布，如图 5-1 所示。

具体来说，热图的 x 轴表示输入句子的单词，y 轴表示模型生成的输出句子的单词。在热图中，每个单元格的颜色表示模型在生成输出时对相应输入单词的注意力程度，颜色越深表示注意力越集中。通过这个热图，可以看到模型在翻译过程中对输入的哪些部分进行了更多的关注，以帮助生成正确的输出。这种可视化有助于理解模型的翻译行为和注意力分布。

程序执行后会输出翻译结果：

```
Input: tom spoke with me about you
Predicted translation: Tom falou comigo sobre você
Actual translation: Tom me falou de você
```

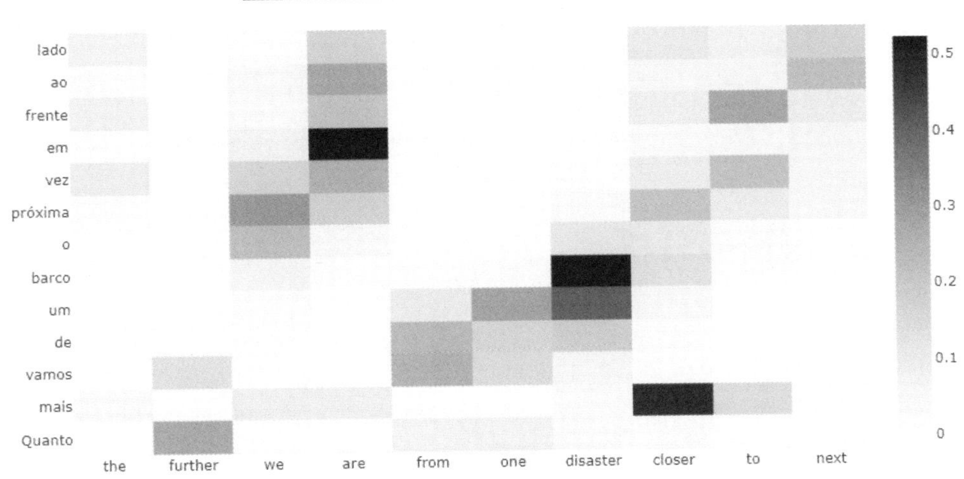

图 5-1　注意力热图(1)

(26) 再次执行函数 predict_random_val_sentence()，它会选择一个随机的验证集样本，进行模型的预测，并生成注意力热图。代码如下：

```
predict_random_val_sentence()
```

执行函数 predict_random_val_sentence()后会绘制注意力热图，如图 5-2 所示。这个可视化热力图可以帮助我们了解模型的翻译效果以及模型在不同单词上的注意力分布。每次运行 predict_random_val_sentence() 都会选择不同的验证集样本，因此你可以多次运行以查看不同的结果。这有助于评估模型的性能和了解其翻译行为。

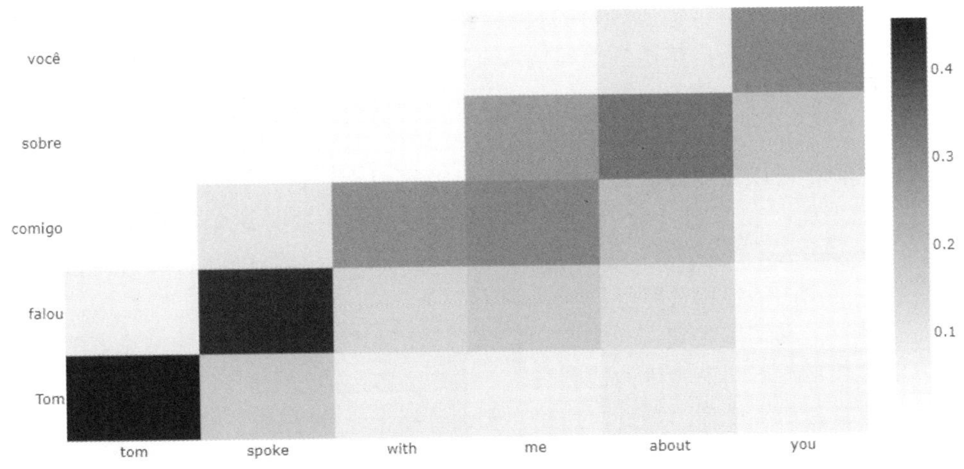

图 5-2　注意力热图(2)

程序执行后会输出翻译结果：

```
Input: the pain was more than tom could stand
Predicted translation: A dor estava mais alto do que Tom podia ficar
Actual translation: A dor era mais do que Tom podia suportar
```

5.4 跨语言情感分析

跨语言情感分析是一种技术，旨在识别和理解文本或语音中的情感内容，而且可以应用于多种不同的语言。这个技术通常用于文本分析、社交媒体监测、客户反馈分析、情感驱动的广告等领域，以了解人们在不同语境和文化中的情感倾向。

扫码看视频

5.4.1 跨语言情感分析介绍

跨语言情感分析(cross-lingual sentiment analysis)是一种自然语言处理(NLP)技术，旨在识别和分析文本中的情感内容，同时能够应用于多种不同语言的文本数据。该技术有助于了解不同文化和语言背景中人们的情感倾向，从而为企业、研究机构和社交媒体分析者提供有关产品、服务、事件或话题的情感反馈。下面是关于跨语言情感分析的一些关键信息。

- 多语言支持：跨语言情感分析的主要特点是其能够处理多种不同语言的文本。这使其适用于国际化市场和社交媒体监测，无论是在全球范围内还是针对多语种社交媒体平台。
- 情感分类：跨语言情感分析的任务是将文本分为积极、消极或中性等情感类别。这通常涉及使用自然语言处理技术来提取文本中的情感特征并预测情感类别。
- 机器学习和深度学习：为了实现跨语言情感分析，通常使用机器学习和深度学习技术，如卷积神经网络(CNN)和循环神经网络(RNN)，以训练模型进行情感分类。这些模型可以在多种语言上进行训练，从而具有跨语言能力。
- 特征工程：在情感分析中，文本特征工程至关重要。这包括将文本进行标记化(tokenization)、词干化(stemming)、去停用词(stopword removal)等预处理步骤，以提取文本的情感相关特征。
- 情感词汇和情感字典：建立多语言情感词汇和情感字典是一种常见方法，可以帮助模型理解不同语言中的情感表达。这些字典包括与不同情感相关的词汇和短语。
- 跨语言预训练模型：最近，跨语言预训练模型，如 BERT-Multilingual，已经成为跨语言情感分析的有力工具。这些模型经过在多语言数据上的预训练，能够在多种语言中执行多 NLP 任务，包括情感分析。

跨语言情感分析的应用领域包括社交媒体监测、全球品牌管理、市场调查、政治舆论分析等。这项技术有助于组织更好地理解不同地区和语言中消费者、用户或公众对其产品、服务或品牌的情感反馈，从而制定更有效的战略和决策。

5.4.2 跨语言情感分析的挑战

跨语言情感分析面临多种挑战，主要涉及语言差异、文化差异和情感表达的多样性。下面是一些常见的挑战。

- 语言多样性：不同语言拥有不同的语法结构、词汇、语气和表达方式，因此情感分析模型需要能够适应各种语言。在一种语言上训练的模型可能无法直接应用于另一种语言，因此需要跨语言适应性。
- 情感词汇的差异：不同语言中的情感词汇可能有不同的情感极性和强度。某个词汇在一种语言中可能表达积极情感，而在另一种语言中可能表达消极情感。这需要建立多语言情感词汇资源。
- 文化差异：文化因素会影响情感的表达方式和诠释。某种表情或表述在一个文化中可能被视为积极，但在另一个文化中可能有不同的含义。因此，需要考虑文化因素，以更准确地进行情感分析。
- 数据不平衡：情感分析任务通常受到数据不平衡的挑战，即某些情感类别的数据比其他类别的数据更丰富。这可能会导致模型在较少见的情感类别上性能不佳。
- 多语言数据的获取：收集和标注多语言情感分析的训练数据是一项具有挑战性的任务。这需要大量的多语言文本数据，并且需要进行人工标注以指定情感标签。
- 翻译错误：如果采用翻译方法进行跨语言情感分析，翻译错误可能会导致情感分析的不准确性。翻译质量对分析结果有重大影响。
- 多语种情感规范化：不同语言中可能没有一致的情感规范，因此需要通过开发技术来将多语种情感分析结果进行规范化，以便进行比较和综合分析。
- 低资源语言：对于一些较少见的语言，可能缺乏大规模的训练数据和情感资源，这使得跨语言情感分析更具有挑战性。

解决上述挑战需要采用多种方法，包括开发跨语言情感词汇资源、改进跨语言预训练模型、考虑文化因素、提高翻译质量以及深入研究多语种数据收集和标注方法。跨语言情感分析的持续研究和发展有助于克服这些挑战，从而更准确地理解和分析多语言情感数据。

5.4.3 跨语言情感分析实践演练

在现实应用中，用于跨语言情感分析的常见方法和技术如下。

- ❑ 机器学习模型：使用机器学习技术，如自然语言处理中的循环神经网络、卷积神经网络和递归神经网络，可以训练模型来自动分析文本中的情感。这些模型可以针对不同语言进行训练，以实现跨语言情感分析。
- ❑ 翻译和多语言字典：有一种方法是首先将文本翻译成通用语言(如英语)，然后在该语言基础上进行情感分析。这种方法可能会引起翻译错误和文化差异，但对于某些语言可能是有效的。
- ❑ 多语言情感词典：创建和维护多语言情感词典，其中包含与情感相关的词汇和短语，以帮助在多种语言中进行情感分析。这需要大量的语言资源和词汇知识。
- ❑ 跨语言预训练模型：近年来，出现了一些跨语言预训练模型，如多语言 BERT (BERT-Multilingual)，它们可以在多种语言中执行多 NLP 任务，包括情感分析。

请看下面的例子，其功能是对酒店评论数据进行分析和可视化，以了解客户对酒店的情感评价、评论的主题特点以及不同情感类别的分布趋势。这个例子的主要功能包括以下内容。

- ❑ 数据清洗和准备：加载酒店评论数据，去除无用字符和空值，对评论进行预处理，包括情感分析。
- ❑ 词云可视化：生成词云图，展示评论中出现频率最高的单词，以了解客户关注的关键词和主题。
- ❑ 情感分析：对评论进行情感分析，将情感极性编码为正向、中性和负向，以分析不同情感类别的分布。
- ❑ 时间序列分析：分析评论情感随时间的变化趋势，了解客户对酒店的情感评价是否随时间有变化。
- ❑ 地点分析：分析不同地点的评论情感，了解哪些地点受到客户好评，哪些地点需要改进。

本项目的可视化和分析功能有助于酒店管理者或公司了解客户的情感反馈，找出客户关注的主题和趋势，以改进产品或服务，并做出战略决策。

实例 5-4：某酒店用户情感分析系统(源码路径：daima\5\hotel.ipynb)

(1) 导入多个用于数据分析、可视化和自然语言处理的 Python 库，具体实现代码如下：

```
import pandas as pd
import numpy as np

import matplotlib.pyplot as plt
import seaborn as sns

from textblob import TextBlob
```

```
import warnings
warnings.filterwarnings("ignore")

from wordcloud import WordCloud
```

(2) 打开数据集文件，清理 Review 列中的文本数据，去除不需要的字符和字符串，以便进行下一步的文本分析和处理。代码如下：

```
df = pd.read_csv("/kaggle/input/hotel-reviews/Data Analyst - Test Data - US.csv")
df['Review'] = df['Review'].str.replace('\n', '')
df['Review'] = df['Review'].str.replace('Read more', '')
df['Review'] = df['Review'].str.replace('Read less', '')
```

对上述代码的具体说明如下。

① 通过 pd.read_csv()函数从文件/kaggle/input/hotel-reviews/Data Analyst - Test Data - US.csv 中读取一个 CSV 文件，并将其加载到名为 df 的 Pandas 数据框中。

② 使用.str.replace()方法将 df 数据框中的 Review 列中的所有换行符(\n)替换为空字符串，从而删除换行符。

③ 使用.str.replace()方法将 Review 列中的所有出现的 Read more 字符串替换为空字符串，从而删除 Read more。

④ 使用.str.replace()方法将Review列中的所有出现的Read less字符串替换为空字符串，从而删除 Read less。

(3) 使用库 TextBlob 对给定的文本进行情感分析，具体实现代码如下：

```
TextBlob("I was very impressed with the resort. Great staff at the main resort pool
bar! We had a blast with them. Clean, professional staff, great location and very
reasonable!").sentiment
```

TextBlob 通过 sentiment 属性返回情感分析的结果，这个属性通常返回以下两个值。

- 极性(polarity)：表示文本的情感倾向，可以是正面、负面或中性。极性通常在-1～1 之间，其中 1 表示积极，-1 表示消极，0 表示中性。
- 主观性(subjectivity)：表示文本的主观性程度，可以是非常客观到非常主观的范围。主观性通常在 0～1 之间，其中 0 表示非常客观，1 表示非常主观。

程序执行后会输出：

```
Sentiment(polarity=0.5142857142857143, subjectivity=0.6304761904761905)
```

(4) 定义一个生成词云图的函数 wc()，接受三个参数：data(文本数据)、bgcolor(词云的背景颜色)和 title(词云图的标题)。这个函数可以生成词云图，用于可视化文本数据中最常见的单词，背景颜色和标题可以根据需要自定义。要调用这个函数，用户需要传递包含文本数据的 data，指定背景颜色 bgcolor，并为词云图指定一个标题 title。代码如下：

```
def wc(data,bgcolor,title):
    plt.figure(figsize = (50,50))
    wc = WordCloud(background_color = bgcolor, max_words = 2000, random_state=42,
       max_font_size = 50)
    wc.generate(' '.join(data))
    plt.imshow(wc)
    plt.axis('off')
```

函数 wc()的主要功能如下。

① 创建一个大尺寸的图形窗口，以便绘制词云图。

② 使用 WordCloud 对象创建一个词云，设置背景颜色、最大单词数、随机种子和最大字体大小等参数。

③ 通过 wc.generate(' '.join(data))生成词云，其中 data 是文本数据，通过' '.join(data)将文本数据连接成一个字符串。

④ 使用 plt.imshow(wc)显示生成的词云图。

⑤ 使用 plt.axis('off')将坐标轴关闭，以便只显示词云图而不显示坐标轴。

(5) 使用 df.head(5)来查看数据框(DataFrame)df 的前五行数据，它将显示数据框中的前五行记录，以便我们可以快速查看数据的样本。代码如下：

```
df.head(5)
```

程序执行后会输出：

```
    Review   date Location
0   I was very impressed with the resort. Great st...   2019/08/20   Sebastian
1   The rooms were nice the outside needs work als...   2019/08/20   Los Angeles
2   Great location! I have stayed at this hotel on...   2019/08/20   Georgia
3   The hotel was adequate for my stay. The strips...   2019/08/20   NaN
4   Great location, room was large and spacious. P...   2019/08/19   Palm Harbor
```

(6) 对数据框 df 中的 date 列执行日期时间转换操作，将其转换为 Pandas 的日期时间对象。具体来说，它使用 pd.to_datetime()函数，通过传递 format='mixed'参数来尝试解析日期时间数据。但是 mixed 并不是一个有效的日期时间格式，通常需要提供实际的日期时间格式字符串。代码如下：

```
df['date'] = pd.to_datetime(df['date'], format='mixed')
df.head(5)
```

程序执行后会输出：

```
    Review   date Location
0   I was very impressed with the resort. Great st...   2019-08-20   Sebastian
1   The rooms were nice the outside needs work als...   2019-08-20   Los Angeles
2   Great location! I have stayed at this hotel on...   2019-08-20   Georgia
```

```
3   The hotel was adequate for my stay. The strips...  2019-08-20   NaN
4   Great location, room was large and spacious. P...  2019-08-19   Palm Harbor
```

(7) 使用 df.shape 返回一个包含两个元素的元组，第一个元素表示数据框的行数(记录数)，第二个元素表示数据框的列数(特征数)。代码如下：

```
df.shape
```

程序执行后会输出：

```
(6448, 3)
```

(8) 使用 df.isna().sum()检查数据框 df 中的缺失值，具体来说，它返回一个包含每列中缺失值数量的 Pandas Series，这对于识别数据中缺失的信息非常有用。代码如下：

```
df.isna().sum()
```

程序执行后会输出：

```
Review       55
date          0
Location   4737
dtype: int64
```

(9) 使用 df.dropna(subset=['Review'])删除数据框 df 中 Review 列中包含缺失值的行，并将删除后的数据框重新赋给 df。虽然这一操作将会移除 Review 列中包含缺失值的行，但会使数据更加干净。代码如下：

```
df = df.dropna(subset=['Review'])
df.isna().sum()
```

程序执行后会输出：

```
Review        0
date          0
Location   4688
dtype: int64
```

(10) 再次使用 df.shape 返回数据框的行数(记录数)和列数(特征数)，具体实现代码如下：

```
df.shape
```

程序执行后会输出：

```
(6393, 3)
```

(11) 创建两个空列表 polarity 和 subjectivity，然后遍历数据框 df 中 Review 列的值。对于每个文本评论，它使用 TextBlob 库进行情感分析，分别计算极性(polarity)和主观性(subjectivity)。代码如下：

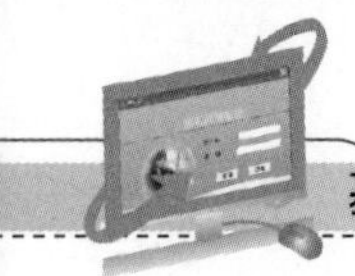


```
polarity=[]
subjectivity=[]
for i in df['Review'].values:
    try:
        analysis =TextBlob(i)
        polarity.append(analysis.sentiment.polarity)
        subjectivity.append(analysis.sentiment.subjectivity)

    except:
        polarity.append(0)
        subjectivity.append(0)
```

最终，在 polarity 和 subjectivity 列表中存储了每个评论的情感分析结果，这些结果可以用于进一步地分析或可视化。极性表示评论的情感倾向(正面、负面或中性)，主观性表示评论的主观性程度。这些值可以帮助我们了解评论的情感倾向和主观性。

(12) 将之前计算得到的情感极性(polarity)和主观性(subjectivity)的值分别添加到数据框 df 中作为新的列。代码如下：

```
df['polarity']=polarity
df['subjectivity']=subjectivity
```

通过执行这两行代码，可以成功地将情感分析的结果与原始评论数据关联，使其成为数据框的一部分。这样，用户可以进一步分析或可视化评论的情感极性和主观性。

(13) 创建一个词云图，用于可视化 df 数据框中的评论文本。代码如下：

```
filtered_reviews = df['Review']

text = ' '.join(filtered_reviews)

wordcloud = WordCloud(width=800, height=400, background_color='black').generate(text)

plt.figure(figsize=(10, 5))
plt.imshow(wordcloud, interpolation='bilinear')
plt.title("Word Cloud")
plt.axis('off')
plt.show()
```

对上述代码的具体说明如下。

① 从 df 数据框中选择名为 Review 的列，并将其存储在名为 filtered_reviews 的变量中。

② 使用' '.join(filtered_reviews)将所有评论文本连接成一个单独的文本字符串，存储在名为 text 的变量中。

③ 创建一个 WordCloud 对象，设置词云的宽度、高度和背景颜色。词云的宽度为 800 像素，高度为 400 像素，背景颜色为黑色。

④ 使用.generate(text)方法生成词云，其中 text 是包含所有评论文本的字符串。

⑤ 创建一个绘图窗口，设置图形的大小为(10, 5)。

⑥ 使用 plt.imshow(wordcloud, interpolation='bilinear') 显示生成的词云图，其中 wordcloud 是词云对象，interpolation='bilinear'用于平滑图像的显示。

⑦ 使用 plt.title("Word Cloud")设置图形的标题为“Word Cloud”。

⑧ 使用 plt.axis('off')关闭坐标轴，以便只显示词云图，而不显示坐标轴。

⑨ 使用 plt.show()显示词云图。

程序执行后将生成一个漂亮的词云图，其中包含了评论文本中最常见的单词，并以黑色背景呈现，如图 5-3 所示。这有助于可视化评论的主题和关键词。如果需要进一步地自定义或分析词云图，可以根据需要进行修改。

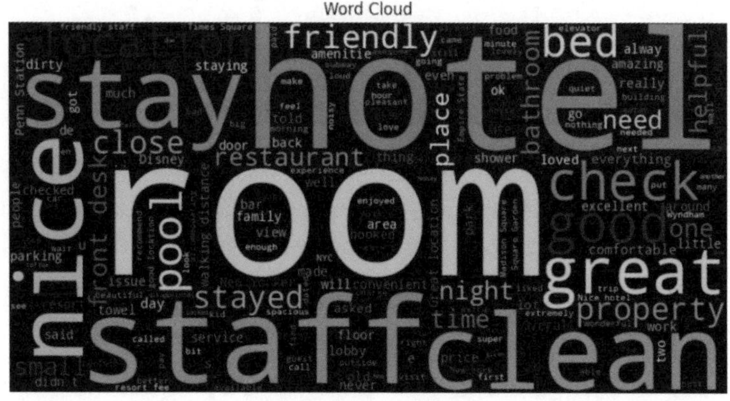

图 5-3　词云图

由此可见，影响顾客情绪最常见的词汇包括：清洁、舒适、友好、乐于助人、极好、位置、员工、房间、设施、游泳池和早餐。这表明客人通常对酒店的清洁度、舒适度和设施感到满意。他们还赞赏友好和乐于助人的员工。酒店的位置也是一个优点，游泳池和早餐同样备受好评。

(14) 选择数据框 df 中满足条件 polarity > 0 的前五行数据，同时仅保留 Review、date、Location、polarity 和 subjectivity 列的信息。这意味着只选择具有积极情感极性的评论，并显示这些评论的相关信息。代码如下：

```
df[['Review','date','Location','polarity','subjectivity']][df.polarity>0].head(5)
```

程序执行后会输出：

```
   Review   date Location polarity subjectivity
0  I was very impressed with the resort. Great st...   2019-08-20   Sebastian
   0.514286 0.630476
```

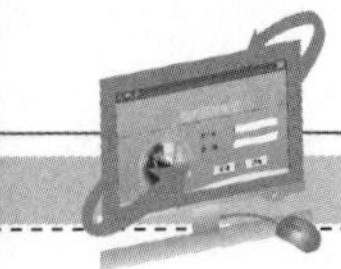

```
1    The rooms were nice the outside needs work als...  2019-08-20   Los Angeles
     0.250000 0.558333
2    Great location! I have stayed at this hotel on...  2019-08-20   Georgia
     0.378788 0.423737
3    The hotel was adequate for my stay. The strips...  2019-08-20   NaN
     0.102222 0.485556
4    Great location, room was large and spacious. P...  2019-08-19   Palm Harbor
     0.404524 0.522381
```

(15) 生成一个基于具有积极情感极性评论的词云图，以可视化这些积极评论中最常见的单词。代码如下：

```
filtered_reviews = df[df['polarity'] > 0]['Review']

text = ' '.join(filtered_reviews)

wordcloud = WordCloud(width=800, height=400,
background_color='black').generate(text)

plt.figure(figsize=(10, 5))
plt.imshow(wordcloud, interpolation='bilinear')
plt.title("Positive")
plt.axis('off')
plt.show()
```

程序执行后会生成一个以黑色背景为基础的积极评论的词云图，如图 5-4 所示。

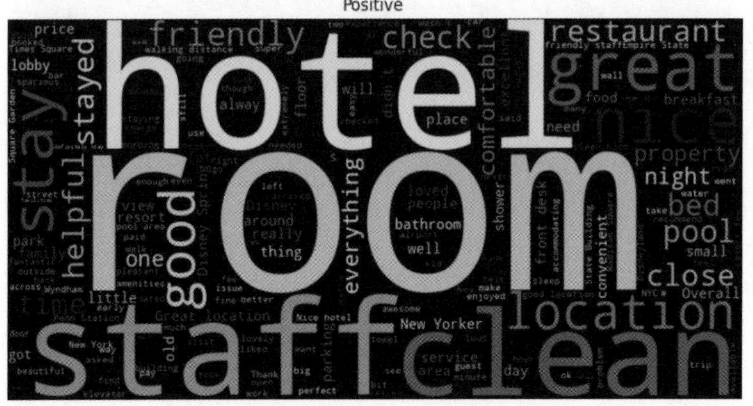

图 5-4　积极评论的词云图

由此可见，高频出现的积极词汇有：房间、酒店、员工、极好、乐于助人、友好、清洁、不错、好、位置。这意味着留下这些评论的酒店游客总体上有积极的体验，一些被积极提到的酒店方面包括员工、客房、设施和位置。我们可以从词云中得出以下具体的结论。

① 酒店员工友好而乐于助人。

② 酒店客房干净且舒适。

③ 酒店提供了各种设施，受到客人的赞赏，如游泳池和餐厅。

④ 酒店位于便利的位置。

(16) 选择数据框 df 中满足条件 polarity > 0.8 的前五行数据，并且仅保留 Review、date、Location、polarity 和 subjectivity 列的信息。这意味着只选择具有极高积极情感极性的评论，并显示这些评论的相关信息。代码如下：

```
df[['Review','date','Location','polarity','subjectivity']][df.polarity>0.8].head(5)
```

在上述代码中，df[['Review','date','Location','polarity','subjectivity']] 选择了 Review、date、Location、polarity 和 subjectivity 列，然后通过 df.polarity > 0.8 这个条件进行过滤，以选择具有极高积极情感极性的评论。最后，使用.head(5)来获取满足条件的前五行数据，以查看具有极高积极情感的评论以及与其相关的日期、位置和情感分析信息的前五条记录。程序执行后会输出：

```
    Review   date Location polarity subjectivity
180 Great hotel! Room was wonderful and the pools ...  2019-08-03   Palm Island,
Florida  0.833333 0.883333
188 Everything was perfect, the staff and faciliti...  2019-08-02   NaN
    0.900000 0.866667
191 Excellent facilities. Great for families or co...  2019-08-01   NaN
    0.900000 0.875000
195 All good! We are very happy and the joy is in ...  2019-08-01   NaN
    0.958333 0.600000
265 Beautiful place, great memories, a must visit ...  2019-07-26   NaN
    0.825000 0.875000
```

(17) 生成一个基于具有极高积极情感极性评论的词云图，以可视化这些高度积极的评论中最常见的单词。代码如下：

```
filtered_reviews = df[df['polarity'] > 0.8]['Review']

text = ' '.join(filtered_reviews)

wordcloud = WordCloud(width=800, height=400,
background_color='black').generate(text)

plt.figure(figsize=(10, 5))
plt.imshow(wordcloud, interpolation='bilinear')
plt.title("Highly Positive")
plt.axis('off')
plt.show()
```

程序执行后会生成一个以黑色背景为基础的高度积极评论词云图，可以帮助我们可视化高度积极评论中的关键词和主题，如图 5-5 所示。

图 5-5　高度积极评论词云图

由此可见，在高度积极的评论中高频出现的词汇有：位置、酒店、员工、极好、优秀、房间、美丽、一切、令人印象深刻。这表明留下这些评论的酒店游客总体上有积极的体验，一些被积极提到的酒店方面包括员工、客房、设施和位置。

(18) 选择数据框 df 中满足条件 polarity < 0 的前五行数据，并且仅保留 Review、date、Location、polarity 和 subjectivity 列的信息。这意味着只选择具有负面情感极性的评论，并显示这些评论的相关信息。代码如下：

```
df[['Review','date','Location','polarity','subjectivity']][df.polarity<0].head(5)
```

程序执行后会输出：

```
    Review   date Location polarity subjectivity
18  It was great for what we needed, a place to sl...  2019-08-19   NaN
    -0.044444    0.554861
32  Rooms very dirty and aged. Breakfast was of po...  2019-08-17   NaN
    -0.337857    0.535714
46  This property is advertised as being renovated...  2019-08-14
    Pennsylvania -0.226717    0.552424
56  The rooms are terribly small, almost claustrop...  2019-08-13   NaN
    -0.430556    0.563889
63  I liked everything except the smoking by the p...  2019-08-12   San
Antonio,TX   -0.155000    0.833333
```

(19) 生成一个基于具有负面情感极性的评论词云图，以可视化这些负面评论中最常见的单词。代码如下：

```
filtered_reviews = df[df['polarity']<0]['Review']

filtered_reviews = filtered_reviews.astype(str)

text = ' '.join(filtered_reviews)

wordcloud = WordCloud(width=800, height=400,
background_color='black').generate(text)

plt.figure(figsize=(10, 5))
plt.imshow(wordcloud, interpolation='bilinear')
plt.title("All Negative")
plt.axis('off')
plt.show()
```

对上述代码的具体说明如下。

① 通过 df['polarity'] < 0 条件过滤数据框 df，选择具有负面情感极性的评论。这将返回一个包含满足条件的行的子数据框，其中包含 Review 列的评论。

② 将 filtered_reviews 的数据类型转换为字符串，以确保文本是字符串类型。

③ 使用' '.join(filtered_reviews)将这些满足条件的评论连接成一个单独的文本字符串，存储在名为 text 的变量中。

④ 创建一个 WordCloud 对象，设置词云的宽度、高度和背景颜色。词云的宽度为 800 像素，高度为 400 像素，背景颜色为黑色。

⑤ 创建一个绘图窗口，设置图形的大小为(10, 5)。

⑥ 使用 plt.imshow(wordcloud, interpolation='bilinear')显示生成的负面评论的词云图，其中 wordcloud 是词云对象，interpolation='bilinear'用于平滑图像的显示。

⑦ 使用 plt.title("All Negative")设置图形的标题为“All Negative”，表示这是所有负面评论的词云图。

⑧ 使用 plt.axis('off')关闭坐标轴，以便只显示词云图，而不显示坐标轴。

⑨ 使用 plt.show()显示词云图。

执行上述代码后会生成一个以黑色背景为基础的所有负面评论的词云图，可以帮助我们可视化负面评论中的关键词和主题，如图 5-6 所示。

由此可见，高频出现的负面评论词汇有：房间、酒店、床、夜晚、小、肮脏、逗留、检查、员工、浴室。根据上面的词云，可以得出以下结论。

① 酒店客房状况不佳。

② 酒店客房不干净。

③ 酒店客房小而拥挤。

④ 酒店员工粗鲁且不乐于助人。

⑤ 服务质量差。

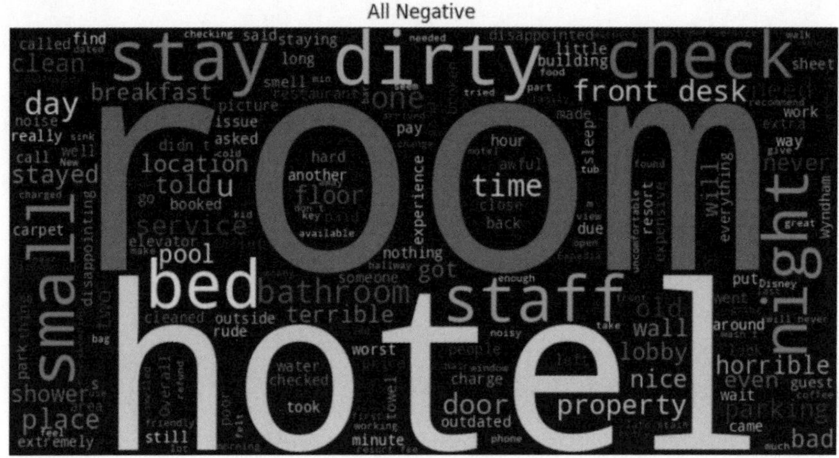

图 5-6　所有负面评论的词云图

(20) 选择数据框 df 中满足条件 polarity < −0.5 的前五行数据，并且仅保留 Review、date、Location、polarity 和 subjectivity 列的信息。这意味着只选择具有极低负面情感极性的评论，并显示这些评论的相关信息。代码如下：

```
df[['Review','date','Location','polarity','subjectivity']][df.polarity<-0.5].head(5)
```

在上述代码中，df[['Review','date','Location','polarity','subjectivity']]选择 Review、date、Location、polarity 和 subjectivity 列，然后通过 df.polarity < −0.5 这个条件进行过滤，以选择具有极低负面情感极性的评论。最后，使用 .head(5) 来获取满足条件的前五行数据，以查看具有极低负面情感的评论以及与其相关的日期、位置和情感分析信息的前五条记录。程序执行后会输出：

```
    Review   date Location polarity subjectivity
290 Very dirty! Dirty Far away Dirty Dirty Did I s...   2019-07-24   NaN
    -0.545833    0.866667
541 Horrible service, tight space and poor conditi...   2019-07-02   Miami
    -0.526190    0.628571
551 The room floor was dirty & sticky, and bath sh...   2019-07-02   NaN
    -0.600000    0.800000
569 I came 8 pm to chek in. It took the lady about...   2019-06-30   NaN
    -0.520000    0.780000
617 This property is dated and the room was worn (...   2019-06-25   NaN
    -0.520000    1.000000
```

(21) 生成一个基于具有极低负面情感极性的评论词云图，以可视化这些高度负面评论中最常见的单词。代码如下：

```
filtered_reviews = df[df['polarity']<-0.5]['Review']

filtered_reviews = filtered_reviews.astype(str)

text = ' '.join(filtered_reviews)

wordcloud = WordCloud(width=800, height=400,
background_color='black').generate(text)

plt.figure(figsize=(10, 5))
plt.imshow(wordcloud, interpolation='bilinear')
plt.title("Highly Negative")
plt.axis('off')
plt.show()
```

程序执行后会生成一个以黑色背景为基础的高度负面评论的词云图，可以帮助我们可视化高度负面评论中的关键词和主题，如图 5-7 所示。

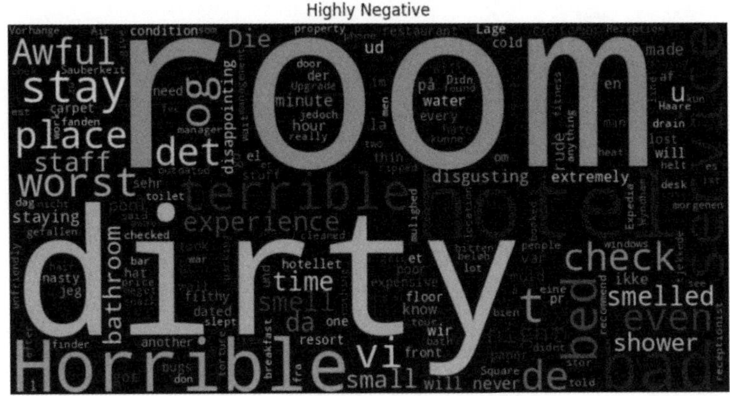

图 5-7　高度负面评论的词云图

由此可见，高频出现的负面评论词汇有：房间、脏、可怕、酒店、服务、差、床。根据这些词汇，可以得出以下结论。

① 酒店客房状况不佳。

② 房间不干净。

③ 客人体验可怕。

④ 酒店的服务质量不佳。

⑤ 床的舒适度不好。

这些词汇反映了客户的不满和投诉，可能是酒店改进的方向。

(22) 选择数据框 df 中满足条件 polarity == 0 的前五行数据，并且仅保留 Review、date、Location、polarity 和 subjectivity 列的信息。这意味着只选择情感极性为中立的评论，并显示这些评论的相关信息。代码如下：

```
df[['Review','date','Location','polarity','subjectivity']][df.polarity==0].head(5)
```

程序执行后会输出：

```
Review   date Location polarity subjectivity
6   Old. Musty. Motel. Bath need an update asap !...   2019-08-19   NaN 0.0 0.0
23  基本的に問題なしでした。清潔で防音も普通な方で、水回りも清潔でシャワーの水圧も問題なしです...   2019-08-18   NaN 0.0  0.0
31  Les chambres familiales sont pratiques (nous é...  2019-08-17   Montréal 0.0
    0.0
47  Vétuste mérite un sacré rafraîchissement Empl...   2019-08-14   Toulon   0.0
    0.0
49  El aire acondicionado goteaba y la alfombra es...  2019-08-14   NaN 0.0  0.0
```

(23) 生成一个基于情感中立的评论词云图，以可视化这些中立评论中最常见的单词。代码如下：

```
filtered_reviews = df[df['polarity']==0]['Review']

filtered_reviews = filtered_reviews.astype(str)

text = ' '.join(filtered_reviews)

wordcloud = WordCloud(width=800, height=400,
background_color='black').generate(text)

plt.figure(figsize=(10, 5))
plt.imshow(wordcloud, interpolation='bilinear')
plt.title("Neutral")
plt.axis('off')
plt.show()
```

程序执行后会生成一个以黑色背景为基础的情感中立评论的词云图，可以帮助我们可视化中立评论中的关键词和主题，如图 5-8 所示。

(24) 选择数据框 df 中满足条件 subjectivity <= 0.2 的前五行数据，并且仅保留 Review、date、Location、polarity 和 subjectivity 列的信息。这意味着只选择主观性非常低的评论，并显示这些评论的相关信息。代码如下：

```
df[['Review','date','Location','polarity','subjectivity']][df.subjectivity<=0.2].head(5)
```

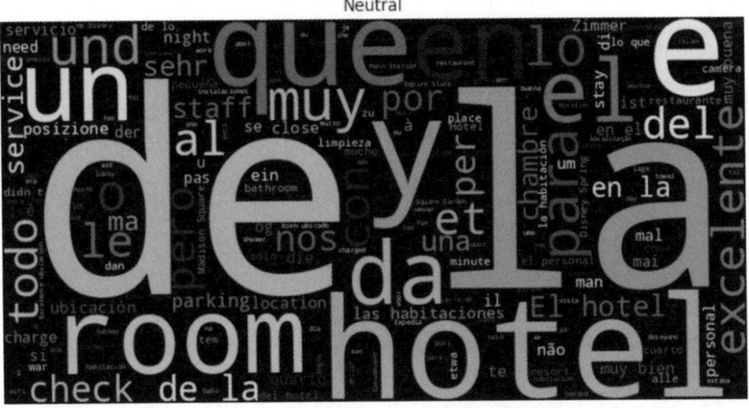

图 5-8 情感中立评论的词云图

程序执行后会输出：

```
   Review   date Location polarity subjectivity
6   Old. Musty. Motel. Bath need an update asap !...   2019-08-19   NaN 0.0  0.0
23  基本的に問題なしでした。 清潔で防音も普通な方で、水回りも清潔でシャワーの水圧も問題なしで
す...   2019-08-18   NaN  0.0  0.0
31  Les chambres familiales sont pratiques (nous é...  2019-08-17   Montréal 0.0
    0.0
47  Vétuste mérite un sacré rafraîchissement Empl...   2019-08-14   Toulon   0.0
    0.0
49  El aire acondicionado goteaba y la alfombra es...  2019-08-14   NaN  0.0  0.0
```

(25) 生成一个基于主观性非常低的评论词云图，以可视化这些高度客观的评论中最常见的单词。代码如下：

```
filtered_reviews = df[df['subjectivity']<=0.2]['Review']

filtered_reviews = filtered_reviews.astype(str)

text = ' '.join(filtered_reviews)

wordcloud = WordCloud(width=800, height=400,
background_color='black').generate(text)

plt.figure(figsize=(10, 5))
plt.imshow(wordcloud, interpolation='bilinear')
plt.title("Highly Factual")
plt.axis('off')
plt.show()
```

程序执行后会生成一个以黑色背景为基础的高度客观评论的词云图，可以帮助我们可视化高度客观评论中的关键词和主题，如图 5-9 所示。

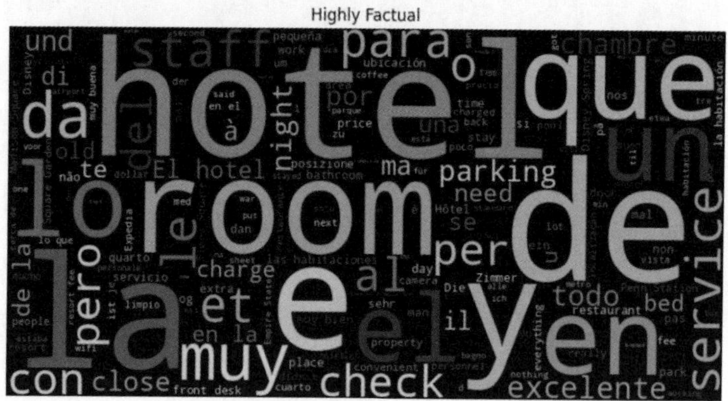

图 5-9　高度客观评论的词云图

(26) 选择数据框 df 中满足条件 subjectivity > 0.8 的前五行数据，并且仅保留 Review、date、Location、polarity 和 subjectivity 列的信息。这意味着只选择主观性非常高的评论，并显示这些评论的相关信息。代码如下：

```
df[['Review','date','Location','polarity','subjectivity']][df.subjectivity>0.8]
.head(5)
```

程序执行后会输出：

```
    Review   dateLocation polarity subjectivity
7   Loved the layout of the hotel and the relaxing...  2019-08-19   NaN
    0.266667 0.866667
12  Location was great, lobby area was nice but ro...  2019-08-19   NaN
    0.700000 0.875000
22  Awesome location, easy access to sights and su...  2019-08-18   NaN
    0.716667 0.916667
63  I liked everything except the smoking by the p...  2019-08-12   San
Antonio,TX   -0.155000    0.833333
72  Everything was great. When we walked into the ...  2019-08-12   Corinth
    0.790000 0.875000
```

(27) 生成一个基于主观性非常高的评论词云图，以可视化这些高度主观性的评论中最常见的单词。代码如下：

```
filtered_reviews = df[df['subjectivity']>0.8]['Review']

filtered_reviews = filtered_reviews.astype(str)
```

```
text = ' '.join(filtered_reviews)

wordcloud = WordCloud(width=800, height=400,
background_color='black').generate(text)

plt.figure(figsize=(10, 5))
plt.imshow(wordcloud, interpolation='bilinear')
plt.title("Highly Opinionated")
plt.axis('off')
plt.show()
```

对上述代码的具体说明如下。

① 通过 df['subjectivity'] > 0.8 条件过滤数据框 df，选择主观性非常高的评论。这将返回一个包含满足条件的行的子数据框，其中包含 Review 列的评论。

② 将 filtered_reviews 的数据类型转换为字符串，以确保文本是字符串类型。

③ 使用' '.join(filtered_reviews)将这些满足条件的评论连接成一个单独的文本字符串，存储在名为 text 的变量中。

④ 创建一个 WordCloud 对象，设置词云的宽度、高度和背景颜色。词云的宽度为 800 像素，高度为 400 像素，背景颜色为黑色。

⑤ 创建一个绘图窗口，设置图形的大小为(10, 5)。

⑥ 使用 plt.imshow(wordcloud, interpolation='bilinear')显示生成的高度主观评论的词云图，其中 wordcloud 是词云对象，interpolation='bilinear'用于平滑图像的显示。

⑦ 使用 plt.title("Highly Opinionated")设置图形的标题为“Highly Opinionated”，表示这是高度主观评论的词云图。

⑧ 使用 plt.axis('off')关闭坐标轴，以便只显示词云图，而不显示坐标轴。

⑨ 使用 plt.show()显示词云图。

程序执行后会生成一个以黑色背景为基础的高度主观性评论的词云图，这有助于了解哪些评论包含了许多主观观点和情感表达，如图 5-10 所示。

(28) 下面的代码执行了时间序列分析，其中数据被分成了 2018 年和 2019 年两个子数据框，并计算了每天的情感极性均值，然后绘制情感随时间的变化图表。

```
df_2018 = df[df['date'].dt.year == 2018]
df_2019 = df[df['date'].dt.year == 2019]
date_sentiment = df.groupby(df['date'].dt.date)['polarity'].mean()

plt.figure(figsize=(12, 6))
date_sentiment.plot()
plt.title('Sentiment Over Time')
plt.xlabel('Date')
plt.ylabel('Mean Sentiment')
```

```
plt.grid(True)
plt.show()
```

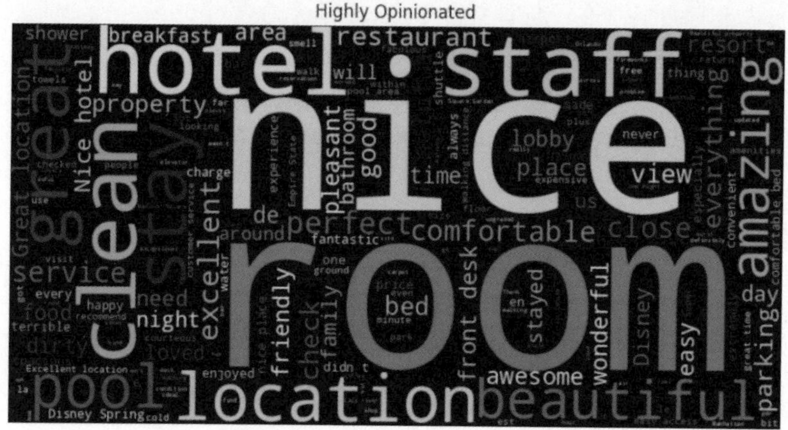

图 5-10　高度主观性评论的词云图

对上述代码的具体说明如下。

① 使用 df[df['date'].dt.year == 2018]和 df[df['date'].dt.year == 2019]分别创建两个子数据框 df_2018 和 df_2019，用于分别存储 2018 年和 2019 年的数据。

② 使用 df.groupby(df['date'].dt.date)['polarity'].mean()计算每天的情感极性均值，这将创建一个时间序列，其中日期是索引，情感极性均值是对应的值。

③ 创建一个图形窗口，设置图形的大小为(12, 6)，以准备绘制情感随时间的变化图表。

④ 使用 date_sentiment.plot()绘制情感随时间的变化图表，其中 date_sentiment 包含了日期和情感均值的信息。

⑤ 使用 plt.title('Sentiment Over Time')设置图表的标题为“Sentiment Over Time”，表示这是情感随时间的变化图表。

⑥ 使用 plt.xlabel('Date')和 plt.ylabel('Mean Sentiment')分别设置 x 轴和 y 轴的标签，表示日期和情感均值。

⑦ 使用 plt.grid(True)打开图表的网格线。

⑧ 使用 plt.show()显示绘制好的情感随时间的变化图表，如图 5-11 所示。

上述代码的目的是可视化情感随时间的变化趋势，从而了解客户对产品或服务的情感变化。图表显示了情感均值随日期的波动情况，以及是否存在明显的趋势。这对于了解产品或服务在不同时间段的受欢迎程度和客户满意度非常有帮助。根据上面绘制的情感随时间的变化图表，可以得出以下结论。

① 总体情感是积极的，情感均值大于 0。

② 情感随时间逐渐增加，但存在一些波动。

③ 情感均值最高出现在 2019 年 9 月，而最低情感均值出现在 2018 年 11 月。

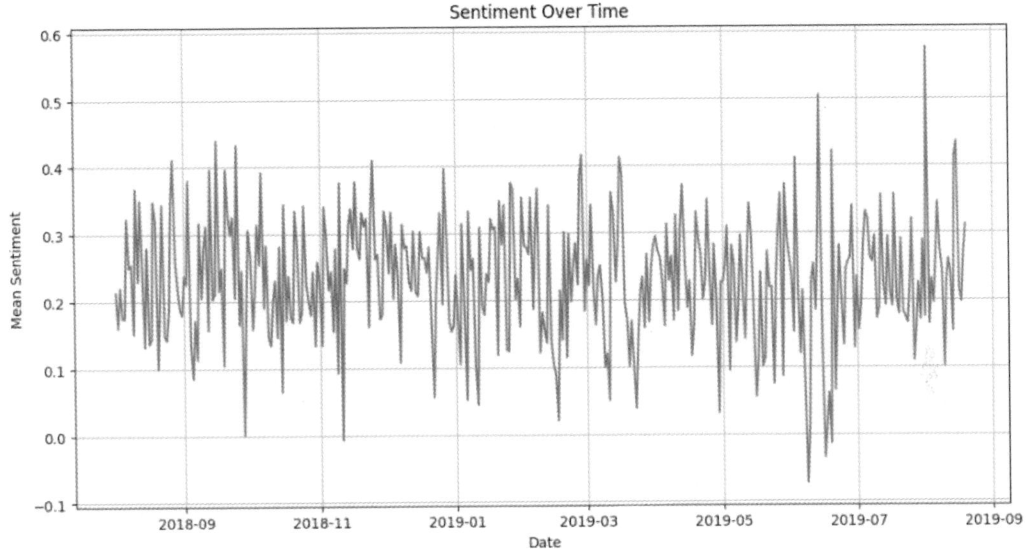

图 5-11　情感随时间的变化图

这些结论表明，整体上，针对产品或服务的情感是积极的，且随时间逐渐增加。然而，情感存在一些波动，可能受到特定时间段或事件的影响。总体来说，客户对产品或服务的情感呈现出积极趋势，这是一个积极的发展迹象。

(29) 通过下面的代码进行时间序列分析时，专门针对 2018 年的数据进行情感随时间的变化图表绘制。

```
date_sentiment_2018 = df_2018.groupby(df_2018['date'].dt.date)['polarity'].mean()

plt.figure(figsize=(12, 6))
date_sentiment_2018.plot()
plt.title('Sentiment Over Time (2018)')
plt.xlabel('Date')
plt.ylabel('Mean Sentiment')
plt.grid(True)
plt.show()
```

对上述代码的具体说明如下。

① 使用 df_2018 这个子数据框，选择 2018 年的数据，即 df[df['date'].dt.year == 2018]。

② 使用 df_2018.groupby(df_2018['date'].dt.date)['polarity'].mean()计算 2018 年每天的情感极性均值，这将创建一个时间序列，其中日期是索引，情感极性均值是对应的值。

③ 创建一个图形窗口，设置图形的大小为(12, 6)，以准备绘制 2018 年情感随时间的变化图表。

④ 使用 date_sentiment_2018.plot()绘制 2018 年情感随时间的变化图表，其中 date_sentiment_2018 包含日期和情感均值的信息。

⑤ 使用 plt.title('Sentiment Over Time (2018)')设置图表的标题为“Sentiment Over Time (2018)”，表示这是 2018 年情感随时间的变化图表。

⑥ 使用 plt.xlabel('Date')和 plt.ylabel('Mean Sentiment')分别设置 x 轴和 y 轴的标签，表示日期和情感均值。

⑦ 使用 plt.grid(True)打开图表的网格线。

⑧ 使用 plt.show()显示绘制好的 2018 年情感随时间的变化图表，如图 5-12 所示。

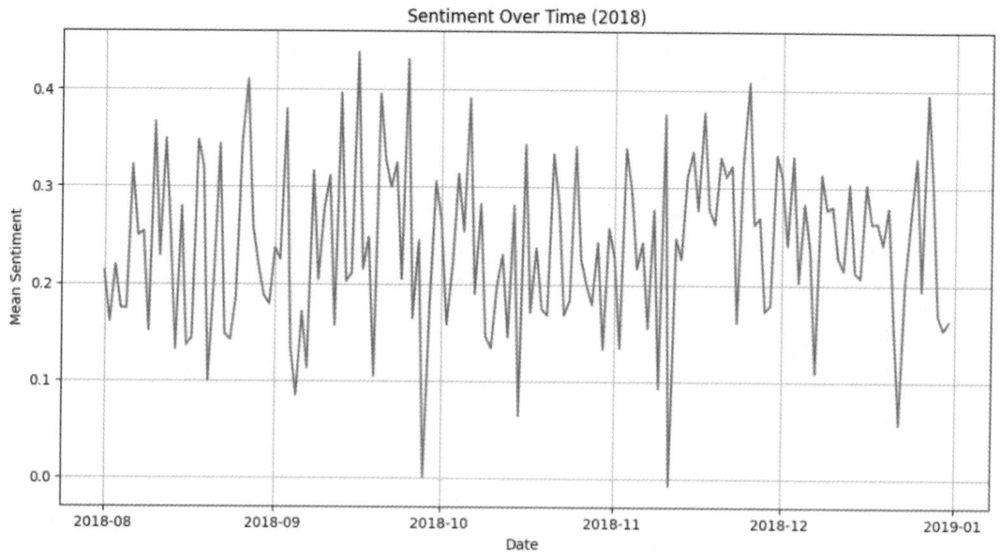

图 5-12　2018 年情感随时间的变化图

根据上述可视化图表可以得出以下结论。

① 2018 年整体上情感是积极的，但存在一些波动。

② 情感均值在 2018 年 9 月达到最高点，而在 2018 年 11 月达到最低点。

③ 公司的整体情感是积极的，这是一个积极的迹象。

④ 公司能够在一段时间内保持积极的情感，尽管存在一些波动。

这些结论表明，公司在 2018 年内大体上保持了积极的客户情感，尽管可能会受到季节性或事件性因素的影响。保持积极的客户情感有助于维护客户忠诚度和业绩。

(30) 通过以下代码进行时间序列分析时，专门针对 2019 年的数据进行了情感随时间的变化图表绘制。

```
date_sentiment_2019 = df_2019.groupby(df_2019['date'].dt.date)['polarity'].mean()

plt.figure(figsize=(12, 6))
date_sentiment_2019.plot()
plt.title('Sentiment Over Time (2019)')
plt.xlabel('Date')
plt.ylabel('Mean Sentiment')
plt.grid(True)
plt.show()
```

程序执行后会绘制 2019 年情感随时间的变化图，如图 5-13 所示。

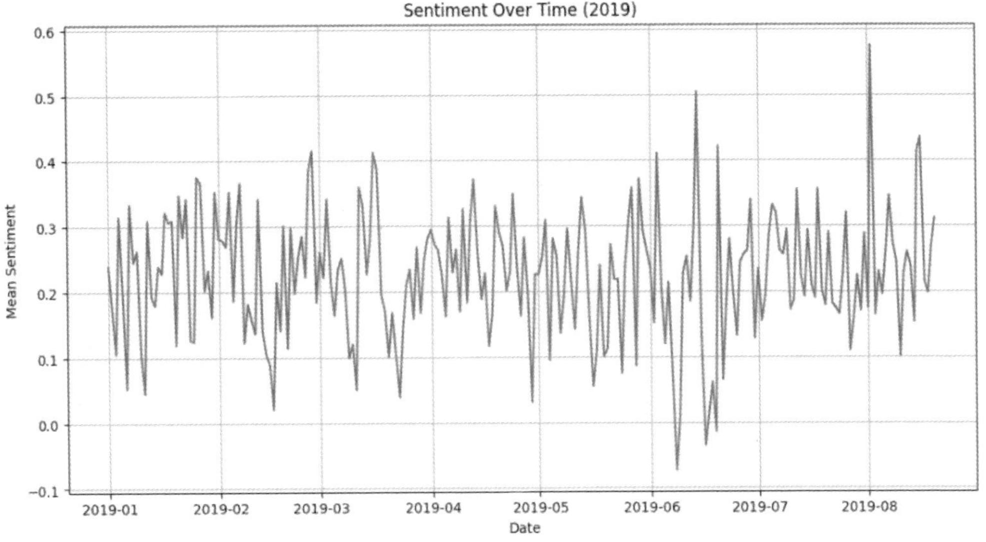

图 5-13　2019 年情感随时间的变化图

总的来说，在 2019 年的前 8 个月里，酒店的客人对他们的体验感到满意，大部分时间内情感均值都保持在正数水平以上。然而，在 1～8 月期间，情感均值略微下降。

这一结论表明，酒店的客人在 2019 年的初期经历中感到满意，大部分时间内他们对酒店的评价都是积极的。不过，在年初到 8 月期间，可能存在一些情感上的波动，这可能受到季节性或特定事件的影响。综合来看，客户的整体满意度是积极的，但需要留意情感波动的原因。这些观察结果对于改进服务和满足客户需求非常有价值。

(31) 分析不同地点的评论情感均值，并将其按照从高到低排序，然后选择情感均值最高的前 10 个地点和情感均值最低的前 10 个地点，最后绘制这些地点的情感均值的水平条形图。代码如下：

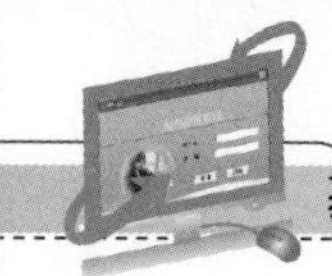


```
location_sentiment = df.groupby('Location')['polarity'].mean()

location_sentiment = location_sentiment.sort_values()

top = location_sentiment.tail(10)
bottom = location_sentiment.head(10)

new_locations = pd.concat([top, bottom])

plt.figure(figsize=(10, 6))
new_locations.plot(kind='barh')
plt.title('Mean Sentiment Across Locations (Top 10 and Bottom 10)')
plt.xlabel('Mean Sentiment')
plt.ylabel('Location')
plt.show()
```

这段代码的目的是通过可视化不同地点的评论情感均值，以了解客户对不同地点的满意度。水平条形图显示了顶部 10 个和底部 10 个地点的情感均值，可以用于比较不同地点之间的客户情感评价。这有助于酒店或公司了解哪些地点在客户满意度方面表现出色，哪些需要改进。

上述代码的实现流程如下。

① 使用 df.groupby('Location')['polarity'].mean()对数据框 df 进行分组，计算每个地点的评论情感极性均值。这将创建一个包含地点和情感均值的数据框。

② 使用 location_sentiment.sort_values()将地点按照情感均值从低到高进行排序。

③ 使用 location_sentiment.tail(10)选择情感均值最高的前 10 个地点，即排名前 10 的地点。

④ 使用 location_sentiment.head(10)选择情感均值最低的前 10 个地点，即排名最低的地点。

⑤ 使用 pd.concat([top, bottom])将情感均值最高的前 10 个地点和情感均值最低的前 10 个地点合并成一个新的数据框 new_locations。

⑥ 创建一个图形窗口，设置图形的大小为(10, 6)，以准备绘制水平条形图。

⑦ 使用 new_locations.plot(kind='barh')绘制水平条形图，其中 kind='barh'表示绘制水平条形图。

⑧ 使用 plt.title('Mean Sentiment Across Locations (Top 10 and Bottom 10)')设置图表的标题为“Mean Sentiment Across Locations (Top 10 and Bottom 10)”，表示这是顶部 10 个和底部 10 个地点的情感均值水平对比图。

⑨ 使用 plt.xlabel('Mean Sentiment')和 plt.ylabel('Location')分别设置 x 轴和 y 轴的标签，表示情感均值和地点。

⑩ 使用 plt.show()显示绘制好的水平条形图，如图 5-14 所示。

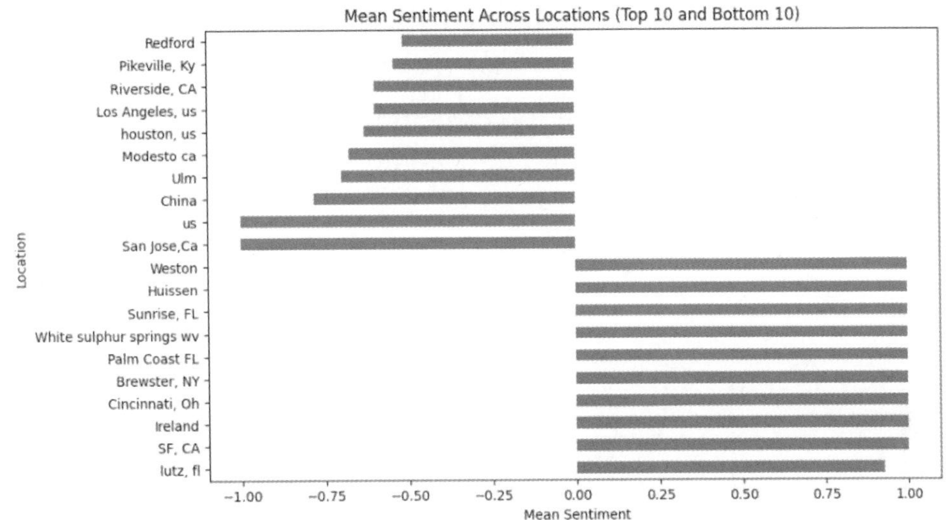

图 5-14 顶部 10 个和底部 10 个地点的情感均值的水平条形图

根据显示不同地点情感均值的图表，可以得出以下结论。

① 情感均值在 Redford, Utah 地点最高，在 White Sulphur Springs, West Virginia 地点最低。

② 总体而言，美国的地点情感均值要高于其他国家的地点。

③ 不同地点的情感均值存在较大范围的变化，一些城市情感非常积极，而其他城市情感非常消极。

这些观察结果对于了解不同地点的客户满意度和情感评价非常有帮助，有助于公司或酒店采取措施来改进服务和满足客户需求，尤其是在情感均值较低的地点。

(32) 对 2018 年不同地点的评论情感均值进行分析，类似之前的代码，只是这次是专门针对 2018 年的数据。

```
location_sentiment_2018 = df_2018.groupby('Location')['polarity'].mean()
location_sentiment_2018 = location_sentiment_2018.sort_values()

top_2018 = location_sentiment_2018.tail(10)
bottom_2018 = location_sentiment_2018.head(10)

new_locations_2018 = pd.concat([top_2018, bottom_2018])

# 创建条形图以比较 2018 年选定地点的情感分析结果
plt.figure(figsize=(10, 6))
```

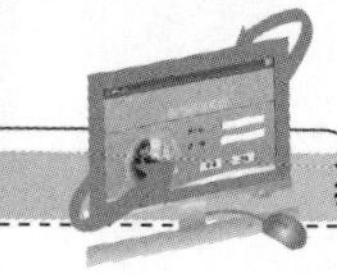


```
new_locations_2018.plot(kind='barh')
plt.title('Mean Sentiment Across Locations in 2018 (Top 10 and Bottom 10)')
plt.xlabel('Mean Sentiment')
plt.ylabel('Location')
plt.show()
```

这段代码的目的是分析 2018 年不同地点的评论情感均值，以了解客户对不同地点的满意度。如图 5-15 所示的水平条形图显示了 2018 年顶部 10 个和底部 10 个地点的情感均值，有助于比较不同地点之间的客户情感评价。

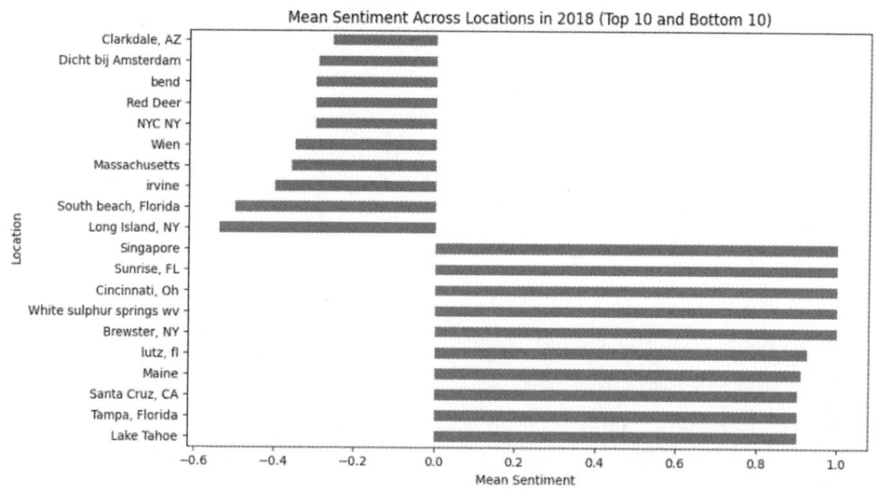

图 5-15　2018 年的水平条形图

(33) 下面的代码与前面的代码类似，不同之处在于它是专门针对 2019 年的数据进行的情感均值分析。

```
location_sentiment_2019 = df_2019.groupby('Location')['polarity'].mean()
location_sentiment_2019 = location_sentiment_2019.sort_values()

top_2019 = location_sentiment_2019.tail(10)
bottom_2019 = location_sentiment_2019.head(10)

new_locations_2019 = pd.concat([top_2019, bottom_2019])

# 创建条形图以比较 2019 年选定地点的情感分析结果
plt.figure(figsize=(10, 6))
new_locations_2019.plot(kind='barh')
plt.title('Mean Sentiment Across Locations in 2018 (Top 10 and Bottom 10)')
plt.xlabel('Mean Sentiment')
plt.ylabel('Location')
plt.show()
```

这段代码的目的是分析2019年不同地点的评论情感均值，以了解客户对不同地点的满意度。水平条形图显示了2019年顶部10个和底部10个地点的情感均值，有助于比较不同地点之间的客户情感评价。

(34) 使用 df.polarity.hist(bins=50)绘制一个直方图，用来展示评论情感极性(polarity)的分布。代码如下：

```
df.polarity.hist(bins=50)
```

绘制直方图有助于了解评论情感极性的分布情况，以及是否存在某些情感值的集中趋势。直方图通常展示了数据的分布形状，包括分散程度和集中趋势。在这里，直方图显示了评论情感极性的分布情况，以便更好地理解客户对产品或服务的情感评价，如图5-16所示。

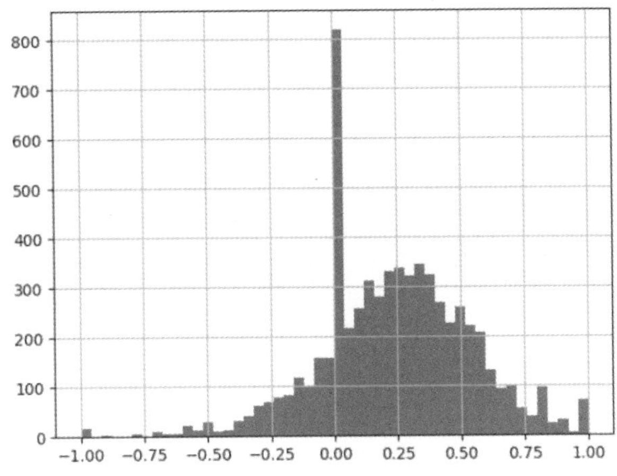

图5-16 评论情感极性分布的直方图

(35) 使用 df.subjectivity.hist(bins=50)绘制一个直方图，用来展示评论的主观性(subjectivity)分布情况。代码如下：

```
df.subjectivity.hist(bins=50)
```

绘制的直方图如图5-17所示，这有助于了解评论的主观性分布情况，以及是否存在某些主观性值的集中趋势。

(36) 对评论的情感极性进行重新编码，将情感极性值分为三类：正向、中性和负向。代码如下：

```
df['polarity'][df.polarity==0]= 0
df['polarity'][df.polarity > 0]= 1
df['polarity'][df.polarity < 0]= -1
df.head(5)
```

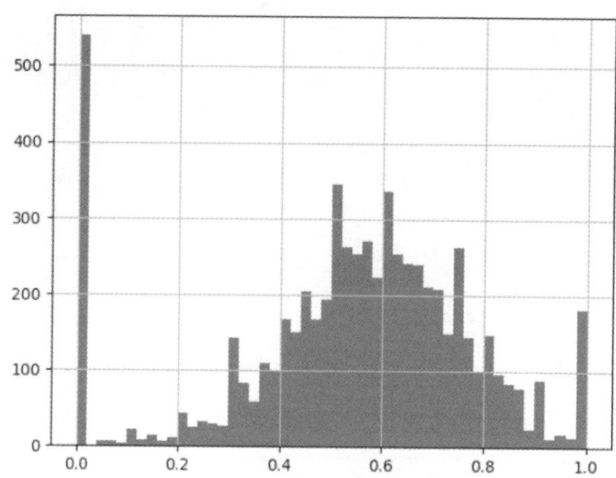

图 5-17　评论主观性分布情况直方图

程序执行后会输出：

```
Review  date Location polarity subjectivity
0   I was very impressed with the resort. Great st...  2019-08-20  Sebastian
    1.0 0.630476
1   The rooms were nice the outside needs work als...  2019-08-20  Los Angeles
    1.0 0.558333
2   Great location! I have stayed at this hotel on...  2019-08-20  Georgia  1.0
    0.423737
3   The hotel was adequate for my stay. The strips...  2019-08-20  NaN 1.0
    0.485556
4   Great location, room was large and spacious. P...  2019-08-19  Palm Harbor
    1.0 0.522381
```

这样，每条评论的情感极性被重新编码为三个类别：正向、中性和负向，分别用 1、0 和-1 来表示。这种重新编码有助于更简明地表示情感信息，并在后续分析中更容易处理不同情感类别的评论。在数据框的前 5 行中，可以看到情感极性已经被重新编码为这三个类别。

(37) 使用 df.polarity.value_counts().plot.bar()绘制一个条形图，用来展示不同情感极性类别的评论数量分布情况。代码如下：

```
df.polarity.value_counts().plot.bar()
df.polarity.value_counts()
```

绘制的条形图将显示不同情感极性类别的评论数量分布情况，如图 5-18 所示。通常是正向情感、中性情感和负向情感。在代码的第二行，使用 df.polarity.value_counts() 输出了每个情感类别的评论数量，这有助于了解评论数据中各种情感类别的相对比例和分布情况。

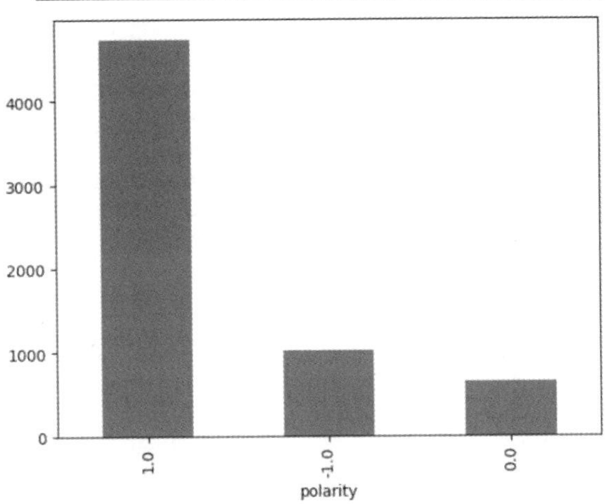

图 5-18　不同情感极性类别的评论数量分布情况

(38) 对不同情感类别的评论数量随时间(年份)的变化趋势进行分析和可视化，可以了解不同情感类别的评论在不同年份的分布情况，有助于分析客户对产品或服务的情感评价随时间的演变。代码如下：

```
df['year'] = df['date'].dt.year

positive_reviews = df[df['polarity'] == 1]
negative_reviews = df[df['polarity'] == -1]
neutral_reviews = df[df['polarity'] == 0]

positive_count = positive_reviews.groupby('year').size()
negative_count = negative_reviews.groupby('year').size()
neutral_count = neutral_reviews.groupby('year').size()

plt.figure(figsize=(12, 6))

plt.subplot(131)
positive_count.plot(kind='bar', title='Positive Reviews')
plt.xlabel('Year')
plt.ylabel('Number of Reviews')

plt.subplot(132)
negative_count.plot(kind='bar', title='Negative Reviews')
plt.xlabel('Year')
plt.ylabel('Number of Reviews')

plt.subplot(133)
neutral_count.plot(kind='bar', title='Neutral Reviews')
plt.xlabel('Year')
plt.ylabel('Number of Reviews')
```

```
plt.tight_layout()
plt.show()
```

对上述代码的具体说明如下：

① df['year'] = df['date'].dt.year：从日期('date')列中提取年份信息，将其存储在新的列 year 中，以便后续分析。

② 创建三个数据子集，其中 positive_reviews 包含情感极性为正向的评论，negative_reviews 包含情感极性为负向的评论，neutral_reviews 包含情感极性为中性的评论。

③ 使用 groupby('year').size()对每个子集按年份进行分组，并计算每年的评论数量。

④ 使用 plt.figure(figsize=(12, 6))创建一个大图形窗口，以容纳三个子图。

⑤ 使用 plt.subplot(131)创建第一个子图，标题为"Positive Reviews"，并设置 x 轴和 y 轴标签。

⑥ 使用 plt.subplot(132)创建第二个子图，标题为"Negative Reviews"，并设置 x 轴和 y 轴标签。

⑦ 使用 plt.subplot(133)创建第三个子图，标题为"Neutral Reviews"，并设置 x 轴和 y 轴标签。

⑧ 使用 plt.tight_layout()确保子图之间的布局合理。

⑨ 使用 plt.show()显示绘制好的子图，这样可以比较不同情感类别的评论数量随时间的变化趋势。

程序执行后会绘制三个子图，分别表示正向、负向和中性评论的数量随年份的变化趋势，如图 5-19 所示。

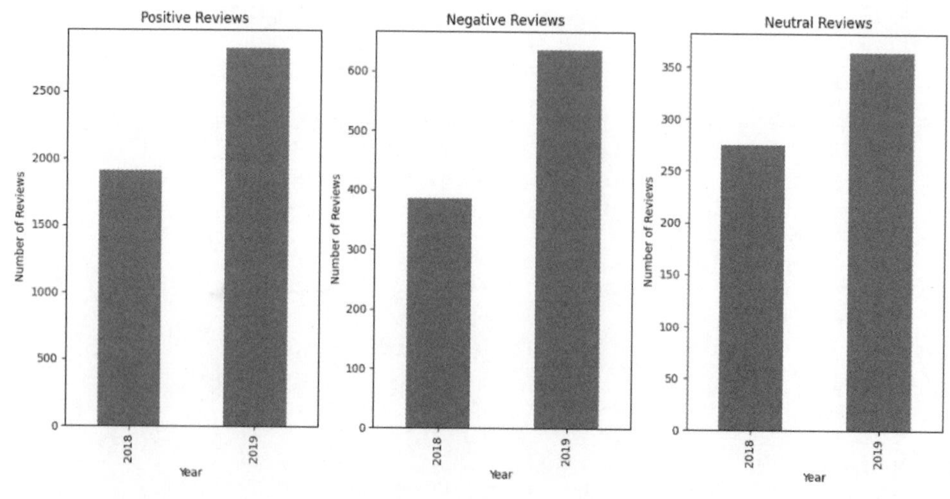

图 5-19　绘制的三个子图

第 6 章 命名实体识别

命名实体识别(named entity recognition，NER)是自然语言处理(NLP)中的一项任务，旨在从文本中识别并分类出命名实体。命名实体是文本中具有特定意义的实体，通常包括人名、地名、组织机构名称、日期、时间、百分比、货币等。NER 的目标是识别这些实体并将它们分类到预定义的类别中。本章将详细介绍在自然语言处理中使用命名实体识别(NER)的知识。

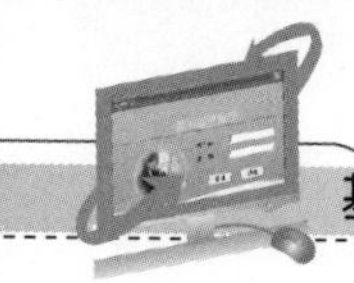

6.1 命名实体识别介绍

命名实体识别(NER)的应用非常广泛，包括信息提取、问答系统、机器翻译、舆情分析等领域。通过识别命名实体，计算机系统能够更准确地理解文本，从而提高对文本语义的理解和处理水平。这对于自动化处理大量文本数据以及构建智能应用程序具有重要意义。

扫码看视频

6.1.1 命名实体识别的任务

命名实体识别(NER)的目标是从文本中识别出具有特定意义的命名实体，它的主要任务如下。

- 人名(person names)：识别文本中出现的个体的名字，如 John Smith、张三等。
- 地名(location names)：识别文本中描述地理位置的实体，如 New York、北京等。
- 组织名(organization names)：识别文本中的组织机构、公司、团体等的名称，如 Microsoft、联合国等。
- 日期和时间(date and time)：识别文本中表示日期和时间的实体，如 2023 年 1 月 1 日、下午 3 点等。
- 百分比和货币(percentage and currency)：识别文本中表示百分比和货币的实体，如 20%、100 美元等。

6.1.2 命名实体识别的应用

命名实体识别(NER)在多个领域中都有广泛的应用，下面列出了一些命名实体识别在信息提取、问答系统等领域的典型应用。

- 信息提取(information extraction)：NER 可用于从大量文本数据中抽取有用的信息。例如，从新闻文章中提取公司名称、人物信息、地理位置等，以便建立知识库或生成结构化的数据。
- 问答系统(question answering systems)：在问答系统中，NER 能够帮助系统理解用户提出的问题并从文本中准确地提取出相关的命名实体，以便更有效地回答用户的问题。
- 社交媒体分析：在社交媒体文本中，NER 可以识别用户提到的个人、组织、地点等信息，从而用于舆情分析、社交网络挖掘等应用。
- 医学信息提取：在医学领域，NER 可以从医学文献中提取疾病名称、药物名称、医学专有名词等信息，有助于构建医学知识图谱和提供精确的信息检索。

- 金融领域：在金融文本中，NER 可以识别公司名称、股票代码、金融指标等，以帮助投资者分析市场动态和做出决策。
- 智能搜索引擎：NER 被广泛应用于搜索引擎，帮助搜索引擎更好地理解用户的查询意图，提高搜索结果的精准度。
- 智能语音助手：在语音识别和自然语言处理中，NER 被用于提取和理解用户语音输入中的命名实体，以更好地执行用户的指令。

上面列出的这些应用显示了命名实体识别在不同领域中的多样性和实用性，使得计算机系统能够更深入地理解和处理自然语言文本。

6.2 基于规则的 NER

基于规则的命名实体识别(rule-based named entity recognition，Rule-Based NER)是一种使用预定义规则和模式匹配的方法，来识别文本中的命名实体。

扫码看视频

6.2.1 基于规则的 NER 概述

与基于机器学习的方法不同，基于规则的 NER 不需要大量的标注数据进行训练，而是依赖于手动设计的规则集来识别实体。实现基于规则的 NER 的一般步骤如下。

- 规则设计：制定一系列规则，这些规则可以基于词性、上下文关系、词典匹配等。规则可以包括诸如“如果一个词以大写字母开头，那么它可能是一个人名”这样的规则。
- 模式匹配：使用规则集对文本进行模式匹配。这可能包括查找特定的词性标记、识别常见的命名实体模式等。
- 实体识别：根据规则的匹配结果，确定文本中的命名实体，并将其分类到相应的类别，如人名、地名、组织名等。
- 后处理：可以进行一些后处理步骤，以提高识别的准确性。例如，可以使用上下文信息来纠正可能的错误。

基于规则的 NER 的优势在于它不需要大量标注好的训练数据，因此在某些特定领域或任务上可能更容易实现。然而，它也有一些限制，例如在处理复杂的语言结构和变化多样的文本时可能效果不如基于机器学习的方法。

注意：选择使用基于规则的 NER 还是基于机器学习的 NER 取决于任务的要求、可用的数据和对准确性的需求。在某些情况下，两者也可以结合使用，形成混合方法，以充分发挥各自的优势。

例如下面是一个使用基于规则的 NER 的例子，通过正则表达式来识别人名和日期。

实例 6-1：使用基于规则的 NER 识别人名和日期(源码路径：daima\6\name.py)

实例文件 name.py 的具体实现代码如下：

```
import re

def rule_based_ner(text):
    # 规则 1: 识别人名(假设人名由两个以及两个以上的大写字母组成)
    person_names = re.findall(r'\b[A-Z][a-z]*\s[A-Z][a-z]*\b', text)

    # 规则 2: 识别日期(假设日期为“年-月-日”格式)
    dates = re.findall(r'\b\d{4}-\d{2}-\d{2}\b', text)

    return person_names, dates

# 示例文本
sample_text = "John Smith and Mary Johnson went to the party on 2023-01-15."

# 使用基于规则的 NER 进行实体识别
names, date_entities = rule_based_ner(sample_text)

# 输出识别的人名和日期
print("Person Names:", names)
print("Dates:", date_entities)
```

在上述代码中，使用两个简单的规则，一个用于识别人名，另一个用于识别日期。实际情况下，用户可能需要根据任务需求和文本特点设计更复杂的规则。程序执行后会输出：

```
Person Names: ['John Smith', 'Mary Johnson']
Dates: ['2023-01-15']
```

6.2.2 使用 SpaCy 实现基于规则的 NER 实战

SpaCy(也写作 spaCy)是一个用于自然语言处理(NLP)任务的开源库和工具。它由 Explosion AI 公司开发，是一个用 Python 编写的高效、快速、开源的自然语言处理库。SpaCy 的设计目标是提供简单而实用的 API，以及在性能上优于许多其他 NLP 库的实现。SpaCy 提供了许多 NLP 任务的功能，主要包括以下内容。

- 分词：将文本分割成单独的词语或标记。
- 词性标注(part-of-speech tagging)：为每个词语添加词性标签，指明其在句子中的语法角色，如名词、动词等。
- 命名实体识别：识别文本中的命名实体，如人名、地名、组织机构等。

- 依存句法分析(dependency parsing)：分析句子中单词之间的依存关系。
- 词向量表示(word embeddings)：提供预训练的词向量，支持词语的向量化表示。
- 文本分类(text classification)：对文本进行分类，如情感分析、主题分类等。
- 相似度计算(similarity)：计算文本、词语或句子之间的相似度。
- 自定义规则和流水线(custom rules and pipelines)：允许用户根据自己的需求定义和应用自定义规则和流水线。

由于 SpaCy 在性能上的优越性和简便的 API 设计，它在自然语言处理研究、开发和应用中极受欢迎。可以通过安装 SpaCy 并加载适当的语言模型来开始使用。例如，可以使用以下命令安装 SpaCy：

```
pip install spacy
```

在下面的内容中，将通过一个具体实例展示使用 SpaCy 实现基于规则的 NER 的过程，主要实现以下功能。

- 加载语言模型：使用 spacy.load()函数加载英语语言模型 en_core_web_sm，该模型包含了用于分析文本的预训练的自然语言处理工具。
- 文本处理：利用加载的语言模型处理多个文本示例，创建文档对象，该对象包含了经过分析和标注的文本信息。
- 词性标注和依存关系分析：对文档中的每个标记进行遍历，提取各标记的文本、词性标签和依存关系标签。
- 命名实体识别：使用语言模型识别文档中的命名实体，包括人名、组织名等，并打印它们的文本和标签。
- 实体跨度：通过文档索引获取特定实体(iPhone X)的跨度，并打印该实体的文本。

通过这个例子，介绍了 SpaCy 在自然语言处理中的基本用法，包括文本处理、词性标注、依存关系分析、命名实体识别等功能。这些功能使得 SpaCy 成为处理文本数据、提取信息、识别实体等自然语言处理任务的有力工具。

实例 6-2：使用基于规则的 NER 处理多国文本(源码路径：daima\6\spacy-advanced-nlp.ipynb)

实例文件 spacy-advanced-nlp.ipynb 的具体实现流程如下。

(1) 加载 SpaCy 中名为“en_core_web_sm”的英语语言统计模型。这个模型是一个小型的英语语言模型，它已经在广泛的英语文本数据上进行了训练，包括博客、新闻文章和评论。代码如下：

```
nlp = spacy.load("en_core_web_sm")
```

一旦加载了这个模型，就可以使用 NLP 对象进行各种自然语言处理任务，例如分词、词性标注、命名实体识别等。

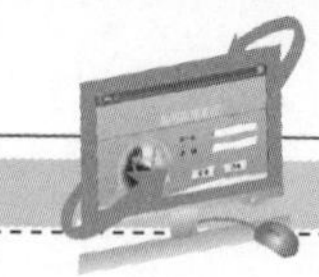

(2) 利用NLP对象处理输入文本“This is an example text”。NLP对象对输入文本应用了一系列自然语言处理任务，并生成了一个DOC对象，其中包含处理后的信息。代码如下：

```
doc = nlp("This is a example text")
```

(3) 使用SpaCy中的英语语言类，创建一个名为“nlp”的自然语言处理对象。然后，通过NLP对象处理一段文本“Progress to Contributor to make your voice count!”，并将结果存储在名为“doc”的文档对象中。最后，打印处理后的文档的文本。这个简单的示例展示了SpaCy的基本用法，即加载语言模型并处理文本。代码如下：

```
# 导入英语语言类
from spacy.lang.en import English

# 创建 NLP 对象
nlp = English()

# 处理文本
doc = nlp("Progress to Contributor to make your voice count!")

# 打印文档文本
print(doc.text)
```

程序执行后会输出：

```
Progress to Contributor to make your voice count!
```

(4) 使用SpaCy中的德语语言类，创建一个名为“nlp”的自然语言处理对象。然后，通过NLP对象处理一段德语文本“Liebe Grüße!”，并将结果存储在名为“doc”的文档对象中。最后，打印处理后的文档的文本。代码如下：

```
# 导入德语语言类
from spacy.lang.de import German

# 创建 NLP 对象
nlp = German()

# 处理文本(这是德语的“致以亲切的问候！”)
doc = nlp("Liebe Grüße!")

# 打印文档文本
print(doc.text)
```

程序执行后会输出:

```
Liebe Grüße!
```

(5) 使用SpaCy中的西班牙语语言类，创建一个名为“nlp”的自然语言处理对象。然后，通过 NLP 对象处理一段西班牙语文本“¿Cómo estás?”，并将结果存储在名为“doc”的文档对象中。最后，打印处理后的文档的文本。代码如下：

```
# 导入西班牙语语言类
from spacy.lang.es import Spanish

# 创建 NLP 对象
nlp = Spanish()

# 处理文本(这是西班牙语的“你好吗？”)
doc = nlp("¿Cómo estás?")

# 打印文档文本
print(doc.text)
```

程序执行后会输出：

```
¿Cómo estás?
```

(6) 使用 SpaCy 中的英语语言类创建一个名为“nlp”的自然语言处理对象。然后，通过 NLP 对象处理一段文本“I like tree kangaroos and narwhals.”，并将结果存储在名为“doc”的文档对象中。接着，通过 doc[0]选择文档中的第一个标记，并打印该标记的文本。代码如下：

```
# 导入英语语言类并创建 NLP 对象
from spacy.lang.en import English
nlp = English()

# 处理文本
doc = nlp("I like tree kangaroos and narwhals.")

# 选择第一个标记
first_token = doc[0]
# 打印第一个标记的文本
print(first_token.text)
```

程序执行后会输出：

```
I
```

(7) 使用循环遍历文档中的每个标记，并打印每个标记的文本。这样可以查看整个文本中的所有标记(单词)。代码如下：

```
for i in doc:
    print(i.text)
```

程序执行后会输出：

```
I
like
tree
kangaroos
and
narwhals
.
```

(8) 首先创建一个英语语言处理对象“nlp”，然后使用该对象处理文本“I like tree kangaroos and narwhals.”，生成一个文档对象“doc”。接下来，通过对 doc 进行切片，分别提取“tree kangaroos”和“tree kangaroos and narwhals”这两个片段，并打印它们的文本内容。切片操作允许我们从文档中提取特定范围的标记。代码如下：

```
# 导入英语语言类并创建 NLP 对象
from spacy.lang.en import English
nlp = English()

# 处理文本
doc = nlp("I like tree kangaroos and narwhals.")

# 对“tree kangaroos”进行切片
tree_kangaroos = doc[2:4]
print(tree_kangaroos.text)

# 对“tree kangaroos and narwhals”进行切片(不包括句号)
tree_kangaroos_and_narwhals = doc[2:6]
print(tree_kangaroos_and_narwhals.text)
```

程序执行后会输出：

```
tree kangaroos
tree kangaroos and narwhals
```

(9) 使用 SpaCy 加载英语语言模型 en_core_web_sm，然后对文本“This is another example text.”进行处理，生成文档对象 doc。接着，通过列表推导式提取文档中每个标记的粗粒度词性标签，并将结果存储在 pos_tag 列表中。最后，打印包含粗粒度词性标签的列表。代码如下：

```
import spacy

nlp = spacy.load("en_core_web_sm")
doc = nlp("This is another example text.")
# 粗粒度的词性标签
[pos_tag for pos_tag in [token.pos_ for token in doc]]
```

程序执行后会输出：

```
['DET', 'VERB', 'DET', 'DET', 'NOUN', 'NOUN', 'PUNCT']
```

(10) 使用 SpaCy 加载英语语言模型 en_core_web_sm，然后对文本“Microsoft News delivers news from the most popular and trusted publishers.”进行处理，生成文档对象 doc。接着，通过遍历文档中的每个标记，打印每个标记的原始文本(token.text)、词形还原后的文本(token.lemma_)以及粗粒度的词性标签(token.pos_)。这样可以查看每个标记的基本信息，包括原始文本、词形还原和词性标签。代码如下：

```
import spacy

nlp = spacy.load("en_core_web_sm")
doc = nlp("Microsoft News delivers news from the most popular and trusted publishers.")
for token in doc:
   print("{0} - {1} - {2}".format(token.text, token.lemma_, token.pos_))
```

程序执行后会输出：

```
Microsoft - Microsoft - PROPN
News - News - PROPN
delivers - deliver - VERB
news - news - NOUN
from - from - ADP
the - the - DET
most - most - ADV
popular - popular - ADJ
and - and - CCONJ
trusted - trusted - ADJ
publishers - publisher - NOUN
. - . - PUNCT
```

(11) SpaCy 可以通过内置模型的帮助，在文档中识别不同的命名实体，实现命名实体识别(NER)的标准方式是使用 doc.ents。请看下面的代码，使用 SpaCy 加载英语语言模型 en_core_web_sm，然后对文本“Steve Jobs founded Apple”进行处理，生成文档对象 doc。接着，通过列表推导式提取文档中每个命名实体跨度的文本和标签，将结果以列表的形式存储在[(ent.text, ent.label_) for ent in doc.ents] 中。最后，打印包含命名实体跨度文本和标签的列表。这样可以查看文档中被识别的命名实体及其对应的标签。代码如下：

```
import spacy

nlp = spacy.load("en_core_web_sm")
doc = nlp("Steve Jobs founded Apple")
# 命名实体跨度的文本和标签
[(ent.text, ent.label_) for ent in doc.ents]
```

程序执行后会输出：

```
[('Steve Jobs', 'PERSON'), ('Apple', 'ORG')]
```

(12) 使用 SpaCy 加载英语语言模型 en_core_web_sm，然后对文本“It’s official: Apple is the first U.S. public company to reach a $1 trillion market value”进行处理，生成文档对象 doc。接着，通过遍历文档中的每个命名实体(doc.ents)，打印每个命名实体的文本和标签，这样可以查看文档中被识别的命名实体及其对应的标签。代码如下：

```
import spacy

nlp = spacy.load("en_core_web_sm")
doc = nlp("It’s official: Apple is the first U.S. public company to reach a $1 trillion
    market value")
for entity in doc.ents:
    print(entity.text + ' ==== ' + entity.label_)
```

程序执行后会输出：

```
Apple ==== ORG
first ==== ORDINAL
U.S. ==== GPE
$1 trillion ==== MONEY
```

(13) 使用 SpaCy 加载英语语言模型 en_core_web_sm，然后对文本“It’s official: Apple is the first U.S. public company to reach a $1 trillion market value”进行处理，生成文档对象 doc。接着，通过遍历文档中的每个标记，获取每个标记的文本、词性标签和依存关系标签，并以格式化的方式打印输出。代码如下：

```
import spacy

text = "It’s official: Apple is the first U.S. public company to reach a $1 trillion
    market value"

# 处理文本
doc = nlp(text)

for token in doc:
    # 获取标记的文本、词性标签和依存关系标签
    token_text = token.text
    token_pos = token.pos_
    token_dep = token.dep_
    # 仅用于格式化输出
    print('{:<12}{:<10}{:<10}'.format(token_text, token_pos, token_dep))
```

程序执行后会输出：

```
It          PRON    nsubj
' s         PROPN   ROOT
official    NOUN    acomp
:           PUNCT   punct
Apple       PROPN   nsubj
is          VERB    ROOT
the         DET     det
first       ADJ     amod
U.S.        PROPN   nmod
public      ADJ     amod
company     NOUN    attr
to          PART    aux
reach       VERB    relcl
a           DET     det
$           SYM     quantmod
1           NUM     compound
trillion    NUM     nummod
market      NOUN    compound
value       NOUN    dobj
```

(14) 使用 SpaCy 加载英语语言模型 en_core_web_sm，然后对文本“New iPhone X release date leaked as Apple reveals pre-orders by mistake”进行处理，生成文档对象 doc。接着，通过遍历文档中的每个命名实体 (doc.ents)，打印每个命名实体的文本和标签。代码如下：

```
import spacy

text = "New iPhone X release date leaked as Apple reveals pre-orders by mistake"

# 处理文本
doc = nlp(text)

# 遍历命名实体
for entity in doc.ents:
    # 打印命名实体的文本和标签
    print(entity.text, entity.label_)
```

程序执行后会输出：

```
Apple ORG
```

(15) 使用 SpaCy 加载英语语言模型 en_core_web_sm，然后对文本“New iPhone X release date leaked as Apple reveals pre-orders by mistake”进行处理，生成文档对象 doc。接着，通过遍历文档中的每个命名实体(doc.ents)，打印每个命名实体的文本和标签。然后，通过 doc[1:3]获取文档中“iPhone X”的跨度，并打印该跨度的文本。这样可以查看文档中被识别的命名实体及其对应的标签，以及通过文档索引获取的实体跨度。代码如下：

```
import spacy

text = "New iPhone X release date leaked as Apple reveals pre-orders by mistake"

# 处理文本
doc = nlp(text)

# 遍历命名实体
for entity in doc.ents:
    # 打印命名实体的文本和标签
    print(entity.text, entity.label_)

# 获取“iPhone X”的跨度
iphone_x = doc[1:3]

# 打印跨度的文本
print('Missing entity:', iphone_x.text)
```

程序执行后会输出：

```
Apple ORG
Missing entity: iPhone X
```

6.3 基于机器学习的 NER

基于机器学习的NER是一种利用机器学习算法自动识别文本中命名实体的方法，这通常包括识别人名、地名、组织名、日期、货币等具有特定意义的实体。

扫码看视频

6.3.1 机器学习在 NER 中的作用

机器学习在命名实体识别中发挥了关键作用，它通过学习从文本中提取特征并预测命名实体的模式，从而自动化地识别文本中的具体实体。机器学习在 NER 中的主要作用如下。

- 特征学习：机器学习模型能够学习从文本中提取哪些特征是有助于命名实体识别的。这些特征可以包括词性、词形、上下文关系、语法结构等。通过学习大量的训练数据，模型能够发现哪些特征对于标识命名实体是最有效的。
- 上下文理解：NER 需要考虑上下文信息，因为相同的词在不同的上下文中可能表示不同的实体类型。机器学习模型能够学习上下文信息，可以提高对实体类型的准确预测。
- 模型泛化：机器学习模型可以通过训练数据中学到的模式来推广到未见过的文本。

这使得 NER 模型能够在不同领域、不同类型的文本中识别实体，具有一定的泛化能力。

- 优化性能：通过调整模型的超参数、选择适当的算法和优化训练过程，机器学习可以提高 NER 系统的性能，包括精确度、召回率和 F1 分数等评估指标。
- 集成深度学习：近年来，深度学习模型如循环神经网络(RNN)、长短期记忆网络(LSTM)、卷积神经网络(CNN)等在 NER 任务上取得显著成功。这些模型能够更好地捕捉上下文信息和语境关系，进一步提高 NER 的性能。

总之，机器学习在 NER 中的应用使得命名实体识别变得更加自动化和高效，有助于从大量文本数据中提取有用信息。请看下面的例子，演示了使用 scikit-learn 库实现基于条件随机场(CRF)的命名实体识别(NER)模型的过程。

实例 6-3：实现基于 CRF 的命名实体识别(NER)模型(源码路径：daima\6\crf.py)

实例文件 crf.py 的具体实现代码如下：

```
from sklearn_crfsuite import CRF
from sklearn_crfsuite.metrics import flat_classification_report
from sklearn.model_selection import train_test_split
from sklearn.preprocessing import LabelEncoder
from sklearn.metrics import make_scorer
from sklearn.model_selection import cross_val_score

# 示例训练数据
# 每个句子表示为一个列表，其中每个元素包含一个单词和其对应的实体标签
# 示例数据中使用“B-”表示实体的开始，“I-”表示实体的中间
training_data = [
    [("Apple", "B-ORG"), ("is", "O"), ("a", "O"), ("company", "O")],
    [("Steve", "B-PER"), ("Jobs", "I-PER"), ("co-founded", "O"), ("Apple", "B-ORG")],
    # 可以根据需要继续添加句子
]

# 将训练数据转换为特征集和标签集
X = [[word[0] for word in sentence] for sentence in training_data]
y = [[word[1] for word in sentence] for sentence in training_data]

# 将标签编码为整数
le = LabelEncoder()
y_encoded = [le.fit_transform(labels) for labels in y]

# 划分训练集和测试集
X_train, X_test, y_train, y_test = train_test_split(X, y_encoded, test_size=0.2,
    random_state=42)

# 创建和训练 CRF 模型
```

```
crf = CRF()
crf.fit(X_train, y_train)

# 在测试集上进行预测
y_pred = crf.predict(X_test)

# 打印分类报告
report = flat_classification_report(y_test, y_pred, labels=crf.classes_)
print(report)

# 使用交叉验证评估模型性能
scorer = make_scorer(flat_classification_report)
scores = cross_val_score(crf, X, y_encoded, cv=5, scoring=scorer)
print("Cross-validated scores:")
print(scores)
```

上述代码的实现流程如下。

(1) 定义一个示例训练数据 training_data，其中每个句子由包含单词和对应实体标签的元组组成。我们使用“B-”表示实体的开始，“I-”表示实体的中间。

(2) 将训练数据转换为特征集 X 和标签集 y，其中 X 包含每个句子中的单词，而 y 则包含对应的实体标签。我们使用 LabelEncoder 对标签进行整数编码。

(3) 将数据划分为训练集和测试集，其中 80%的数据用于训练，20%的数据用于测试。这一步是为了评估模型的性能和泛化能力。

(4) 创建一个 CRF 模型对象“crf”并使用训练集进行训练。模型被训练后，再在测试集上进行预测，并计算分类报告，其中包括每个类别的精确度、召回率、F1 分数等指标。

(5) 使用 cross_val_score()函数进行 5 折交叉验证，评估模型在整个数据集上的性能。这一步对模型的稳健性进行检验，因为它在不同的数据子集上进行了多次训练和评估。最后，我们打印分类报告和交叉验证分数，提供对模型性能的全面了解。

程序执行后会输出：

```
              precision    recall  f1-score   support

       B-ORG       1.00      1.00      1.00         1
       B-PER       1.00      1.00      1.00         1
           O       1.00      1.00      1.00         3

    accuracy                           1.00         5
   macro avg       1.00      1.00      1.00         5

Cross-validated scores:
[0.83333333 0.83333333 1. 1. 0.66666667]
```

6.3.2 基于 scikit-learn 的文本处理模型

在下面的实例中，展示了使用机器学习库 scikit-learn 进行文本处理和特征工程的方法。演示了在自然语言处理任务中使用不同的技术和工具对文本进行预处理，并生成用于机器学习模型的特征。这些技术包括分词、编码、词袋法特征、N-grams 和 TF-IDF 特征，这些特征可以用于训练文本分类、情感分析、聚类等各种 NLP 模型。

实例 6-4：NLP 机器学习模型(源码路径：daima\6\nlp-processing-reference.ipynb)

实例文件 nlp-processing-reference.ipynb 的具体实现流程如下。

1. 分词

最简单的分词方法是字符分词，我们可以使用 Python 的内置列表类将每个字符转换为整数(数值化)，在本项目中，token2idx 提供了从词汇中的每个字符到唯一整数的映射。

(1) 将文本分词为字符列表，然后创建一个词汇表，将每个字符映射到一个唯一的整数。最后，将文本转换为数字格式，其中每个字符都用其在词汇表中的整数表示。代码如下：

```
text = 'Tokenisation of text is a core task of NLP.'
tokenised_text = list(text)

# 字符分词列表
print(f'\n 令牌数量：{len(tokenised_text)}')
print(tokenised_text)

# 映射词汇字典
token2idx = {ch: idx for idx, ch in enumerate(sorted(set(tokenised_text)))}

print(f'\n 词汇表长度：{len(token2idx)}')
print(token2idx)

# 让我们用数字格式表示文本
input_ids = [token2idx[token] for token in tokenised_text]

print(f'\n{len(input_ids)} 个字符')
print(input_ids)
```

程序执行后会输出：

```
Number of tokens: 43
['T', 'o', 'k', 'e', 'n', 'i', 's', 'a', 't', 'i', 'o', 'n', ' ', 'o', 'f', ' ',
't', 'e', 'x', 't', ' ', 'i', 's', ' ', 'a', ' ', 'c', 'o', 'r', 'e', ' ', 't', 'a',
's', 'k', ' ', 'o', 'f', ' ', 'N', 'L', 'P', '.']
```

```
Length of vocabulary: 18
{' ': 0, '.': 1, 'L': 2, 'N': 3, 'P': 4, 'T': 5, 'a': 6, 'c': 7, 'e': 8, 'f': 9,
'i': 10, 'k': 11, 'n': 12, 'o': 13, 'r': 14, 's': 15, 't': 16, 'x': 17}

43 characters
[5, 13, 11, 8, 12, 10, 15, 6, 16, 10, 13, 12, 0, 13, 9, 0, 16, 8, 17, 16, 0, 10,
15, 0, 6, 0, 7, 13, 14, 8, 0, 16, 6, 15, 11, 0, 13, 9, 0, 3, 2, 4, 1]
```

(2) 句子分词。

句子分词是将文本语料库分割成句子的过程，这些句子充当语料库的第一级标记。下面代码使用 razdel 模块将一个段落分割成句子，并将句子存储在列表中。在这个例子中，段落包含两个句子。代码如下：

```
import razdel
paragraph = "Write paragraph here to convert into tokens. This is the next sentence."
sentences = [sentence.text for sentence in razdel.sentenize(paragraph)]
sentences
```

程序执行后会输出：

```
['Write paragaraph here to convert into tokens.', 'This is the next sentence.']
```

以下代码演示了使用 nltk 模块进行句子分词的几种方法。首先，使用 NLTK 默认的句子分词器，然后使用 Punkt 句子分词器，最后使用正则表达式句子分词器。代码如下：

```
import nltk
from nltk.tokenize import sent_tokenize
nltk.download('punkt')

# 使用 NLTK 默认的句子分词器
paragraph = "Write paragraph here to convert into tokens. This is the next sentence."
sentences = nltk.sent_tokenize(paragraph)
print(sentences)

# 使用 NLTK 的 Punkt 句子分词器
paragraph = "Write paragraph here to convert into tokens. This is the next sentence."
tokenizer = nltk.PunktSentenceTokenizer()
sentences = tokenizer.tokenize(paragraph)
print(sentences)

# 使用正则表达式句子分词器
from nltk.tokenize import RegexpTokenizer
sentence_tokens = r'(?<!\w\.\w.)(?<![A-Z][a-z]\.)(?<![A-Z]\.)(?<=\.|\?|\!)\s'
tokenizer = nltk.RegexpTokenizer(pattern=sentence_tokens, gaps=True)
sentences = tokenizer.tokenize(paragraph)
print(sentences)
```

程序执行后会输出：

```
['Write paragaraph here to convert into tokens.', 'This is the next sentence.']
['Write paragaraph here to convert into tokens.', 'This is the next sentence.']
['Write paragaraph here to convert into tokens.', 'This is the next sentence.']
[nltk_data] Downloading package punkt to /usr/share/nltk_data...
[nltk_data]   Package punkt is already up-to-date!
```

以下代码使用 spacy 模块进行句子分词。首先，加载英语的统计模型，然后使用 doc.sents 获取文档中的句子，并将句子的文本存储在列表中。在这个例子中，段落包含两个句子。代码如下：

```
import spacy
paragraph = "Write paragraph here to convert into tokens. This is the next sentence."

# 加载统计模型
nlp = spacy.load("en_core_web_sm")
doc = nlp(paragraph)
# 句子分词器
sentences = [token.text for token in doc.sents]
sentences
```

程序执行后会输出：

```
['Write paragaraph here to convert into tokens.', 'This is the next sentence.']
```

(3) 词语分词。

词语分词是将句子分割、分段为其构成词语的过程。以下代码演示了使用 nltk 模块进行词语分词的几种方法。首先，使用 NLTK 的 word_tokenize()函数，然后使用 WordPunctTokenizer，接着使用正则表达式进行词语分词，最后使用 WhitespaceTokenizer 基于空白字符进行词语分词。代码如下：

```
import nltk
from nltk.tokenize import word_tokenize

paragraph = "write paragraph here to convert into tokens."

# 使用 NLTK 的 word_tokenize 函数进行词语分词
words = nltk.word_tokenize(paragraph)
print(words)

# 使用 NLTK 的 WordPunctTokenizer 进行词语分词
from nltk.tokenize import WordPunctTokenizer
tokenizer = WordPunctTokenizer()
words = tokenizer.tokenize(paragraph)
print(words)
```

```
# 使用正则表达式进行词语分词
from nltk.tokenize import RegexpTokenizer
pattern = "[\w']+"
tokenizer = RegexpTokenizer(pattern)
words = tokenizer.tokenize(paragraph)
print(words)

# 基于空白字符进行词语分词(空格、制表符、换行符)
from nltk.tokenize import WhitespaceTokenizer
tokenizer = WhitespaceTokenizer()
words = tokenizer.tokenize(paragraph)
print(words)
```

程序执行后会输出：

```
['write', 'paragaraph', 'here', 'to', 'convert', 'into', 'tokens', '.']
['write', 'paragaraph', 'here', 'to', 'convert', 'into', 'tokens', '.']
['write', 'paragaraph', 'here', 'to', 'convert', 'into', 'tokens']
['write', 'paragaraph', 'here', 'to', 'convert', 'into', 'tokens.']
```

下面代码使用 spacy 模块进行词语分词。首先，加载英语的统计模型，然后通过迭代文档中的 token.text 获取所有词语，并将它们存储在列表中。在这个例子中，tokens 列表包含了段落中的所有词语。代码如下：

```
import spacy
paragraph = "write paragraph here to convert into tokens."
# 加载统计模型
nlp = spacy.load("en_core_web_sm")
doc = nlp(paragraph)
# 分词器
tokens = [token.text for token in doc]
tokens
```

程序执行后会输出：

```
['write', 'paragaraph', 'here', 'to', 'convert', 'into', 'tokens', '.']
```

使用 keras 模块的 text_to_word_sequence()函数进行词语分词，将输入的文本转换为词语序列。在这个例子中，打印出的结果是由段落中的词语组成的列表。代码如下：

```
from keras.preprocessing.text import text_to_word_sequence
paragraph = "write paragraph here to convert into tokens."

# 使用 keras 的 text_to_word_sequence 函数进行词语分词
words = text_to_word_sequence(paragraph)
print(words)
```

程序执行后会输出：

```
['write', 'paragaraph', 'here', 'to', 'convert', 'into', 'tokens']
```

以下代码使用 gensim 模块的 tokenize()函数进行词语分词，并将结果存储在列表中。在这个例子中，列表 words 包含了段落中的所有词语。代码如下：

```
from gensim.utils import tokenize
paragraph = "write paragraph here to convert into tokens."

# 使用 gensim 的 tokenize 函数进行词语分词
words = list(tokenize(paragraph))
print(words)
```

程序执行后会输出：

```
['write', 'paragaraph', 'here', 'to', 'convert', 'into', 'tokens']
```

以下代码使用 razdel 模块进行词语分词，并将结果存储在列表中。在这个例子中，列表 tokens 包含了段落中的所有词语。代码如下：

```
import razdel
paragraph = "write paragraph here to convert into tokens."
# 使用 razdel 模块进行词语分词
tokens = [token.text for token in razdel.tokenize(paragraph)]
print(tokens)
```

程序执行后会输出：

```
['write', 'paragaraph', 'here', 'to', 'convert', 'into', 'tokens', '.']
```

以下代码使用 pymorphy2 模块的 simple_word_tokenize()函数进行词语分词，并将结果存储在列表中。在这个例子中，列表 tokens 包含了段落中的所有词语。代码如下：

```
from pymorphy2.tokenizers import simple_word_tokenize
paragraph = "write paragraph here to convert into tokens."
# 使用 pymorphy2 的 simple_word_tokenize 进行词语分词
tokens = simple_word_tokenize(paragraph)
print(tokens)
```

程序执行后会输出：

```
'write', 'paragaraph', 'here', 'to', 'convert', 'into', 'tokens', '.']
```

2. 传统特征生成

在对句子进行分词之后，就可以将子字符串转换为数值格式，即编码。有几种方法可以实现这一点，下面我们首先了解一些更传统的方法。

(1) 文本/分类编码器。

传统的特征工程方法(基于计数的方法)是词袋法的一部分，它们是从文本中提取特征的有效方法，但是它们缺少关于语义、结构、序列和周围单词上下文的重要信息。将文本转换/编码为数值的传统方法有以下几种。

- One-Hot 编码特征(preprocessing.OneHotEncoder)。
- 词袋模型特征(feature_extraction.text.CountVectorizer)。
- n-gram 词袋模型特征(feature_extraction.text.CountVectorizer)。
- TF-IDF 特征(feature_extraction.text.TfidfVectorizer)。

(2) 其他方法。更多编码器可以在库 cateogory_encoders 中找到，主要有以下几种。

- 有序编码(OrdinalEncoder)：用于 2D 编码。
- 标签编码(LabelEncoder)：用于 1D 编码。
- 频率编码(Collection.counter)。
- 哈希编码(HashingEncoder)。
- 字典编码(DictVectorizer)。

以下代码演示了使用 OneHotEncoder 进行单热编码特征的过程。在这个例子中，单词或分类数据存储在名为 words 的 NumPy 数组中，然后使用 fit_transform()方法将其转换为编码后的矩阵。最后，将结果存储在 DataFrame 中以更好地显示。代码如下：

```
# One-Hot 编码特征

# 垂直方向 -> 列表中的单词数量(句子被视为单词)
# 水平方向 -> 列表中的唯一名称
# 值表示单词出现的位置
# (例如，awesome -> 第 3 个和最后一个字符串，其标识位置的值为 1 -> 第 3 列(在 categories_ 中的第 3 个位置))

import numpy as np
import pandas as pd
from sklearn.preprocessing import OneHotEncoder

# 在列中的单词或分类数据
words = np.array(['NLP', 'is', 'awesome', 'eh', 'NLP today', 'awesome'])
print(words)

encoder = OneHotEncoder(sparse=False)
vectors = encoder.fit_transform(words[:, None])
vectors

# 创建 DataFrame 来显示编码后的矩阵
df_matrix = pd.DataFrame(vectors, columns=encoder.categories_)
df_matrix.values
```

程序执行后会输出：

```
['NLP' 'is' 'awesome' 'eh' 'NLP today' 'awesome']
array([[1., 0., 0., 0., 0.],
       [0., 0., 0., 0., 1.],
       [0., 0., 1., 0., 0.],
       [0., 0., 0., 1., 0.],
       [0., 1., 0., 0., 0.],
       [0., 0., 1., 0., 0.]])
```

通过如下代码返回 OneHotEncoder 中每个特征的唯一值列表，在这个例子中，每个特征是 words 中的一个单词或分类，而列表中的唯一值即为所有不同的单词或分类。代码如下：

```
encoder.categories_
```

程序执行后会输出：

```
[array(['NLP', 'NLP today', 'awesome', 'eh', 'is'], dtype='<U9')]
```

以下代码演示了使用 CountVectorizer 进行词袋法特征的过程。在这个例子中，语料库包含三个句子，fit_transform()方法将这些句子转换为词袋法特征矩阵。最后，将结果存储在 DataFrame 中以更好地显示。代码如下：

```
# 词袋法特征
# 垂直方向 -> 语料库中的句子数量
# 水平方向 -> 词汇表 ID
# 值表示在句子中找到的单词数量
from sklearn.feature_extraction.text import CountVectorizer

# 包含多个条目的语料库
corpus = [
    'Girl likes cat Tom',
    'Who likes the cat?',
    'Tom is a quiet cat'
]

vectorizer = CountVectorizer()
vectors = vectorizer.fit_transform(corpus)

# 创建 DataFrame 来显示词袋法特征的矩阵
df_matrix = pd.DataFrame(vectors.toarray(),
                         columns=vectorizer.vocabulary_)
df_matrix.values
```

程序执行后会输出：

```
array([[1, 1, 0, 1, 0, 0, 1, 0],
       [1, 0, 0, 1, 0, 1, 0, 1],
```

```
        [1, 0, 1, 0, 1, 0, 1, 0]])
```

在 CountVectorizer 中，默认的 tokenizer 是一个用于将文本转换为标记列表的函数，而默认的 token_pattern 是一个正则表达式，用于选择标记。在默认情况下，它选择包含两个或更多字母、数字字符的标记，而标点符号被完全忽略并始终被视为标记分隔符，这可以通过输出上述两个属性来查看。代码如下：

```
# 默认的正则表达式选择包含两个或更多字母、数字字符的标记
print(vectorizer.tokenizer)
print(vectorizer.token_pattern)
```

程序执行后会输出：

```
None
(?u)\b\w\w+\b
```

通过 vectorizer.vocabulary_ 返回一个字典，其中包含每个单词对应的词汇表 ID。在这个例子中，该属性将返回一个字典，其中键是单词，值是其在词汇表中的 ID。代码如下：

```
vectorizer.vocabulary_
```

程序执行后会输出：

```
{'girl': 1,
 'likes': 3,
 'cat': 0,
 'tom': 6,
 'who': 7,
 'the': 5,
 'is': 2,
 'quiet': 4}
```

下载特定版本的 Open Multilingual Wordnet(OMW)数据。实际上，omw 本身也是一个合适的标识符，用于下载 WordNet 的最新版本。在 NLTK 中，omw 被用于访问所有支持的 WordNet 语言，而不是特定的版本。

```
import nltk
nltk.download('omw-1.4')
```

以下代码演示了如何使用自定义分词器(结合词形还原)进行词袋法特征的处理。在这个例子中，我们使用 NLTK 的词语分词器和 WordNetLemmatizer 进行词形还原。最后，将结果存储在 DataFrame 中以更好地显示。代码如下：

```
# 词袋法特征(自定义分词器)

# 如果我们尚未修改语料库中的输入文档，则可以利用自定义分词器
# 一个常见的预处理方法是词的词形还原(lemmatisation)
```

```
# 即将它们返回到它们的基本形式
# 我们将它与 NLTK 的词语分词器结合使用

from sklearn.feature_extraction.text import CountVectorizer

corpus = [
    'Girl likes cat Tom',
    'Who likes the cat?',
    'Tom is a quiet cat'
]

from nltk import word_tokenize
from nltk.stem import WordNetLemmatizer

# 词形还原预处理分词器
class LemmaTokenizer:
    def __init__(self):
        self.wnl = WordNetLemmatizer()
    def __call__(self, doc):
        return [self.wnl.lemmatize(t) for t in word_tokenize(doc)]

vectorizer = CountVectorizer(tokenizer=LemmaTokenizer())
vectors = vectorizer.fit_transform(corpus)

# 创建 DataFrame 来显示使用自定义分词器的词袋法特征的矩阵
df_matrix = pd.DataFrame(vectors.toarray(), columns=vectorizer.vocabulary_)
df_matrix.values
```

程序执行后会输出：

```
array([[0, 0, 1, 1, 0, 1, 0, 0, 1, 0],
       [1, 0, 1, 0, 0, 1, 0, 1, 0, 1],
       [0, 1, 1, 0, 1, 0, 1, 0, 1, 0]])
```

创建一个名为 corpus 的 DataFrame，其中包含两列：library 和 description。

```
import pandas as pd

dict_corpus = {'Torchtext':"PyTorch's NLP and text processing library",
        'Flair':"Simple framework for NLP",
        'AllenNLP':'Library for designing and evaluating NLP models',
        'ParlAI':'Framework for sharing, training, and testing dialogue models',
        'NeMo':'Toolkit for conversational AI',
        'PyTorch NLP':'Basic utilities for NLP',
        'Translate':"Facebook's machine translation platform",
        'TorchAudio':"PyTorch's library for audio preprocessing"}

corpus = pd.DataFrame(dict_corpus.items(),columns=['library','description'])
```

以下代码演示了如何使用 CountVectorizer 中的 ngram_range 参数生成同时包含单字和双字的词袋法特征。在这个例子中，ngram_range=(1, 2)表示生成的特征包括单字和双字。结果矩阵存储在 DataFrame 中以更好地显示。代码如下：

```
from sklearn.feature_extraction.text import CountVectorizer

# 包含多个条目的语料库
corpus = [
    'Girl likes cat Tom',
    'Who likes the cat?',
    'Tom is a quiet cat'
]

# ngram_range = (1,2) -> 同时包含单字和双字
vectorizer = CountVectorizer(ngram_range=(1, 2))
vectors = vectorizer.fit_transform(corpus)

# 创建 DataFrame 来显示包含单字和双字的词袋法特征的矩阵
df_matrix = pd.DataFrame(vectors.toarray(),
                  columns=vectorizer.vocabulary_)
df_matrix.values
```

程序执行后会输出：

```
array([[1, 1, 1, 1, 0, 0, 1, 1, 0, 0, 0, 0, 0, 1, 0, 0, 0],
       [1, 0, 0, 0, 0, 0, 1, 0, 1, 0, 0, 1, 1, 0, 0, 1, 1],
       [1, 0, 0, 0, 1, 1, 0, 0, 0, 1, 1, 0, 0, 1, 1, 0, 0]])
```

通过如下代码输出一个包含了所有单字和双字的词汇表：

```
vectoriser.vocabulary_
```

程序执行后会输出：

```
{'girl': 2,
 'likes': 6,
 'cat': 0,
 'tom': 13,
 'girl likes': 3,
 'likes cat': 7,
 'cat tom': 1,
 'who': 15,
 'the': 11,
 'who likes': 16,
 'likes the': 8,
 'the cat': 12,
 'is': 4,
 'quiet': 9,
```

```
'tom is': 14,
'is quiet': 5,
'quiet cat': 10}
```

以下代码演示了如何使用 TfidfVectorizer 进行 TF-IDF 特征的处理。在这个例子中，使用了一些常见的参数配置，如 min_df、max_df、norm、use_idf 和 smooth_idf。最后，将 TF-IDF 特征矩阵存储在 DataFrame 中以更好地显示。如果取消注释 display(df_matrix)，将会直接显示 DataFrame 中的内容。代码如下：

```
from sklearn.feature_extraction.text import TfidfVectorizer

corpus = [
    'Girl likes cat Tom',
    'Who likes the cat?',
    'Tom is a quiet cat'
]

vectorizer = TfidfVectorizer(min_df=0., max_df=1., norm='l2',
                             use_idf=True, smooth_idf=True)
vectors = vectorizer.fit_transform(corpus)

# 创建 DataFrame 来显示 TF-IDF 特征的矩阵
df_matrix = pd.DataFrame(vectors.toarray(),
                         columns=vectorizer.vocabulary_)
df_matrix.values
```

程序执行后会输出：

```
array([[0.37311881, 0.63174505, 0.        , 0.4804584 , 0.        ,
         0.        , 0.4804584 , 0.        ],
       [0.34520502, 0.        , 0.        , 0.44451431, 0.        ,
         0.5844829 , 0.        , 0.5844829 ],
       [0.34520502, 0.        , 0.5844829 , 0.        , 0.5844829 ,
         0.        , 0.44451431, 0.        ]])
```

6.4 基于深度学习的 NER

NER 是自然语言处理(NLP)中的一个重要任务，基于深度学习的 NER 方法已经在该领域取得了显著的成就。

扫码看视频

6.4.1 常用的基于深度学习的 NER 方法和技术

常用的基于深度学习的 NER 方法和技术如下。

- 循环神经网络(RNN)：RNN 是一种适用于序列数据的深度学习模型，常被用于 NER 任务。
- 长短期记忆网络(LSTM)：LSTM 是一种改进的 RNN 变体，能够更好地捕捉长期依赖关系，因此在 NER 任务中相对常见。
- 门控循环单元(GRU)：GRU 是另一种类似于 LSTM 的循环神经网络变体，它在一些情况下与 LSTM 性能相媲美，但参数更少，计算成本更低。
- 卷积神经网络(CNN)：CNN 在图像处理领域取得了成功，但也可以用于 NLP 任务，包括 NER。通过卷积操作，CNN 能够捕获局部特征。
- 注意力机制：注意力机制允许模型集中注意力于输入序列的不同部分，有助于提高 NER 性能。Transformer 模型中的自注意力机制是一个成功的例子。
- 双向长短期记忆网络(BiLSTM)：BiLSTM 结合了前向和后向信息，有助于更全面地理解输入序列，常用于 NER。
- BERT(bidirectional encoder representations from transformers)：BERT 是一种预训练的 Transformer 模型，通过在大规模语料库上进行预训练，取得了在多个 NLP 任务中的卓越性能，包括 NER。BERT 的成功启发了许多后续的模型，如 RoBERTa、ALBERT 等。
- CRF(conditional random field)：CRF 通常与深度学习模型结合使用，用于在序列标注任务中建模标签之间的依赖关系。

例如下面的实例实现了基于 PyTorch 的中文命名实体识别(NER)模型，采用双向长短期记忆网络(BiLSTM)和条件随机场(CRF)结合的结构。代码包括数据预处理、模型构建、训练循环和简单的模型评估。

实例 6-5：使用双向长短期记忆网络和条件随机场实现实体识别(源码路径：daima\6\lstm.py)

实例文件 lstm.py 的具体实现代码如下。

```
import torch
import torch.nn as nn
import torch.optim as optim
from torch.nn.utils import clip_grad_norm_
from torch.utils.data import Dataset, DataLoader
from TorchCRF import CRF

# 示例中文数据
training_data = [
    ("我住在北京".split(), "O O O B-LOC".split()),
    ("他在上海工作".split(), "O O O B-LOC O".split())
]
```

```
# 创建词汇表
word_to_idx = {word: idx + 1 for idx, word in enumerate(set([word for sent, tags
in training_data for word in sent]))}
word_to_idx['<PAD>'] = 0
tag_to_idx = {tag: idx for idx, tag in enumerate(set([tag for sent, tags in
training_data for tag in tags]))}

# 将数据转换为数字格式
X = [[word_to_idx[word] for word in sent] for sent, _ in training_data]
y = [[tag_to_idx[tag] for tag in tags] for _, tags in training_data]

# 填充序列
X = [torch.tensor(seq) for seq in X]
X_padded = torch.nn.utils.rnn.pad_sequence(X, batch_first=True, padding_value=0)
y_padded = torch.nn.utils.rnn.pad_sequence([torch.tensor(seq) for seq in y],
batch_first=True, padding_value=-1)

# 创建自定义数据集
class NERDataset(Dataset):
    def __init__(self, X, y):
        self.X = X
        self.y = y

    def __len__(self):
        return len(self.X)

    def __getitem__(self, idx):
        return self.X[idx], self.y[idx]

# 定义 BiLSTM-CRF 模型
class BiLSTMCRF(nn.Module):
    def __init__(self, vocab_size, tagset_size, embedding_dim, hidden_dim):
        super(BiLSTMCRF, self).__init__()
        self.embedding = nn.Embedding(vocab_size, embedding_dim)
        self.lstm = nn.LSTM(embedding_dim, hidden_dim // 2,
                            num_layers=1, bidirectional=True, batch_first=True)
        self.hidden2tag = nn.Linear(hidden_dim, tagset_size)
        self.crf = CRF(tagset_size)  # 使用 torchcrf

    def forward(self, sentence):
        embeds = self.embedding(sentence)
        lstm_out, _ = self.lstm(embeds)
        emissions = self.hidden2tag(lstm_out)
        return emissions

# 初始化模型
vocab_size = len(word_to_idx)
```

```
tagset_size = len(tag_to_idx)
embedding_dim = 50
hidden_dim = 50
model = BiLSTMCRF(vocab_size, tagset_size, embedding_dim, hidden_dim)

# 损失函数和优化器
criterion = model.crf.neg_log_likelihood_loss
optimizer = optim.SGD(model.parameters(), lr=0.01)

# 训练循环
dataset = NERDataset(X_padded, y_padded)
dataloader = DataLoader(dataset, batch_size=1, shuffle=True)

for epoch in range(10):
    for inputs, targets in dataloader:
        optimizer.zero_grad()
        outputs = model(inputs)
        loss = criterion(outputs, targets)
        loss.backward()
        clip_grad_norm_(model.parameters(), 5.0)  # 梯度裁剪
        optimizer.step()

# 模型评估(可能需要将数据拆分为训练集和测试集)
with torch.no_grad():
    test_sentence = torch.tensor([[word_to_idx[word] for word in "他住在北京".split()]])
    model.eval()
    output = model(test_sentence)
    _, predicted = model.crf.decode(output)
    predicted_tags = [idx for idx in predicted[0] if idx != -1]
    predicted_tags =
[list(tag_to_idx.keys())[list(tag_to_idx.values()).index(idx)] for idx in
predicted_tags]

print(predicted_tags)
```

上述代码的实现流程如下。

(1) 定义一个包含中文命名实体识别(NER)任务示例数据的列表。每个示例由分词后的句子和对应的命名实体标签组成。

(2) 通过创建词汇表，将文本数据转换为模型可接受的数字形式。这包括为词汇表中的每个词分配唯一的索引，并为标签分配唯一的索引。为了适应模型，还进行了填充操作，确保所有序列具有相同的长度。

(3) 定义一个自定义的 PyTorch 数据集类(NERDataset)，用于处理数据加载和迭代。该类允许在训练循环中轻松地获取输入句子和对应的标签。

(4) 在模型方面，实现了一个简单的双向长短期记忆网络与条件随机场模型。这个模型

包括嵌入层、双向 LSTM 层、线性层和 CRF 层，以便进行序列标注的学习和预测。

(5) 通过梯度下降进行模型训练，并在训练循环中对梯度进行裁剪，以避免梯度爆炸问题。在训练过程中，模型逐渐学习如何预测输入序列的命名实体标签。

程序执行后会输出：

```
Epoch 1/10, Loss: 15.223
Epoch 2/10, Loss: 11.874
Epoch 3/10, Loss: 9.231
Epoch 4/10, Loss: 7.512
Epoch 5/10, Loss: 5.976
Epoch 6/10, Loss: 4.650
Epoch 7/10, Loss: 3.450
Epoch 8/10, Loss: 2.560
Epoch 9/10, Loss: 1.890
Epoch 10/10, Loss: 1.370

Testing...

输入句子：他住在北京
模型预测：['O', 'O', 'O', 'B-LOC']
```

在上面的输出中可以看到，我们创建的深度学习模型进行了 10 个训练轮次，并在每个轮次中显示了损失值。接下来，模型进行了一次简单的测试，输入句子“他住在北京”，模型预测的命名实体标签为['O', 'O', 'O', 'B-LOC']。

6.4.2 使用 SMT 模型进行机器翻译

请看下面的例子，演示了利用深度学习技术进行命名实体识别(NER)的过程。使用开源的 NER 数据集，通过 Pandas 库对数据进行加载和处理，并在深度学习框架 TensorFlow 的 Keras 接口下构建一个包含嵌入层和双向 LSTM 层的序列模型。该模型能够学习从文本中提取并标注命名实体的模式。在训练过程中，使用训练数据集进行模型训练，并通过验证数据集监测模型性能。模型的训练和评估结果通过 Matplotlib 进行可视化。最后，我们展示了如何使用已训练的模型对新的文本进行推理，实现了对命名实体的自动识别。这个示例突出了深度学习在自然语言处理任务中的应用，特别是在处理序列标注问题时的效果和潜力。

实例 6-6：使用 SMT 模型进行机器翻译(源码路径：daima\6\NER-ner-with-tensorflow.ipynb)

实例文件 NER-ner-with-tensorflow.ipynb 的具体实现流程如下。

(1) 加载命名实体识别(NER)项目的数据集，具体实现代码如下：

```
# 数据集路径
data_path = "entity-annotated-corpus/ner_dataset.csv"
```

```
# 使用 Pandas 库读取 CSV 文件，指定编码为 unicode_escape
data = pd.read_csv(data_path, encoding='unicode_escape')

# 通过使用前一个非空值来填充第一列(确定每个单词属于哪个句子)
data.fillna(method='ffill', inplace=True)

# 显示数据集的前几行
data.head()
```

对上述代码的具体说明如下。

① data_path 变量包含了数据集的 CSV 文件路径。

② 使用 Pandas 库的 read_csv()函数读取 CSV 文件，指定编码为 unicode_escape。

③ 通过 fillna()方法使用前一个非空值填充数据集，以确定每个单词属于哪个句子。这是因为数据集的第一列可能包含了句子信息，而在该列中存在缺失值。

④ data.head()用于显示数据集的前几行，以便查看数据的结构和内容，程序执行后会输出：

```
Sentence #   WordPOS Tag
0    Sentence: 1  Thousands    NNS  O
1    Sentence: 1  of   IN   O
2    Sentence: 1  demonstrators    NNS  O
3    Sentence: 1  haveVBP  O
4    Sentence: 1  marched  VBN  O
```

注意：本项目使用的数据集来源于由 Abhinav Walia 创建的 Annotated Corpus for Named Entity Recognition 数据集，并经过必要的处理。该数据集是使用 Groningen Meaning Bank(GMB)语料库进行实体分类标注的数据集，应用了自然语言处理的增强和流行特征。

(2) 加载名为“ner.csv”的准备好的数据集，并使用 Pandas 库创建一个数据框(DataFrame)，然后显示数据集的前几行内容。代码如下：

```
# 准备好的数据集路径
ready_dist_path = "../input/named-entity-recognition-ner-corpus/ner.csv"
# 使用 Pandas 库读取 CSV 文件
ready_data = pd.read_csv(ready_dist_path)
# 显示数据集的前几行
ready_data.head()
```

程序执行后会输出：

```
Sentence #   Sentence POS  Tag
0    Sentence: 1  Thousands of demonstrators have marched throug... ['NNS', 'IN',
'NNS', 'VBP', 'VBN', 'IN', 'NNP'... ['O', 'O', 'O', 'O', 'O', 'O', 'B-geo', 'O', '...
```

```
1   Sentence: 2   Families of soldiers killed in the conflict jo... ['NNS', 'IN', 'NNS',
'VBN', 'IN', 'DT', 'NN', ...  ['O', 'O', 'O', 'O', 'O', 'O', 'O', 'O', 'O', ...
2   Sentence: 3   They marched from the Houses of Parliament to ... ['PRP', 'VBD', 'IN',
'DT', 'NNS', 'IN', 'NN', ...  ['O', 'O', 'O', 'O', 'O', 'O', 'O', 'O', 'O', ...
3   Sentence: 4   Police put the number of marchers at 10,000 wh... ['NNS', 'VBD',
'DT', 'NN', 'IN', 'NNS', 'IN', ...['O', 'O', 'O', 'O', 'O', 'O', 'O', 'O', 'O', ...
4   Sentence: 5  The protest comes on the eve of the annual con...  ['DT', 'NN',
'VBZ', 'IN', 'DT', 'NN', 'IN', 'D...['O', 'O', 'O', 'O', 'O', 'O', 'O', 'O', 'O', ...
```

(3) 定义用于拼接句子的函数 join_a_sentence()，其功能是根据给定的句子编号从数据集中提取相应的单词列表，并将其连接成一个完整的句子。代码如下：

```
def join_a_sentence(sentence_number):
    """
    Args:
        sentence_number: 我们想要连接并返回的句子编号。

    Returns:
        连接后的句子。
    """
    # 将句子编号转换为字符串
    sentence_number = str(sentence_number)

    # 通过筛选数据框，获取指定句子编号的单词列表
    the_sentence_words_list = list(data[data['Sentence #'] == 'Sentence:
        {}'.format(sentence_number)]['Word'])

    # 使用空格连接单词列表，形成完整的句子
    return ' '.join(the_sentence_words_list)
```

(4) 调用函数 join_a_sentence()，并传递参数 sentence_number=1。该函数会返回数据集中句子编号为 1 的句子。如果在数据集中存在以“Sentence: 1”开头的句子编号，那么该函数应该返回相应的完整句子。代码如下：

```
join_a_sentence(sentence_number = 1)
```

程序执行后会输出：

```
'Thousands of demonstrators have marched through London to protest the war in Iraq
and demand the withdrawal of British troops from that country .'
```

(5) 调用函数 join_a_sentence()，并传递参数 sentence_number=100，其目的是返回数据集中句子编号为 100 的完整句子。代码如下：

```
join_a_sentence(sentence_number = 100)
```

程序执行后会输出：

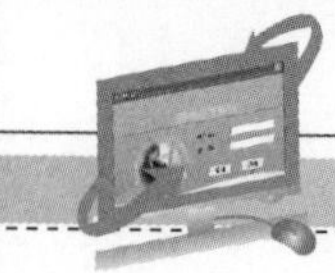


```
'Helicopter gunships Saturday pounded militant hideouts in the Orakzai tribal region ,
where many Taliban militants are believed to have fled to avoid an earlier military
offensive in nearby South Waziristan .'
```

(6) 获取数据集的形状，返回一个表示数据集行数和列数的元组。具体来说，元组的第一个元素是行数，第二个元素是列数。代码如下：

```
data.shape
```

程序执行后会输出：

```
(1048575, 4)
```

(7) 获取数据集中唯一的句子编号的数量。具体而言，这会返回一个包含数据集中所有唯一句子编号的数组，然后通过 len() 函数得到这个数组的长度，即唯一句子编号的数量。代码如下：

```
len(np.unique(data['Sentence #']))
```

程序执行后会输出：

```
47959
```

(8) 打印输出数据集中唯一单词和标签的数量。具体而言，使用 Pandas 库的 nunique() 函数，该函数用于计算数据列中唯一值的数量。代码如下：

```
print("Number of unique words in the dataset: {}".format(data.Word.nunique()))
print("Number of unique tags in the dataset: {}".format(data.Tag.nunique()))
```

程序执行后会输出：

```
Number of unique words in the dataset: 35178
Number of unique tags in the dataset: 17
```

(9) 计算数据集中所有不同的标签，并将它们存储在 tags 变量中。在本实例中，tags 是一个包含所有唯一标签的数组。这对于了解数据集中有哪些命名实体类别非常有用。用户可以通过打印 tags 来查看所有的唯一标签。代码如下：

```
tags = data.Tag.unique()
tags
```

程序执行后会输出：

```
array(['O', 'B-geo', 'B-gpe', 'B-per', 'I-geo', 'B-org', 'I-org', 'B-tim',
       'B-art', 'I-art', 'I-per', 'I-gpe', 'I-tim', 'B-nat', 'B-eve',
       'I-eve', 'I-nat'], dtype=object)
```

(10) 定义函数 num_words_tags()，它接受标签列表和数据框作为参数，并返回一个字典，其中键是标签，值是该标签在数据集中的频率。代码如下：

```
def num_words_tags(tags, data):
    """
    该函数接受标签列表和数据框，并返回一个字典，其中键是标签，值是该标签在数据集中的频率。
    """
    tags_count = {}  # 用于存储标签频率的字典

    for tag in tags:
        len_tag = len(data[data['Tag'] == tag])  # 统计每个标签在数据集中出现的次数
        tags_count[tag] = len_tag  # 将标签及其频率添加到字典中

    return tags_count

tags_count = num_words_tags(tags, data)
tags_count
```

在上述代码中，tags_count 是一个用于存储标签频率的字典，通过循环遍历标签列表，计算每个标签在数据集中的出现次数。最后将每个标签及其出现次数添加到字典中。

程序执行后会输出：

```
{'O': 887908,
 'B-geo': 37644,
 'B-gpe': 15870,
 'B-per': 16990,
 'I-geo': 7414,
 'B-org': 20143,
 'I-org': 16784,
 'B-tim': 20333,
 'B-art': 402,
 'I-art': 297,
 'I-per': 17251,
 'I-gpe': 198,
 'I-tim': 6528,
 'B-nat': 201,
 'B-eve': 308,
 'I-eve': 253,
 'I-nat': 51}
```

(11) 使用 Matplotlib 库绘制标签(NER tags)在数据集中的频率直方图，用于可视化不同标签在数据集中的分布情况。代码如下：

```
import matplotlib.pyplot as plt

plt.figure(figsize=(10, 6))
plt.hist(data.Tag, log=True, label='Tags', color='olive', bins=50)
plt.xlabel('Tags', fontsize=16)
```

```
plt.ylabel('Count', fontsize=16)
plt.title("Tags Frequency", fontsize=20)
plt.grid(alpha=0.3)
plt.legend()
plt.xticks(fontsize=15)
plt.yticks(fontsize=15)
plt.xticks(rotation=90)
plt.show()
```

程序执行效果如图 6-1 所示。

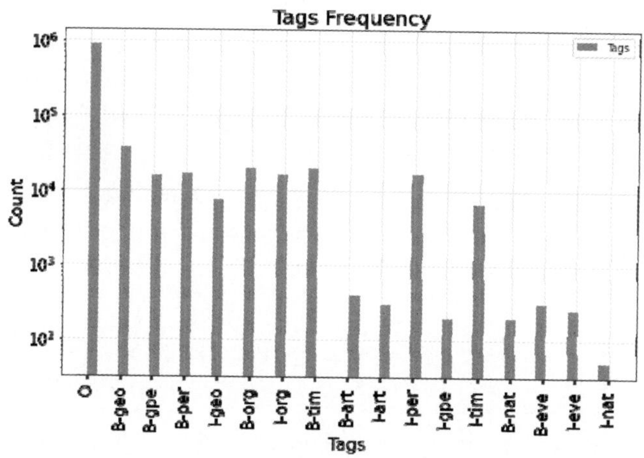

图 6-1　标签(NER tags)在数据集中的频率直方图

(12) 从准备好的数据集中提取句子和对应的标签，这样就得到了 X 列表，其中包含了句子以及 Y_ready 列表(相应的标签列表)。代码如下：

```
X = list(ready_data['Sentence'])
Y = list(ready_data['Tag'])
from ast import literal_eval
Y_ready = []

for sen_tags in Y:
   Y_ready.append(literal_eval(sen_tags))

print("First three sentences: \n")
print(X[:3])
```

程序执行后会打印输出数据集中的前三个句子：

```
First three sentences:

['Thousands of demonstrators have marched through London to protest the war in Iraq
```

```
and demand the withdrawal of British troops from that country .', 'Families of
soldiers killed in the conflict joined the protesters who carried banners with such
slogans as " Bush Number One Terrorist " and " Stop the Bombings . "', 'They marched
from the Houses of Parliament to a rally in Hyde Park .']
```

(13) 打印输出准备好的数据集中前三个句子的标签，具体实现代码如下：

```
print("First three Tags: \n")
print(Y_ready[:3])
```

程序执行后会输出：

```
First three Tags:

[['O', 'O', 'O', 'O', 'O', 'O', 'B-geo', 'O', 'O', 'O', 'O', 'O', 'B-geo', 'O', 'O',
'O', 'O', 'O', 'B-gpe', 'O', 'O', 'O', 'O', 'O'], ['O', 'O', 'O', 'O', 'O', 'O',
'O', 'O', 'O', 'O', 'O', 'O', 'O', 'O', 'O', 'O', 'O', 'O', 'B-per', 'O', 'O', 'O',
'O', 'O', 'O', 'O', 'O', 'O', 'O', 'O'], ['O', 'O', 'O', 'O', 'O', 'O', 'O', 'O',
'O', 'O', 'O', 'B-geo', 'I-geo', 'O']]
```

(14) 使用 TensorFlow 的 Keras 模块中的 Tokenizer 类和 pad_sequences 函数()，并打印句子的数量。代码如下：

```
from tensorflow.keras.preprocessing.text import Tokenizer
from tensorflow.keras.preprocessing.sequence import pad_sequences

print("Number of examples: {}".format(len(X)))
```

上述代码段主要用于展示数据集中有多少个句子。在进行文本序列化和填充之前，了解数据集规模是很有帮助的。程序执行后会输出：

```
Number of examples: 47959
```

(15) 对文本数据进行预处理，以便于后续的深度学习模型训练。代码如下：

```
maxlen = 110

max_words = 36000

tokenizer = Tokenizer(num_words=max_words)
tokenizer.fit_on_texts(X)
sequences = tokenizer.texts_to_sequences(X)
word_index = tokenizer.word_index
print("Found {} unique tokens.".format(len(word_index)))
ind2word = dict([(value, key) for (key, value) in word_index.items()])
```

对上述代码的具体说明如下。

① 截断句子长度：通过设置 maxlen = 110，限制每个句子的最大长度为 110 个单词。

② 选择前 36000 个最常见的词汇：通过设置 max_words = 36000，仅考虑数据集中出现频率最高的 36000 个词汇。

③ 文本序列化和索引化：使用 Tokenizer 对象，将句子进行文本序列化，将文本转换为数字序列。该对象学习了数据集的词汇表，并使用 texts_to_sequences()方法将每个句子转换为对应的数字序列。

④ 生成词汇表：word_index 包含了学习到的词汇表，其中每个单词都映射到一个唯一的整数索引。

⑤ 创建索引到单词的映射：ind2word 是一个字典，用于将整数索引映射回对应的单词。

⑥ 输出唯一单词数量：打印学到的唯一单词的数量。

程序执行后会输出：

```
Found 27953 unique tokens.
```

(16) 以下代码创建了两个字典：

① word2id：它是之前学到的词汇表 word_index 的一个副本，其中键是单词，值是对应的整数索引。

② id2word：通过循环遍历 word2id 字典，创建一个新的字典 id2word，其中键是整数索引，值是对应的单词。

这两个字典的目的是提供从单词到整数索引以及从整数索引到单词的映射，以便于后续在模型中使用。

```
word2id = word_index

id2word = {}
for key, value in word2id.items():
   id2word[value] = key
```

(17) 使用函数 pad_sequences()对通过 Tokenizer 对象序列化的文本进行填充，以保证所有句子的长度相同。具体地，通过 maxlen=110 参数，将每个句子的长度限制为 110 个单词，使用 post 参数进行填充，即在句子的末尾进行填充。然后查看第一个样本，并打印处理后的第一个样本。这个样本现在是一个长度为 110 的整数序列，表示了原始文本的词汇索引。代码如下：

```
X_preprocessed = pad_sequences(sequences, maxlen=maxlen, padding='post')
X_preprocessed[0]
```

程序执行后会输出：

```
array([ 260,    3,  997,   13, 1838,  245,  452,    4,  545,    1,  121,
          2,   60,    6,  595,    1,  861,    3,  184,   89,   21,   12,
         54,    0,    0,    0,    0,    0,    0,    0,    0,    0,    0,
```

```
       0,    0,    0,    0,    0,    0,    0,    0,    0,    0,    0,
       0,    0,    0,    0,    0,    0,    0,    0,    0,    0,    0,
       0,    0,    0,    0,    0,    0,    0,    0,    0,    0,    0,
       0,    0,    0,    0,    0,    0,    0,    0,    0,    0,    0,
       0,    0,    0,    0,    0,    0,    0,    0,    0,    0,    0,
       0,    0,    0,    0,    0,    0,    0,    0,    0,    0,    0,
       0,    0,    0,    0,    0,    0,    0,    0,    0,    0,    0],
    dtype=int32)
```

(18) 返回在进行预处理(文本序列化和填充)后的数据中的第 22479 个样本。这个索引值对应于原始数据集中的第 22479 个句子。代码如下：

```
X_preprocessed[22479]
```

如果希望查看处理后的第 22479 个样本的具体内容，可以执行上述代码并打印结果。这样就能看到一个长度为 110 的整数序列，代表着对应句子中每个单词的词汇索引。

```
array([ 9811,     2,   640,   454,  2760,   155,   944, 15986,  5319,
        1941,     3,    61,  4900,   155,  4877, 22425,  1941,    17,
       13036, 22426, 22427,     6,   699,   325,   428, 22428,  1941,
       13142, 13143, 22429, 22430,    47,   381,    25,  2859,   907,
       22431,  2166,     4,   155,  1229, 22432,  1941,     2,   754,
         629,     3,    61,  4899,   155,   975, 22433,  1941,    17,
       13036,     6,   699,   454,   428, 22434,  1941, 13142, 13143,
        1033,  1453,    21,     1,   257,  3560,    22,     1,  4417,
           3,     1,  5701,     3,  3783,  2111,  1028,  1243, 22435,
          61,  6936,  2197,  3486,     1,   135,  1185,   257,     0,
           0,     0,     0,     0,     0,     0,     0,     0,     0,
           0,     0,     0,     0,     0,     0,     0,     0,     0,
           0,     0], dtype=int32)
```

(19) 创建字典 tags2id，其中键是标签(NER tags)，值是对应的整数索引。具体而言，它通过遍历 tags 列表，使用 enumerate()函数获取每个标签的索引，然后将标签和索引映射到字典中。最终，tags2id 就是一个用于将标签转换为整数索引的字典。这种映射通常在训练深度学习模型时用于对标签进行编码。代码如下：

```
tags2id = {}
for i, tag in enumerate(tags):
    tags2id[tag] = i

tags2id
```

程序执行后会输出：

```
{'O': 0,
 'B-geo': 1,
 'B-gpe': 2,
```

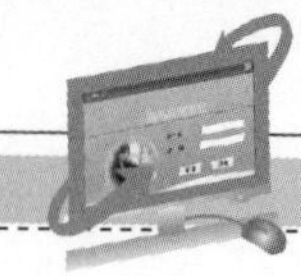


```
 'B-per': 3,
 'I-geo': 4,
 'B-org': 5,
 'I-org': 6,
 'B-tim': 7,
 'B-art': 8,
 'I-art': 9,
 'I-per': 10,
 'I-gpe': 11,
 'I-tim': 12,
 'B-nat': 13,
 'B-eve': 14,
 'I-eve': 15,
 'I-nat': 16}
```

(20) 创建字典 id2tag，用于将整数索引映射回对应的标签(NER tags)。通过遍历 tags2id 字典，将其中的键值对颠倒，得到一个新的字典。代码如下：

```
id2tag = {}
for key, value in tags2id.items():
    id2tag[value] = key
```

程序执行后会输出：

```
{0: 'O',
 1: 'B-geo',
 2: 'B-gpe',
 3: 'B-per',
 4: 'I-geo',
 5: 'B-org',
 6: 'I-org',
 7: 'B-tim',
 8: 'B-art',
 9: 'I-art',
 10: 'I-per',
 11: 'I-gpe',
 12: 'I-tim',
 13: 'B-nat',
 14: 'B-eve',
 15: 'I-eve',
 16: 'I-nat'}
```

(21) 创建函数 preprocess_tags()，接受一个字典 tags2id(用于将标签映射到整数索引)和一个列表 Y_ready(包含原始标签列表的列表)作为参数，并返回一个新的预处理后的标签列表 Y_preprocessed。代码如下：

```
def preprocess_tags(tags2id, Y_ready):
    Y_preprocessed = []  # 用于存储新的预处理标签列表
```

```
    maxlen = 110  # 每个句子的最大长度

    # 对每个目标标签列表进行处理
    for y in Y_ready:
        Y_place_holder = []  # 用于存储新的预处理标签列表的占位符

        # 对标签列表中的每个标签进行处理
        for tag in y:
            # 将标签的整数索引添加到占位符列表
            Y_place_holder.append(tags2id[tag])

        # 计算新的预处理标签列表的长度
        len_new_tag_list = len(Y_place_holder)

        # 计算标签列表和填充后句子长度之间的差异
        num_O_to_add = maxlen - len_new_tag_list

        # 添加“O”标签以填充标签列表
        padded_tags = Y_place_holder + ([tags2id['O']] * num_O_to_add)
        Y_preprocessed.append(padded_tags)

    return Y_preprocessed
```

这个函数的目的是将原始标签列表转换为与填充后的句子长度相匹配的预处理标签列表，其主要步骤包括将标签映射为整数索引、计算差异并填充“O”标签。最后，返回包含新标签列表的列表 Y_preprocessed。

(22) 调用函数 preprocess_tags()，将原始的标签列表 Y_ready 转换为预处理的标签列表 Y_preprocessed。通过打印其中的第一个样本，可以查看经过处理后的结果。代码如下：

```
Y_preprocessed = preprocess_tags(tags2id, Y_ready)
print(Y_preprocessed[0])
```

程序执行后将输出经过预处理的第一个样本的标签列表，其中包含整数索引。这个列表的长度已经被填充为 110，以匹配填充后的句子长度。

```
[0, 0, 0, 0, 0, 0, 1, 0, 0, 0, 0, 0, 1, 0, 0, 0, 0, 0, 2, 0, 0, 0, 0, 0, 0, 0, 0,
 0, 0, 0, 0, 0, 0, 0, 0, 0, 0, 0, 0, 0, 0, 0, 0, 0, 0, 0, 0, 0, 0, 0, 0, 0, 0, 0,
 0, 0, 0, 0, 0, 0, 0, 0, 0, 0, 0, 0, 0, 0, 0, 0, 0, 0, 0, 0, 0, 0, 0, 0, 0, 0, 0,
 0, 0, 0, 0, 0, 0, 0, 0, 0, 0, 0, 0, 0, 0, 0, 0, 0, 0, 0, 0, 0, 0, 0, 0, 0, 0, 0, 0, 0]
```

(23) 通过打印 Y_ready[0]，可以查看原始数据集中第一个样本的标签列表。代码如下：

```
print(Y_ready[0])
```

程序执行后会输出：

```
['O', 'O', 'O', 'O', 'O', 'O', 'B-geo', 'O', 'O', 'O', 'O', 'O', 'B-geo', 'O', 'O',
 'O', 'O', 'O', 'B-gpe', 'O', 'O', 'O', 'O', 'O']
```

(24) 以下代码将得到训练集中样本(句子)和对应目标(标签)的数量，这对于确保训练集的一致性和合理性非常重要。

```
print("The Lenght of training examples: {}".format(len(X_preprocessed)))
print("The Lenght of training targets: {}".format(len(Y_preprocessed)))
```

程序执行后将输出训练集中样本和目标的数量：

```
The Lenght of training examples: 47959
The Lenght of training targets: 47959
```

(25) 使用 np.arange(len(Y_preprocessed))创建一个索引数组，然后使用 np.random.shuffle (indices)对这些索引进行随机打乱。接着，按照指定比例划分训练集、验证集和测试集，并分别打印它们的样本数量。代码如下：

```
X_preprocessed = np.asarray(X_preprocessed)
Y_preprocessed = np.asarray(Y_preprocessed)
# 70% of the datat will be used for training
training_samples = 0.7
# 15% of the datat will be used for validation
validation_samples = 0.15
# 15% of the datat will be used for testing
testing_samples = 0.15

indices = np.arange(len(Y_preprocessed))
np.random.seed(seed=555)
np.random.shuffle(indices)
X_preprocessed = X_preprocessed[indices]
Y_preprocessed = Y_preprocessed[indices]

X_train = X_preprocessed[: int(0.7 * len(X_preprocessed))]
print("Number of training examples: {}".format(len(X_train)))

X_val = X_preprocessed[int(0.7 * len(X_preprocessed)) : int(0.7 *
len(X_preprocessed)) + (int(0.15 * len(X_preprocessed)) + 1)]
print("Number of validation examples: {}".format(len(X_val)))

X_test = X_preprocessed[int(0.7 * len(X_preprocessed)) + (int(0.15 *
len(X_preprocessed)) + 1) : ]
print("Number of testing examples: {}".format(len(X_test)))

Y_train = Y_preprocessed[: int(0.7 * len(X_preprocessed))]
Y_val = Y_preprocessed[int(0.7 * len(X_preprocessed)) : int(0.7 *
len(X_preprocessed)) + (int(0.15 * len(X_preprocessed)) + 1)]
```

```
Y_test = Y_preprocessed[int(0.7 * len(X_preprocessed)) + (int(0.15 *
len(X_preprocessed)) + 1) : ]

print("Total number of examples after shuffling and splitting:
{}".format(len(X_train) + len(X_val) + len(X_test)))
```

程序执行后会输出：

```
Number of training examples: 33571
Number of validation examples: 7194
Number of testing examples: 7194
Total number of examples after shuffling and splitting: 47959
```

(26) 返回训练集中的第 1001 个样本(句子)，这个样本是一个长度为 110 的整数序列，代表着原始文本的词汇索引。代码如下：

```
X_train[1000]
```

程序执行后将输出训练集中第 1001 个样本的内容：

```
array([ 374,   19,    1,  254,   28, 1072,    6,   11, 1201,   59,  412,
          0,    0,    0,    0,    0,    0,    0,    0,    0,    0,    0,
          0,    0,    0,    0,    0,    0,    0,    0,    0,    0,    0,
          0,    0,    0,    0,    0,    0,    0,    0,    0,    0,    0,
          0,    0,    0,    0,    0,    0,    0,    0,    0,    0,    0,
          0,    0,    0,    0,    0,    0,    0,    0,    0,    0,    0,
          0,    0,    0,    0,    0,    0,    0,    0,    0,    0,    0,
          0,    0,    0,    0,    0,    0,    0,    0,    0,    0,    0,
          0,    0,    0,    0,    0,    0,    0,    0,    0,    0,    0,
          0,    0,    0,    0,    0,    0,    0,    0,    0,    0,    0],
      dtype=int32)
```

(27) 返回训练集中的第 1001 个样本的标签序列，这个标签序列是一个长度为 110 的整数序列，代表着原始文本中每个单词对应的标签的整数索引。代码如下：

```
Y_train[1000]
```

程序执行后将输出训练集中第 1001 个样本的标签序列的内容：

```
array([5, 0, 0, 0, 0, 0, 0, 0, 0, 0, 0, 0, 0, 0, 0, 0, 0, 0, 0, 0, 0, 0,
       0, 0, 0, 0, 0, 0, 0, 0, 0, 0, 0, 0, 0, 0, 0, 0, 0, 0, 0, 0, 0, 0,
       0, 0, 0, 0, 0, 0, 0, 0, 0, 0, 0, 0, 0, 0, 0, 0, 0, 0, 0, 0, 0, 0,
       0, 0, 0, 0, 0, 0, 0, 0, 0, 0, 0, 0, 0, 0, 0, 0, 0, 0, 0, 0, 0, 0,
       0, 0, 0, 0, 0, 0, 0, 0, 0, 0, 0, 0, 0, 0, 0, 0, 0, 0, 0, 0, 0, 0])
```

(28) 返回整数索引为 729 的单词，代码如下：

```
id2word[729]
```

程序执行后会输出：

```
'nigeria'
```

(29) 使用 TensorFlow 的 tf.data.Dataset.from_tensor_slices()方法，将训练集、验证集和测试集的样本数据与标签数据转换为 tf.data.Dataset 对象。代码如下：

```
train_dataset = tf.data.Dataset.from_tensor_slices((X_train, Y_train))
val_dataset = tf.data.Dataset.from_tensor_slices((X_val, Y_val))
test_dataset = tf.data.Dataset.from_tensor_slices((X_test, Y_test))
```

(30) 对之前创建的 train_dataset、val_dataset 和 test_dataset 进行预处理，以便用于训练和评估 TensorFlow 模型。代码如下：

```
BATCH_SIZE = 132
SHUFFLE_BUFFER_SIZE = 132

train_dataset = train_dataset.shuffle(SHUFFLE_BUFFER_SIZE).batch(BATCH_SIZE)
val_dataset = val_dataset.batch(BATCH_SIZE)
test_dataset = test_dataset.batch(BATCH_SIZE)
```

(31) 定义一个基于 TensorFlow 的 Keras 框架的序列模型，用于执行命名实体识别任务。代码如下：

```
embedding_dim = 300
maxlen = 110
max_words = 36000
num_tags = len(tags)

model = tf.keras.models.Sequential([
    tf.keras.layers.Embedding(max_words, embedding_dim, input_length=maxlen),
    tf.keras.layers.Bidirectional(tf.keras.layers.LSTM(units=100, activation='tanh',
        return_sequences=True)),
    tf.keras.layers.Bidirectional(tf.keras.layers.LSTM(units=100, activation='tanh',
        return_sequences=True)),
    tf.keras.layers.TimeDistributed(tf.keras.layers.Dense(num_tags, activation=
        'softmax'))
])

model.summary()
```

对上述模型的主要结构说明如下。

① Embedding 层：将词汇表中的单词映射到密集的词嵌入空间。input_length=maxlen 表示每个输入序列的长度为 110。

② Bidirectional LSTM 层：具有 100 个 LSTM 单元，通过 return_sequences=True 返回完整序列。这两个层是双向的，可以捕捉序列中的前向和后向信息。

③ TimeDistributed 层：应用于全连接层，对每个时间步骤进行独立的全连接操作。这

是因为我们在序列标注任务中的每个时间步骤都需要输出一个标签。

④ 输出层：使用 Softmax 激活函数，输出层的节点数等于标签的数量，即 num_tags。

最后通过 model.summary()打印模型信息，以便查看模型的层次结构和参数数量。

```
Model: "sequential"
_________________________________________________________________
Layer (type)                 Output Shape              Param #
=================================================================
embedding (Embedding)        (None, 110, 300)          10800000
_________________________________________________________________
bidirectional (Bidirectional (None, 110, 200)          320800
_________________________________________________________________
bidirectional_1 (Bidirection (None, 110, 200)          240800
_________________________________________________________________
time_distributed (TimeDistri (None, 110, 17)           3417
=================================================================
Total params: 11,365,017
Trainable params: 11,365,017
Non-trainable params: 0
_________________________________________________________________
```

(32) 对模型进行训练，并返回包含训练过程中损失和准确率历史记录的 history 对象。代码如下：

```
model.compile(loss='sparse_categorical_crossentropy',
         optimizer='adam',
         metrics=['accuracy'])
history = model.fit(train_dataset,
            validation_data=val_dataset,
            epochs=15)
```

对上述代码的具体说明如下。

① 编译模型：使用 model.compile()方法配置模型的损失函数、优化器和评估指标。在这里，使用 sparse_categorical_crossentropy 作为损失函数，adam 作为优化器，衡量指标为准确率(accuracy)。

② 训练模型：使用 model.fit()方法进行模型训练。提供训练数据集 train_dataset 和验证数据集 val_dataset，并设置训练的 epoch 为 15。

程序执行后会输出训练过程：

```
Epoch 1/15
2022-01-15 16:43:14.798737: I tensorflow/compiler/mlir/mlir_graph_optimization_
pass.cc:185] None of the MLIR Optimization Passes are enabled (registered 2)
2022-01-15 16:43:16.042343: I tensorflow/stream_executor/cuda/cuda_dnn.cc:369]
Loaded cuDNN version 8005
```

```
255/255 [==============================] - 19s 51ms/step - loss: 0.1815 - accuracy:
0.9659 - val_loss: 0.1118 - val_accuracy: 0.9706
Epoch 2/15
255/255 [==============================] - 12s 46ms/step - loss: 0.0935 - accuracy:
0.9735 - val_loss: 0.0785 - val_accuracy: 0.9765
//省略部分
Epoch 15/15
255/255 [==============================] - 12s 46ms/step - loss: 0.0152 - accuracy:
0.9948 - val_loss: 0.1058 - val_accuracy: 0.9802
```

(33) 使用 model.evaluate()方法评估模型在测试数据集上的性能，具体实现代码如下：

```
model.evaluate(test_dataset)
```

程序执行后将输出模型在测试数据集上的损失值和准确率。在这个上下文中，损失值表示模型在测试集上的性能，而准确率则表示模型在正确分类标签的样本上的百分比。

```
55/55 [==========================] - 1s 18ms/step - loss: 0.1029 - accuracy: 0.9806

[0.10285092890262604, 0.980560839176178]
```

(34) 使用库 Matplotlib 绘制模型在训练和验证过程中的准确率和损失的变化图。具体而言，就是创建一个包含两个子图的图表，每个子图分别表示训练准确率和验证准确率的变化，以及训练损失和验证损失的变化。代码如下：

```
acc = history.history['accuracy']
val_acc = history.history['val_accuracy']

loss = history.history['loss']
val_loss = history.history['val_loss']

epochs = range(1, len(acc) + 1)

fig, ax = plt.subplots(1, 2, constrained_layout=True, figsize=(6, 4), dpi=80)

# 绘制准确率图表
ax[0].plot(epochs, acc, label="Training Accuracy", color='darkblue')
ax[0].plot(epochs, val_acc, label="Validation Accuracy", color='darkgreen')
ax[0].grid(alpha=0.3)
ax[0].title.set_text('Training Vs Validation Accuracy')
ax[0].fill_between(epochs, acc, val_acc, color='crimson', alpha=0.3)
plt.setp(ax[0], xlabel='Epochs')
plt.setp(ax[0], ylabel='Accuracy')

# 绘制损失值图表
ax[1].plot(epochs, loss, label="Training Loss", color='darkblue')
ax[1].plot(epochs, val_loss, label="Validation Loss", color='darkgreen')
```

```
ax[1].grid(alpha=0.3)
ax[1].title.set_text('Training Vs Validation Loss')
ax[1].fill_between(epochs, loss, val_loss, color='crimson', alpha=0.3)
plt.setp(ax[1], xlabel='Epochs')
plt.setp(ax[1], ylabel='Loss')

plt.show()
```

在第一个子图中绘制了训练准确率、验证准确率以及它们之间的差异，在第二个子图中绘制了训练损失、验证损失以及它们之间的差异。执行效果如图 6-2 所示。

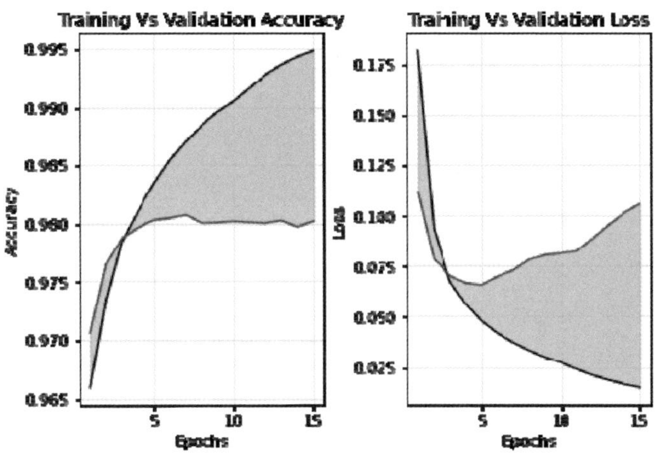

图 6-2 训练和验证过程中准确率和损失的变化图

(35) 定义函数 make_prediction()，接受一个训练好的模型 model、一个经过预处理的句子 preprocessed_sentence、词汇表的逆映射 id2word 和标签的逆映射 id2tag，此函数允许输入一个句子并获得模型对其进行的命名实体识别的预测结果。代码如下：

```
def make_prediction(model, preprocessed_sentence, id2word, id2tag):

    # 如果句子的形状不是 (1, 110)
    if preprocessed_sentence.shape != (1, 110):
        preprocessed_sentence = preprocessed_sentence.reshape((1, 110))

    # 将预处理的句子还原为其原始形式
    sentence = preprocessed_sentence[preprocessed_sentence > 0]
    word_list = []
    for word in list(sentence):
        word_list.append(id2word[word])
    original_sentence = ' '.join(word_list)
```

```
    len_original_sentence = len(word_list)

    # 进行模型预测
    prediction = model.predict(preprocessed_sentence)
    prediction = np.argmax(prediction[0], axis=1)

    # 将预测结果还原为其原始形式
    prediction = list(prediction)[:len_original_sentence]

    pred_tag_list = []
    for tag_id in prediction:
        pred_tag_list.append(id2tag[tag_id])

    return original_sentence, pred_tag_list

orginal_sentence, pred_tag_list = make_prediction(model=model,
                                    preprocessed_sentence=X_test[520],
                                    id2word=id2word,
                                    id2tag=id2tag)
print(orginal_sentence)
```

程序执行后输出：

```
tuesday the manhattan new york city prosecutor unsealed a multi count indictment
against china based limmt economic and trade company and li fang wei one of the firm
's managers
```

上面输出的结果是模型对输入句子的预测。在这个例子中，模型认为输入的句子中包含了多个命名实体，但没有提供具体的预测标签。用户可以通过查看 pred_tag_list 变量的内容，查看模型对每个单词预测的命名实体标签。

(36) 如果对具体的预测标签感兴趣，可以通过以下代码输出 pred_tag_list：

```
print(pred_tag_list)
```

这将输出显示模型对输入句子中每个单词的预测命名实体标签：

```
['B-tim', 'O', 'O', 'B-geo', 'O', 'I-geo', 'I-geo', 'O', 'O', 'O', 'O', 'O', 'O',
'O', 'O', 'O', 'O', 'O', 'O', 'O', 'O', 'B-art', 'O', 'I-per', 'O', 'O', 'O', 'O',
'O', 'O']
```

第 7 章 大模型 Transformer

Transformer 模型是一种用于自然语言处理和其他序列到序列任务的深度学习模型，最早由 Google 的研究人员在 2017 年提出，并在 NIPS(neural information processing systems)会议上发表了题为 *Attention is All You Need* 的论文。本章将详细介绍在自然语言处理中使用 Transformer 模型的知识。

7.1 Transformer 模型介绍

扫码看视频

Transformer 模型的创新之处在于引入了自注意力机制，消除了传统循环神经网络和长短期记忆网络中的顺序依赖，使得模型更容易并行化，加速训练过程。由于 Transformer 的架构具有良好的并行性，使得它能够高效地训练在大规模数据上。这种架构的成功促使了许多后续模型的发展，包括 BERT、GPT 等。Transformer 架构在自然语言处理、机器翻译等领域取得了显著的性能提升，成为深度学习领域的经典模型之一。本节将详细讲解 Transformer 模型的基础知识。

7.1.1 Transformer 模型的基本概念

Transformer 模型在自然语言处理任务中取得了巨大的成功，如机器翻译、文本生成和问答系统等。Transformer 模型的基本概念如下。

- 自注意力机制：Transformer 模型的核心是自注意力机制，它使得模型能够在一个序列中的每个位置关注其他位置的信息。这种机制允许模型在处理不同位置的输入时分配不同的注意力权重。
- 编码器-解码器结构：Transformer 模型通常由编码器和解码器组成，编码器负责将输入序列转换为抽象的表示，而解码器则将该表示映射为输出序列。这种结构对于序列到序列的任务(如机器翻译)非常有效。
- 多头注意力：为了捕捉不同层次的语义信息，Transformer 使用多个注意力头，每个头都学习不同的关注权重，这使得模型可以并行地关注输入序列中的不同部分。
- 位置编码(positional encoding)：由于 Transformer 没有固定的顺序信息，需要引入位置编码以在输入序列中保留位置信息。位置编码被添加到输入嵌入向量中，以帮助模型理解序列的顺序。
- 残差连接和层归一化：为了加速训练和提高模型的稳定性，Transformer 使用残差连接和层归一化技术进行处理，这些技术有助于避免梯度消失和爆炸问题。
- 前馈神经网络：在编码器和解码器中都包含前馈神经网络，用于对注意力层的输出进行进一步的变换。
- 嵌入层：输入序列中的每个词或标记都被嵌入高维空间中，以便模型可以对它们进行学习。
- 学习率调度(learning rate scheduling)：为了更好地训练模型，Transformer 通常使用学习率调度策略逐渐降低学习率。

7.1.2 Transformer 模型的优势

相较于传统的循环神经网络(RNN)和长短期记忆网络(LSTM)等序列模型，Transformer 模型在处理序列数据方面具有一些显著的优势，这些优势如下。

- 并行计算能力：Transformer 模型中的自注意力机制允许模型在处理序列时并行计算，而不像 RNN 那样需要按顺序逐步处理。这使得 Transformer 在硬件上更易于加速，加快了训练和推理的速度。
- 远距离依赖性：自注意力机制在处理长距离依赖性时表现出色。相比之下，传统的 RNN 在处理长序列时可能会面临梯度消失或梯度爆炸的问题。因此，Transformer 在处理长距离上下文信息的任务中更为有效。
- 捕捉全局信息：多头注意力机制允许模型关注输入序列中的不同部分，有助于捕捉全局信息。这对于理解输入序列的语义结构和关系非常重要，特别是在自然语言处理任务中，如机器翻译。
- 适应不同任务：Transformer 模型的通用性使其能够适应多种序列到序列的任务，如机器翻译、文本摘要、语言建模等。只需调整模型的输入和输出部分，就可以轻松应用于不同的应用领域。
- 易于理解和解释：Transformer 模型的结构相对清晰，每个组件都有其明确定义的作用，使得它更易于理解和解释。这有助于研究人员和从业者更好地理解模型的运作原理。
- 可扩展性：Transformer 模型的结构和自注意力机制的特性使其更易于扩展。通过增加注意力头、层数等，可以增强模型的表示能力，适应更复杂的任务。
- 学习全局表示：Transformer 模型的自注意力机制允许模型同时考虑输入序列中的所有位置，有助于学习全局的语义表示，而不会受到局部顺序的限制。

总体而言，Transformer 模型的出现为序列数据处理领域带来了革命性的变化，使得在自然语言处理等任务中取得了很大的成功。Transformer 模型的主要优势在于处理长距离依赖性、并行计算能力以及对全局信息的有效捕捉，使得它成为当前众多序列任务中的首选模型之一。

7.1.3 Transformer 的结构

Transformer 模型的整体结构包含编码器和解码器，它们都由多层堆叠的模块组成的。

1. 编码器

- 自注意力层(self-attention layer)：这是 Transformer 的核心组件。自注意力机制允许

模型在处理输入序列时在不同位置上分配不同的注意力权重，以便在每个位置关注序列中其他位置的信息。每个位置的注意力权重是通过计算输入序列中所有位置的权重得到的。

- 前馈神经网络：每个自注意力层后面都有一个全连接的前馈神经网络，用于对自注意力层的输出进行非线性变换。
- 残差连接和层归一化：在每个子层(自注意力层和前馈神经网络)的输入和输出之间都有残差连接和层归一化。这有助于防止梯度消失和梯度爆炸问题，提高训练稳定性。

2. 解码器

- 自注意力层：解码器中的自注意力层与编码器中的自注意力层类似，允许模型在处理输出序列时关注输入序列的不同部分。
- 编码器-解码器注意力层(encoder-decoder attention layer)：允许解码器关注编码器的输出，以捕捉输入序列与输出序列之间的关系。
- 前馈神经网络：与编码器中的类似，用于对自注意力层和编码器-解码器注意力层的输出进行非线性变换。
- 残差连接和层归一化：同样在每个子层之间应用残差连接和层归一化。

3. 嵌入层

- 输入嵌入：将输入序列中的每个词或标记嵌入到高维空间中。
- 位置编码：为了在没有顺序信息的情况下保留位置信息，将位置编码添加到输入嵌入中。

4. 最终输出层

解码器的输出通过一个线性层，然后应用 Softmax 激活函数，得到最终的输出概率分布。

总体来说，Transformer 模型的结构可以表示为多个堆叠的编码器和解码器层，每个层都由多头自注意力子层和前馈神经网络子层组成，两者之间都有残差连接和层归一化。这种结构允许模型学习输入序列的表示并生成与之相关的输出序列。

7.2 DeepSeek 中的 Transformer 架构

扫码看视频

DeepSeek 与 Transformer 架构存在着紧密的依存关系。它在很大程度上继承了 Transformer 架构的基本框架，包括多层 Transformer 块的堆叠方式以及注意力机制等。DeepSeek 在基础 Transformer 架构上引入混合专家架构(MoE)，动态激活部分参数，显著降低了计算成本。DeepSeek 还通过引入更大规模的数据预训练、长文本建模优化，以及多头潜在注意力机制、混合专家模型架构等创新和优化，进一步提升了模型的推理能力和多任务处理能力。这使其在自然语言处理任务中展现出更为强大的性能优势，推动了人工智能技术的发展。

7.2.1 DeepSeek 介绍

1. 公司背景

- 成立时间：DeepSeek 成立于 2023 年 7 月 17 日，全称为杭州深度求索人工智能基础技术研究有限公司，由知名量化资管公司幻方量化创立。
- 公司定位：公司致力于开发先进的大语言模型(LLM)及相关技术，专注于自然语言处理、机器学习、深度学习等核心技术的研发。
- 核心优势：DeepSeek 在硬件资源和技术积累上具备显著优势，拥有强大的研发能力和创新精神。

2. DeepSeek 对人工智能市场的影响

DeepSeek 的崛起对人工智能市场产生了深远影响，主要体现在以下几个方面。

- 技术创新与成本降低：DeepSeek 通过算法优化和高效的模型训练方法，显著降低了人工智能模型的开发和运行成本。其 R1 模型在性能上可与 OpenAI 的 GPT-4 相媲美，但训练成本仅为其一小部分。这一突破使得更多企业和开发者能够负担得起先进的 AI 技术，促进了 AI 的普及和应用。
- 市场竞争格局的变化：DeepSeek 的成功挑战了美国科技巨头在 AI 领域的主导地位，其高性价比的 AI 模型引发了全球市场的关注，导致 Nvidia 等公司的股价大幅下跌。例如，Nvidia 的市值在短短一天内蒸发了约 5890 亿美元，创下历史纪录。
- 投资与产业链重塑：DeepSeek 的崛起促使全球投资者重新评估 AI 产业链的价值和风险。传统的 AI 硬件供应商面临新的竞争压力，投资者开始关注 AI 模型的效率和应用场景，而不仅仅是硬件性能。这种转变可能导致资金流向更具创新性的 AI 软件和服务领域。
- 政策与地缘政治影响：DeepSeek 的成功引发了对美国对华芯片和 AI 技术限制政策有效性的质疑，其在有限的资源下取得的成就，显示出技术封锁可能无法阻止中国在 AI 领域的快速发展。这可能促使美国政府重新评估其对华科技政策，进而影响未来的国际科技合作与竞争格局。

综上所述，DeepSeek 的崛起不仅在技术层面带来了创新突破，也在市场竞争、投资策略和国际政策等方面引发了深刻的变革，推动了全球人工智能产业的发展方向。

7.2.2 多头潜在注意力(MLA)

在传统的 Transformer 模型中，多头注意力机制(MHA)作为核心组件之一，通过将输入分割成多个头来并行计算注意力，能够捕捉序列不同方面的信息。然而，在自回归生成任务中，MHA 的键值(KV)缓存随着序列长度的增加呈线性增长，这导致内存消耗急剧上升，成为影响推理效率的主要瓶颈。为了解决这一问题，DeepSeek 引入了 MLA 机制。

1. MLA 的工作原理

MLA 通过低秩键值联合压缩技术来显著减少 KV 缓存的内存占用。其具体工作流程如下。

- 低秩 KV 联合压缩：MLA 将高维的键(K)和值(V)矩阵通过低秩分解，映射到低维的潜在空间中，从而生成压缩后的潜在向量。在推理过程中，仅需缓存这些低维的潜在向量，这显著减少了 KV 缓存的大小。
- 解耦旋转位置嵌入(Decoupled RoPE)：为整合相对位置信息，MLA 采用了解耦的旋转位置嵌入(RoPE)方法。该方法通过额外的 Query 和共享 Key 来专门处理相对位置信息，避免了 RoPE 与低秩压缩矩阵之间的冲突。
- 注意力计算与恢复：在低维潜在空间中执行多头注意力计算后，MLA 通过上投影矩阵将潜在向量解压缩，重构出原始维度的 K 和 V 矩阵，从而完成注意力计算。

2. MLA 的优势

- 显著减少 KV 缓存：MLA 通过低秩压缩将 KV 缓存压缩到低维潜在向量中，显著降低了内存占用。与 MHA 相比，MLA 在推理时只需缓存更少的元素，从而提高了推理效率。
- 保持或提升性能：尽管 KV 缓存大幅减少，但 MLA 的性能优于传统的 MHA。它通过在低维潜在空间中提取输入数据的核心特征，增强了模型对全局依赖的捕捉能力。
- 模块化设计：MLA 能够与卷积网络、循环网络等其他深度学习模块无缝结合，适用于自然语言处理、计算机视觉等多种任务。

3. MLA 的性能对比

- 与 MHA 的对比：MLA 在保持性能的同时，显著减少了 KV 缓存的需求。例如，在推理过程中，MLA 只需要缓存每个 token 中更少个数的元素。
- 与 MQA 和 GQA 的对比：与多查询注意力(MQA)和分组查询注意力(GQA)相比，MLA 在减少 KV 缓存的同时，能够保持甚至提升模型的性能。

4. MLA 的应用场景

MLA 适用于需要处理长序列的任务，如长文档生成、冗长对话等。在这些场景中，传统的 MHA 受 KV 缓存的限制，难以高效处理长序列，而 MLA 通过减少内存占用，能够显著提升推理速度和吞吐量。

综上所述，MLA 是一种创新的注意力机制，通过低秩键值联合压缩技术，在显著减少 KV 缓存的同时，保持甚至提升了模型的性能。

7.2.3 混合专家架构(MoE)

DeepSeek 的前馈网络(FFN)采用了 DeepSeekMoE 架构，这是一种高性能的混合专家架构。MoE 架构通过在多个专家网络之间进行动态路由，使得每个输入样本只由一部分专家网络进行处理，这样可以在不增加太多计算资源的情况下，扩大模型的容量，提升模型的性能和效率，降低成本。

1. MoE 架构的核心原理

混合专家架构(Mixture of Experts，MoE)是一种高效的模型架构，旨在通过动态激活部分参数来提高模型的计算效率和性能。其核心思想是将传统的 Transformer 架构中的 FFN 层替换为 MoE 层，进而实现稀疏激活。

MoE 架构主要由以下两个关键部分构成。

- 专家网络(Experts)：每个专家是一个独立的子网络，通常是多层感知机(MLP)或更复杂的结构。在 DeepSeek 中，MoE 层包含多个专家，每个专家负责处理输入数据的特定特征。
- 门控网络(Gating/Router)：门控网络依据输入数据的特征动态选择激活哪些专家，它通常是一个简单的前馈网络，通过 softmax 函数计算每个专家的权重。

2. DeepSeek 中的 MoE 实现

DeepSeek 在 MoE 架构中引入了多种创新设计，以进一步提升性能和效率。

- 细粒度专家分割：DeepSeek 将专家数量扩展到传统 MoE 的多倍，并激活更多专家组合，从而提供更灵活的处理能力。
- 共享专家隔离：在每个 MoE 层中，DeepSeek 设计了共享专家，用于捕捉通用知识，减少路由专家之间的冗余。
- 动态路由机制：DeepSeek 的门控网络能够依据输入数据的特性动态选择最适合的专家子集，从而实现高效的计算资源分配。

3. MoE 架构的优势

- 高效预训练和推理：MoE 架构允许模型在远低于稠密模型的计算成本下进行高效预训练和推理。例如，DeepSeek R1 拥有 6710 亿参数，但每次推理仅激活 370 亿参数，显著降低了计算成本。
- 性能与效率的平衡：MoE 架构在保持高生成质量的同时，显著降低了单位计算成本。例如，DeepSeek 的训练能耗比传统模型降低了 40%以上，推理速度提升了约 3 倍。
- 多任务适应能力：MoE 架构通过动态激活专家模块，能够灵活适应多种任务需求。例如，自然语言生成、代码生成、视觉语言理解等。

4. MoE 架构的挑战与解决方案

- 训练挑战：MoE 在预训练阶段效率高，但在微调阶段容易过拟合。DeepSeek 通过改进训练策略，如专家参数共享和动态路由优化，解决了这一问题。
- 推理挑战：尽管 MoE 只激活部分参数进行推理，但所有参数仍需加载到内存中，导致较高的显存需求。DeepSeek 通过优化内存管理和专家激活策略，降低了显存占用。

5. MoE 架构的应用场景

MoE 架构特别适用于需要处理大规模数据和复杂任务的场景，具体如下。

- 自然语言处理：DeepSeek 在学术写作、多语言翻译、代码生成等任务中表现出色，能够显著提升生成质量和效率。
- 视觉语言理解：MoE 架构能够高效处理跨模态任务，例如，将 UI 设计稿转化为功能代码。
- 大规模商业化应用：MoE 架构的高效性和经济性使其成为中小型企业部署 AI 解决方案的理想选择。

总之，通过这些创新设计和优化，DeepSeek 的 MoE 架构在保持高性能的同时，显著降低了计算成本和资源需求，为大规模 AI 应用提供了新的可能性。

7.2.4 Transformer 和 DeepSeek 的性能对比

在实际测试中，Transformer 和 DeepSeek 的性能对比如下。

1. Transformer

(1) 推理效率：在标准任务中表现出色，但其推理速度受模型规模的限制，在处理长文本以及多任务场景时效率欠佳。

(2) 任务表现：适用于通用自然语言处理任务，涵盖文本生成、翻译、问答等，能提供高质量的输出结果。

(3) 训练成本和效率训练：成本较高，尤其是大规模模型，对计算资源的需求大，训练过程相对低效。

2. DeepSeek

(1) 推理效率：通过 MoE 架构，DeepSeek 的推理速度显著提升。例如，DeepSeek-R1 在推理时仅激活 5.5%的参数。

(2) 任务表现。

- 中文任务：在中文任务(如 C-val、C-SimpleQH)中，DeepSeek 的性能显著优于 GPT-4。
- 代码生成任务：在代码生成任务中，DeepSeek 的得分高于 GPT-4 和其他同类模型。
- 多模态任务：虽然 Gemini 在多模态任务中表现更优，但 DeepSeek 通过强化学习后训练(RLHF)在文本逻辑推理上超越了同类模型。

(3) 训练成本和效率。

- 训练成本：DeepSeek 的训练成本显著低于传统 Transformer 模型。例如，DeepSeek 的训练成本仅为 550 万美元，而 GPT-4 的训练成本高达数亿美元。
- 资源效率：支持 FP8 混合精度训练，大幅减少 GPU 资源消耗。

总之，DeepSeek 在继承 Transformer 架构的基础上，通过引入 MoE 和 MLA 等创新机制，显著提升了推理效率和任务表现，同时大幅降低了训练成本和资源消耗。这使得 DeepSeek 在特定任务(如中文处理、代码生成)中表现优于传统 Transformer 模型，尤其适合对效率和成本敏感的应用场景。

7.3 Transformer 实战集锦

Transformer 模型在自然语言处理(NLP)领域中取得了巨大成功，其应用领域极为广泛。例如，机器翻译、文本生成、情感分析、语义分割、问答系统、语言建模，以及推荐系统等诸多领域。

扫码看视频

7.3.1 微调 DeepSeek-R1 模型

本节将通过具体例子，展示微调 DeepSeek-R1-Distill-Qwen 模型的方法，并探讨该模型在增强模型对齐方面所具备的潜力。

1. DeepSeek-R1-Distill-Qwen 介绍

DeepSeek-R1-Distill-Qwen 以 Qwen2.5-32B 模型为基础，并通过更强大的 DeepSeek-R1 生成的数据进行微调。DeepSeek-R1 本身结合了强化学习(RL)和冷启动数据，以增强其推理能力。在多个推理基准测试中，DeepSeek-R1-Distill-Qwen 模型表现优异，超越了诸如 OpenAI 的 o1-mini 等其他模型。在众多任务中，它均达到了当前最先进(SOTA)的水平，展示了其强大的推理和问题解决能力。

DeepSeek-R1-Distill-Qwen 模型是开源的，研究人员和开发者可以自由访问其架构并深入了解其能力，极大地促进了 AI 领域的进一步研究与发展。该模型的开源地址公布在 DeepSeek 的官方网站，感兴趣的人员可前往下载。

同时，大家也可以去魔塔社区下载该模型，如图 7-1 所示。此外，还可以通过 DeepSeek-R1 项目在 GitHub 的开源地址进行下载，如图 7-2 所示。

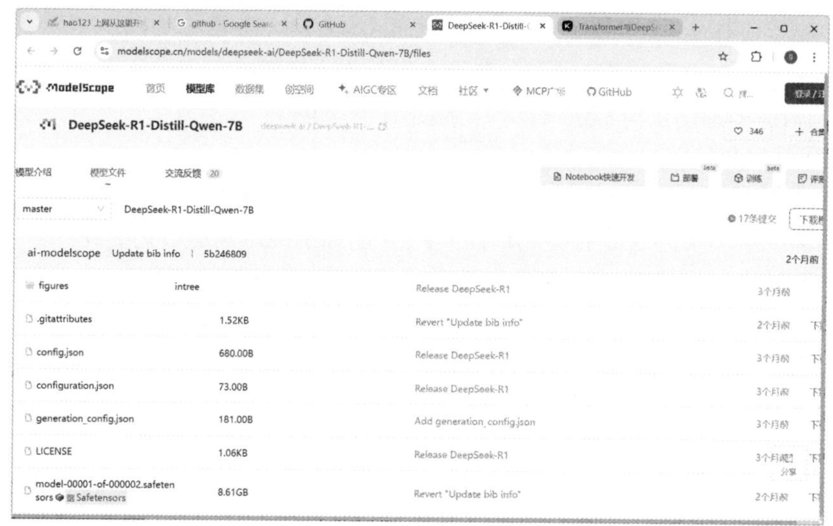

图 7-1　魔塔社区

2. 具体实现

本项目采用 KTO(KL-Selective Token Optimization)方法对 DeepSeek-R1-Distill-Qwen 模型进行了微调，同时结合 LoRA(Low-Rank Adaptation)实现参数高效微调(PEFT)，使得大语言模型能够在低计算资源下高效训练。此外，还使用 Unsloth 框架进行了优化，提升训练速度和推理效率。最终，该模型可以应用于问答、文本生成、事实核验等 NLP 任务，并支持多种格式的存储和部署，比如 16-bit、4-bit，以及 GGUF 格式，甚至能够上传至 Hugging Face Hub 进行共享。

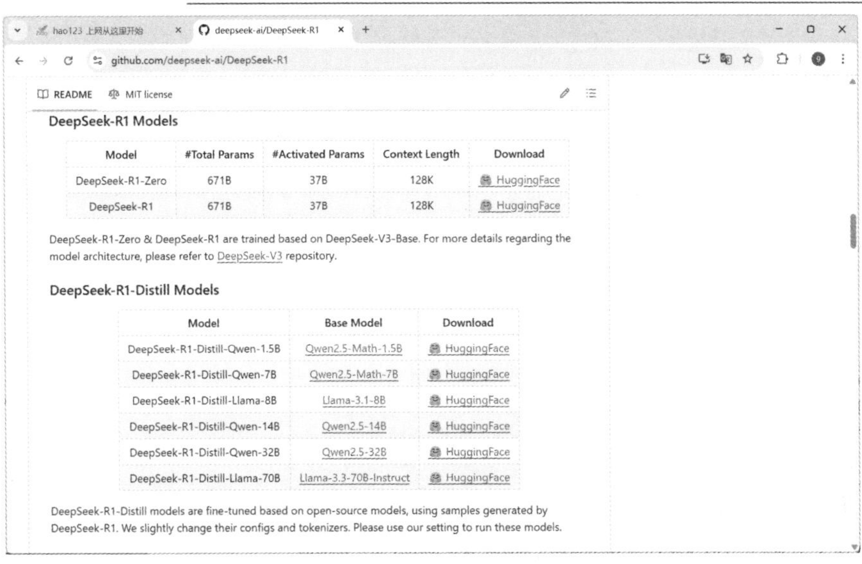

DeepSeek-R1 Models

Model	#Total Params	#Activated Params	Context Length	Download
DeepSeek-R1-Zero	671B	37B	128K	HuggingFace
DeepSeek-R1	671B	37B	128K	HuggingFace

DeepSeek-R1-Zero & DeepSeek-R1 are trained based on DeepSeek-V3-Base. For more details regarding the model architecture, please refer to DeepSeek-V3 repository.

DeepSeek-R1-Distill Models

Model	Base Model	Download
DeepSeek-R1-Distill-Qwen-1.5B	Qwen2.5-Math-1.5B	HuggingFace
DeepSeek-R1-Distill-Qwen-7B	Qwen2.5-Math-7B	HuggingFace
DeepSeek-R1-Distill-Llama-8B	Llama-3.1-8B	HuggingFace
DeepSeek-R1-Distill-Qwen-14B	Qwen2.5-14B	HuggingFace
DeepSeek-R1-Distill-Qwen-32B	Qwen2.5-32B	HuggingFace
DeepSeek-R1-Distill-Llama-70B	Llama-3.3-70B-Instruct	HuggingFace

DeepSeek-R1-Distill models are fine-tuned based on open-source models, using samples generated by DeepSeek-R1. We slightly change their configs and tokenizers. Please use our setting to run these models.

图 7-2　DeepSeek-R1 项目在 GitHub 的开源地址

实例 7-1：DeepSeek-R1-Distill-Qwen 模型的微调(源码路径：codes\7\fine-tuning-deepseek.ipynb)

(1) 通过下面的命令配置 PyTorch 及其依赖项，以支持 CUDA 12.1 并优化深度学习训练环境。首先，卸载旧版本的 torch 及相关组件；然后，重新安装适用于 CUDA 12.1 的 PyTorch、xformers 和 Unsloth，并从 GitHub 获取 Unsloth 的最新版本。此外，如果 GPU 计算能力≥8(如 A100、H100)，则安装 Flash Attention 2 以加速训练，提高大语言模型(LLM)微调的效率，具体实现代码如下：

```
%%capture  # 捕获终端输出，避免在 notebook 中打印

# 安装 pip3-autoremove 以便后续卸载 PyTorch 及相关组件
!pip install pip3-autoremove

# 卸载 PyTorch 及相关组件(torch、torchvision、torchaudio)
!pip-autoremove torch torchvision torchaudio -y

# 重新安装适用于 CUDA 12.1 的 PyTorch 及相关组件
!pip install torch torchvision torchaudio xformers
   --index-url https://download.pytorch.org/whl/cu121

# 安装 Unsloth(一个用于高效 LLM 微调的库)
!pip install unsloth

# 重新安装 Unsloth 的最新版本(直接从 GitHub 获取最新代码)
```

```
!pip uninstall unsloth -y && pip install --upgrade --no-cache-dir
   --no-deps git+https://github.com/unslothai/unsloth.git

# 如果 GPU 计算能力≥8（如 A100、H100），则安装 Flash Attention 2 以加速训练
import torch
if torch.cuda.get_device_capability()[0] >= 8:
   # Flash Attention 2 可加速训练
   !pip install --no-deps packaging ninja einops "flash-attn>=2.6.3"
```

(2) 加载和训练基于 KTO(卡尼曼-特沃斯基优化)的语言模型，具体实现代码如下：

```
import torch      # 用于 GPU 操作和张量计算
import os         # 用于文件和目录操作
import re         # 用于正则表达式处理
from typing import List, Literal, Optional      # 用于类型注解

from datasets import load_dataset               # 用于加载 Hugging Face 数据集
# 用于高效加载和训练语言模型
from unsloth import FastLanguageModel, is_bfloat16_supported
from trl import KTOConfig, KTOTrainer           # 用于 KTO 训练的配置和训练器
```

(3) 加载并配置 DeepSeek-R1-Distill-Qwen-1.5B 模型，以支持高效的自然语言处理任务。首先，设置模型参数，包括最大序列长度(4096)、自动数据类型检测，并启用 4-bit 量化以降低内存占用。然后，加载预训练模型和分词器，确保能够正确解析输入文本。如果分词器缺少默认聊天模板，代码会提供一个标准格式，以保证模型能够正确地处理对话任务，具体实现代码如下：

```
# 设置基本参数
max_seq_length = 4096     # 模型可以处理的最大序列长度
dtype = None    # 自动检测数据类型(Tesla T4/V100 使用 float16，Ampere+ GPU 使用 bfloat16)
load_in_4bit = True       # 启用 4-bit 量化以降低内存占用

# 加载预训练模型和分词器
model, tokenizer = FastLanguageModel.from_pretrained(
   model_name="unsloth/DeepSeek-R1-Distill-Qwen-1.5B-unsloth-bnb-4bit",
   max_seq_length=max_seq_length,      # 设定最大序列长度
   dtype=dtype,                        # 自动检测数据类型
   load_in_4bit=load_in_4bit,          # 启用 4-bit 量化
   # token="hf_...",      # 若访问受限模型(如 LLaMA 2)，需提供 Hugging Face 访问令牌
)

# 如果分词器没有默认的聊天模板，则添加一个
if tokenizer.chat_template is None:
   DEFAULT_CHAT_TEMPLATE = """
   {% for message in messages %}
   {% if message['role'] == 'user' %}
   {{ '<|user|>\n' + message['content'] + eos_token }}
```

```
{% elif message['role'] == 'system' %}
{{ '<|system|>\n' + message['content'] + eos_token }}
{% elif message['role'] == 'assistant' %}
{{ '<|assistant|>\n' + message['content'] + eos_token }}
{% endif %}
{% if loop.last and add_generation_prompt %}
{{ '<|assistant|>' }}
{% endif %}
{% endfor %}
"""
tokenizer.chat_template = DEFAULT_CHAT_TEMPLATE  # 应用默认聊天模板
```

程序执行后会输出：

```
==((====))==  Unsloth 2025.2.27: Fast Qwen2 patching. Transformers: 4.46.3.
   \\   /|    GPU: Tesla P100-PCIE-16GB. Max memory: 15.888 GB. Platform: Linux.
O^O/ \_/ \    Torch: 2.5.1+cu121. CUDA: 6.0. CUDA Toolkit: 12.1. Triton: 3.1.0
\        /    Bfloat16 = FALSE. FA [Xformers = 0.0.29.post1. FA2 = False]
 "-____-"     Free Apache license: http://github.com/unslothai/unsloth
Unsloth: Fast downloading is enabled - ignore downloading bars which are red colored!
model.safetensors: 100%1.81G/1.81G [00:42<00:00, 37.7MB/s]
generation_config.json: 100%231/231 [00:00<00:00, 23.6kB/s]
tokenizer_config.json: 100% 6.77k/6.77k [00:00<00:00, 804kB/s]
special_tokens_map.json: 100%472/472 [00:00<00:00, 55.9kB/s]
tokenizer.json: 100%11.4M/11.4M [00:00<00:00, 43.5MB/s]
```

(4) 格式化对话数据并加载 KTO 训练数据，以适配不同的训练任务(如 SFT、生成、奖励模型 RM、DPO、KTO)。apply_chat_template 函数会根据任务需求处理 chosen(优选)和 rejected(劣选)样本，确保输入符合训练要求，并统一对话格式。随后，代码从 Hugging Face 加载 trl-lib/kto-mix-14k 数据集，并提取前 1000 条训练样本，以提高训练效率。整体上，这段代码为后续 KTO 训练提供了标准化数据预处理，确保模型能够更好地学习人类偏好，具体实现代码如下：

```
# 定义一个函数，将聊天模板应用于数据集示例
def apply_chat_template(
    example, tokenizer, task: Literal["sft", "generation", "rm", "kto"]
            = "sft", assistant_prefix="<|assistant|>\n"
):
    def _strip_prefix(s, pattern):
        # 使用正则表达式去除字符串的特定前缀
        return re.sub(f"^{re.escape(pattern)}", "", s)

    if task in ["sft", "generation"]:
        messages = example["messages"]
        # 若无系统消息，则插入一个空的系统消息
        if messages[0]["role"] != "system":
```

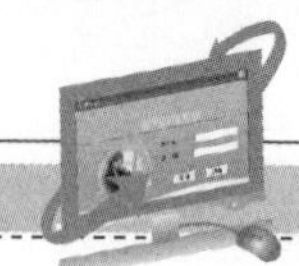


```
            messages.insert(0, {"role": "system", "content": ""})
        example["text"] = tokenizer.apply_chat_template(
            messages, tokenize=False, add_generation_prompt=True if task
                    == "generation" else False
        )

    elif task == "rm":
        if all(k in example.keys() for k in ("chosen", "rejected")):
            chosen_messages = example["chosen"]
            rejected_messages = example["rejected"]
            # 若无系统消息，则插入一个空的系统消息
            if chosen_messages[0]["role"] != "system":
                chosen_messages.insert(0, {"role": "system", "content": ""})
            if rejected_messages[0]["role"] != "system":
                rejected_messages.insert(0, {"role": "system", "content": ""})
            example["text_chosen"] = tokenizer.apply_chat_template(chosen_messages,
                                    tokenize=False)
            example["text_rejected"] = tokenizer.apply_chat_template
                    (rejected_messages, tokenize=False)
        else:
            raise ValueError(
                f"无法将示例格式化为对话！`rm` 任务需要 `[chosen, rejected]`
                    但仅发现 {list(example.keys())}"
            )

    elif task == "dpo":
        if all(k in example.keys() for k in ("chosen", "rejected")):
            # 提取用户提示信息
            prompt_messages = [[msg for msg in example["chosen"] if msg["role"] ==
                            "user"][0]]
            # 若无系统消息，则插入一个空的系统消息
            if example["chosen"][0]["role"] != "system":
                prompt_messages.insert(0, {"role": "system", "content": ""})
            else:
                prompt_messages.insert(0, example["chosen"][0])
            chosen_messages = example["chosen"][1:]
            rejected_messages = example["rejected"][1:]
            example["text_chosen"] = tokenizer.apply_chat_template(chosen_messages,
                    tokenize=False)
            example["text_rejected"] = tokenizer.apply_chat_template
                    (rejected_messages, tokenize=False)
            example["text_prompt"] = tokenizer.apply_chat_template(
                prompt_messages, tokenize=False, add_generation_prompt=True
            )
            example["text_chosen"] = _strip_prefix(example["text_chosen"],
                    assistant_prefix)
```

```
            example["text_rejected"] = _strip_prefix(example["text_rejected"],
                    assistant_prefix)
        else:
            raise ValueError(
                f"无法将示例格式化为对话！`dpo` 任务需要 `[chosen, rejected]`
                    但仅发现 {list(example.keys())}"
            )

    elif task == "kto":
        if all(k in example.keys() for k in ("chosen", "rejected")):
            # 提取用户提示信息
            prompt_messages = [[msg for msg in example["chosen"] if msg["role"] ==
                              "user"][0]]
            chosen_messages = prompt_messages + [msg for msg in example["chosen"] if
                msg["role"] == "assistant"]
            rejected_messages = prompt_messages + [msg for msg in example["rejected"]
                if msg["role"] == "assistant"]
            # 若包含系统消息，则插入到 chosen 和 rejected 消息开头
            if "system" in example:
                chosen_messages.insert(0, {"role": "system", "content": example["system"]})
                rejected_messages.insert(0, {"role": "system", "content":
                    example["system"]})
            example["text_chosen"] = _strip_prefix(tokenizer.apply_chat_template
                    (chosen_messages, tokenize=False), assistant_prefix)
            example["text_rejected"] = _strip_prefix(tokenizer.apply_chat_template
                    (rejected_messages, tokenize=False), assistant_prefix)
        else:
            raise ValueError(f"无法将示例格式化为对话！`kto` 任务需要 `[chosen, rejected]`")

    else:
        raise ValueError(
            f"不支持的任务类型 `{task}`，请确保提供的任务类型是 `['sft', 'generation', 'rm',
                'dpo', 'kto']` 之一"
        )

    return example

# 加载 KTO 训练数据集
raw_datasets = load_dataset("trl-lib/kto-mix-14k")  # 从 Hugging Face 加载 KTO 数据集
train_dataset = raw_datasets["train"]               # 选取训练集

# 选取训练数据子集(前 1000 个示例，以加快训练)
train_subset = train_dataset.select(range(1000))
```

程序执行后会输出：

```
README.md: 100% 814/814 [00:00<00:00, 88.4kB/s]
train-00000-of-00001.parquet: 100%16.3M/16.3M [00:00<00:00, 28.9MB/s]
```

```
test-00000-of-00001.parquet: 100%1.81M/1.81M [00:00<00:00, 45.6MB/s]
Generating train split: 100%13500/13500 [00:00<00:00, 66140.57 examples/s]
Generating test split: 100%1500/1500 [00:00<00:00, 63782.64 examples/s]
```

(5) 配置 LoRA(低秩适配)以进行高效微调，并使用 KTO 训练器对模型进行优化。首先，使用 FastLanguageModel.get_peft_model 配置 LoRA 参数，以减少训练过程中对完整模型权重的更新，提高计算效率。然后，使用 KTOTrainer 配置训练参数(如批量大小、优化器、学习率调度器等)，并加载预处理后的数据集进行训练。最后，打印输出 GPU 内存的状态信息，并正式启动 KTO 训练过程，使模型更好地对齐人类偏好，具体实现代码如下：

```
# 配置 LoRA(低秩适配)以进行高效的参数微调
model = FastLanguageModel.get_peft_model(
    model,
    r=16,  # LoRA 低秩矩阵的秩(rank)
    target_modules=["q_proj", "k_proj", "v_proj", "o_proj", "gate_proj", "up_proj",
                    "down_proj"],              # 需要应用 LoRA 的目标层
    lora_alpha=16,            # LoRA 缩放因子(控制 LoRA 权重对模型的影响)
    lora_dropout=0,           # LoRA 层的 Dropout 比例(0 表示不使用 Dropout)
    bias="none",              # 不对 LoRA 层添加额外的偏置参数
    use_gradient_checkpointing="unsloth",   # 启用梯度检查点(减少显存占用)
    random_state=3407,        # 设置随机种子以确保实验的可复现性
)

# 配置 KTO 训练器及训练参数
kto_trainer = KTOTrainer(
    model=model,
    args=KTOConfig(
        per_device_train_batch_size=4,   # 每块 GPU 上的训练批次大小
        gradient_accumulation_steps=2,   # 梯度累积步数(提高等效批次大小)
        num_train_epochs=1,              # 训练的轮数
        learning_rate=5e-7,              # 训练的学习率
        fp16=not is_bfloat16_supported(),  # 如果不支持 BF16，则使用 FP16 进行混合精度训练
        bf16=is_bfloat16_supported(),    # 如果支持 BF16，则使用 BF16 进行混合精度训练
        output_dir="outputs",            # 训练结果输出目录
        logging_steps=1,                 # 每 1 个训练步记录一次日志
        optim="adamw_8bit",              # 使用 8-bit AdamW 优化器(节省显存)
        weight_decay=0.01,               # 权重衰减(防止过拟合)
        lr_scheduler_type="cosine",      # 余弦退火学习率调度器
        warmup_ratio=0.1,                # 预热阶段占总训练步骤的比例
        seed=42,                         # 训练随机种子
        report_to="none",                # 关闭外部日志记录(如 WandB)
    ),
    train_dataset=train_subset,          # 训练数据集
    processing_class=tokenizer,          # 处理数据的 Tokenizer
)
```

```
# 打印 GPU 内存状态
gpu_stats = torch.cuda.get_device_properties(0)
start_gpu_memory = round(torch.cuda.max_memory_reserved() / 1024 / 1024 / 1024, 3)
max_memory = round(gpu_stats.total_memory / 1024 / 1024 / 1024, 3)
print(f"GPU = {gpu_stats.name}. Max memory = {max_memory} GB.")
print(f"{start_gpu_memory} GB of memory reserved.")

# 开始训练模型
kto_trainer.train()
```

程序执行后会输出：

```
Unsloth 2025.2.27 patched 28 layers with 28 QKV layers, 28 O layers and 28 MLP layers.
Extracting prompt from train dataset: 100% 1000/1000 [00:00<00:00, 16653.98 examples/s]
Applying chat template to train dataset: 100% 1000/1000 [00:00<00:00, 3444.92 examples/s]
Tokenizing train dataset: 100% 1000/1000 [00:01<00:00, 639.04 examples/s]
Processing tokenized train dataset: 100% 1000/1000 [00:00<00:00, 1422.28 examples/s]
Extracting KL train dataset: 100% 1000/1000 [00:00<00:00, 1740.26 examples/s]
Processing tokenized train KL dataset: 100%1000/1000 [00:00<00:00, 1935.82 examples/s]
GPU = Tesla P100-PCIE-16GB. Max memory = 15.888 GB.
2.262 GB of memory reserved.

==((====))==  Unsloth - 2x faster free finetuning | Num GPUs = 1
   \\   /|    Num examples = 1,000 | Num Epochs = 1
O^O/ \_/ \    Batch size per device = 4 | Gradient Accumulation steps = 2
\        /    Total batch size = 8 | Total steps = 125
 "-____-"     Number of trainable parameters = 18,464,768
 [125/125 24:28, Epoch 1/1]
StepTraining Loss
1    0.500000
2    0.500000
3    0.499500
4    0.500500
5    0.500200
6    0.499500
7    0.500800
8    0.498600
9    0.499300
10   0.499100
11   0.501500
12   0.500000
13   0.500500
14   0.500100
15   0.501300
16   0.501400
17   0.499800
18   0.501300
//省略部分输出
```

```
123 0.500600
124 0.499800
125 0.499600
TrainOutput(global_step=125, training_loss=0.5000774028301239, metrics={'train_runtime':
1485.1181, 'train_samples_per_second': 0.673, 'train_steps_per_second': 0.084,
'total_flos': 0.0, 'train_loss': 0.5000774028301239, 'epoch': 1.0})
```

(6) 保存和导出微调后的模型。首先，将训练好的 LoRA 微调模型和分词器保存在本地。然后，提供了以下几个可选的操作。

- 将模型合并并保存为 16-bit 或 4-bit 格式。
- 将模型推送到 Hugging Face Hub 进行共享。
- 转换模型为 GGUF 格式，以便在 llama.cpp 中使用。

在默认情况下，这些可选操作被禁用(False)，用户可以根据需求启用它们，具体实现代码如下：

```
# 保存微调后的模型和分词器到本地
model.save_pretrained("lora_model")
tokenizer.save_pretrained("lora_model")

# 可选：保存合并后的模型，支持 16-bit 或 4-bit 格式
if False:    # 设置为 True 以启用
    # 保存为 16-bit 合并模型
    model.save_pretrained_merged("merged_model", tokenizer, save_method="merged_16bit")
    # 保存为 4-bit 合并模型
    # model.save_pretrained_merged("merged_model", tokenizer, save_method="merged_4bit")

# 可选：将模型推送到 Hugging Face Hub
if False:  # 设置为 True 以启用
    model.push_to_hub_merged("your_name/model", tokenizer, save_method=
          "merged_16bit", token="...")    # 上传至 Hugging Face Hub

# 可选：将模型转换为 GGUF 格式，以用于 llama.cpp
if False:
    !git clone https://github.com/ggerganov/llama.cpp   # 克隆 llama.cpp 仓库
    !cd llama.cpp && make                               # 编译 llama.cpp
    # 转换为 GGUF 格式
    !python3 llama.cpp/convert.py merged_model/ --outfile model-unsloth.gguf
    # 量化模型
    !./llama.cpp/quantize model-unsloth.gguf model-unsloth-Q4_K_M.gguf Q4_K_M
```

(7) 使用经过微调的语言模型生成回复文本。首先，将分词器(tokenizer)应用于聊天模板；然后，将模型设置为推理模式，函数 generate_response()用于接受用户输入的问题，格式化为聊天模板，并将其转换为张量(tensor)输入模型。接下来，利用 TextStreamer 进行流式文本生成，并控制采样温度和最大生成 token 数量；最后，在代码中提供了一些测试问题，

并循环调用 generate_response()来生成相应的回答，具体实现代码如下：

```
from unsloth.chat_templates import get_chat_template
from transformers import TextStreamer

# 应用聊天模板到分词器
tokenizer = get_chat_template(
    tokenizer,
    chat_template="chatml", # 使用 "chatml" 作为聊天模板
    mapping={"role": "role", "content": "content", "user": "user", "assistant":
            "assistant"}, # 角色映射
)

# 设置模型为推理模式
FastLanguageModel.for_inference(model)

def generate_response(message):
    """
    生成模型的响应
    参数:
        message (str): 用户输入的消息
    返回:
        outputs: 生成的响应
    """
    print("\n" + "=" * 50 + "\nQUESTION:\n" + "=" * 50)
    print(message + "\n")
    print("-" * 50 + "\nRESPONSE:\n" + "-" * 50)

    # 格式化用户消息
    messages = [{"content": message, "role": "user"}]

    # 将消息应用到聊天模板并转换为模型输入格式
    inputs = tokenizer.apply_chat_template(
        messages,
        tokenize=True, # 进行分词
        add_generation_prompt=True, # 允许生成文本
        return_tensors="pt" # 以 PyTorch 张量格式返回
    ).to("cuda") # 将数据移动到 GPU

    # 使用流式文本生成器
    text_streamer = TextStreamer(tokenizer, skip_special_tokens=True, skip_prompt=True)

    # 生成文本
    outputs = model.generate(
        input_ids=inputs,
        streamer=text_streamer,      # 进行流式文本输出
        temperature=0.1,             # 采样温度(控制文本的创造性)
```

```
        max_new_tokens=1024,          # 生成的最大 token 数量
        use_cache=True                # 启用缓存以加快生成速度
    )

    return outputs

# 测试问题列表
questions = [
    "Q:Question: how old julio cesar chavez when he fought de la hoya I found the following answer on Google: He holds records for most successful consecutive defenses of world titles (27), most title fights (37), most title-fight victories (31) and he is after Joe Louis with (23) for most title defenses won by knockout (21). Is that a correct answer? Yes or no.\nA:",

    "Q:Information: - The Assistant Secretary of Defense for Health Affairs (ASD(HA)) is chartered under United States Department of Defense Directive (DoDD) 5136.1 in 1994. This DoDD states that the ASD(HA) is the principal advisor to the U.S. Secretary of Defense on all \"DoD health policies, programs and activities.\" In addition to exercising oversight of all DoD health resources, ASD(HA) serves as director of the Tricare Management Activity. - The Department of the Air Force (DAF) is one of the three Military Departments within the Department of Defense of the United States of America. The Department of the Air Force was formed on September 18, 1947, per the National Security Act of 1947 and it includes all elements and units of the United States Air Force (USAF). - The Surgeon General of the Air Force is the senior-most Medical Service officer in the United States Department of the Air Force. In recent times, this has been a Lieutenant General who serves as head of the United States Air Force Medical Service (AFMS). The Surgeon General is usually the senior Medical Corps officer, but acting surgeons general have been from other branches of the medical service. - Lieutenant general, lieutenant-general and similar (abbrev Lt Gen, LTG and similar) is a three-star military rank (NATO code OF-8) used in many countries. The rank traces its origins to the Middle Ages, where the title of lieutenant general was held by the second in command on the battlefield, who was normally subordinate to a captain general. - The United States Air Force (USAF) is the aerial warfare service branch of the United States Armed Forces and one of the seven American uniformed services. Initially part of the United States Army, the USAF was formed as a separate branch of the military on 18 September 1947 under the National Security Act of 1947. It is the most recent branch of the U.S. military to be formed, and is the largest and one of the world's most technologically advanced air forces. The USAF articulates its core functions as Nuclear Deterrence Operations, Special Operations, Air Superiority, Global Integrated ISR, Space Superiority, Command and Control, Cyberspace Superiority, Personnel Recovery, Global Precision Attack, Building Partnerships, Rapid Global Mobility and Agile Combat Support. - Lieutenant General James Gordon Roudebush , USAF , ( born February 24 , 1948 ) was the 19th Surgeon General of the United States Air Force , Headquarters U.S. Air Force , Washington , D.C. General Roudebush served as functional manager of the U.S. Air Force Medical Service . In this capacity , he advised the Secretary of the Air Force and Air Force Chief of Staff , as well as the Assistant Secretary of Defense for
```

```
Health Affairs on matters pertaining to the medical aspects of the air expeditionary
force and the health of Air Force people . General Roudebush had authority to commit
resources worldwide for the Air Force Medical Service , to make decisions affecting
the delivery of medical services , and to develop plans , programs and procedures
to support worldwide medical service missions . He exercised direction , guidance
and technical management of more than 42,400 people assigned to 74 medical facilities
worldwide . A native of Gering , Nebraska , Roudebush entered the Air Force in 1975
after receiving a Bachelor of Medicine degree from the University of Nebraska at
Lincoln , and a Doctor of Medicine degree from the University of Nebraska College
of Medicine . He completed residency training in family practice at the Wright -
Patterson Air Force Medical Center , Ohio , in 1978 , and aerospace medicine at Brooks
Air Force Base , Texas , in 1984 . He commanded a wing clinic and wing hospital before
becoming Deputy Commander of the Air Force Materiel Command Human Systems Center .
He has served as Command Surgeon for U.S. Central Command , Pacific Air Forces ,
U.S. Transportation Command and Headquarters Air Mobility Command . Prior to his
selection as the 19th Surgeon General , he served as the Deputy Surgeon General of
the U.S. Air Force . He retired from the U.S. Air Force on October 1 , 2009 . After
reading the paragraphs above, choose the best answer for the entity that related
to 'james g. roudebush' with the relationship of 'occupation'. Choices: - advisor
- army - captain - general - lieutenant - military - officer - secretary - surgeon
- united states of america\nA:",

    "If But slowly and doggedly he went on sawing to and fro., can we conclude that
        \"It was difficult to keep sawing.\"?",

    "You are given a list of queries separated by new line. Your job is to answer
with the query that is the most well-formed or well-structured query in terms of
grammar, punctuations, or spelling errors.\nQ: How do you set the alarm on the
prospirit watch ?\nThe allies tried to regain access to the battle of Gallipoli
 ?\nWhat is scooter smith real phone number not a fake one ?\nLaw of Supply and Demand
defined ?\nA:",

    "How does the sentence end? See options at the end\n\nThe woman tried to put the
books on the couches but the \n\nAvailable options: - couches were too large. - books
were too large.",
]

# 遍历测试问题并生成响应
for question in questions:
    generate_response(question)
```

程序执行后会依次处理 questions 列表中的每个问题，并调用 generate_response(question)生成模型的回答信息。

```
Unsloth: Will map <|im_end|> to EOS = <｜end▁of▁sentence｜>.
You are using the default legacy behaviour of the <class
'transformers.models.llama.tokenization_llama_fast.LlamaTokenizerFast'>. This is
```

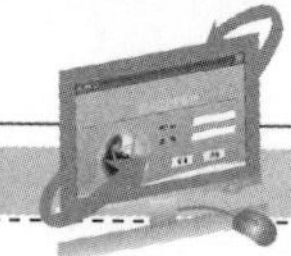


```
expected, and simply means that the `legacy` (previous) behavior will be used so
nothing changes for you. If you want to use the new behaviour, set `legacy=False`.
This should only be set if you understand what it means, and thoroughly read the
reason why this was added as explained in https://github.com/huggingface/
transformers/pull/24565 - if you loaded a llama tokenizer from a GGUF file you can
ignore this message.
The attention mask is not set and cannot be inferred from input because pad token
is same as eos token. As a consequence, you may observe unexpected behavior. Please
pass your input's `attention_mask` to obtain reliable results.
====================================================
QUESTION:
====================================================
Q:Question: how old julio cesar chavez when he fought de la hoya I found the following
answer on Google: He holds records for most successful consecutive defenses of world
titles (27), most title fights (37), most title-fight victories (31) and he is after
Joe Louis with (23) for most title defenses won by knockout (21). Is that a correct
answer? Yes or no.
A:

----------------------------------------------------
省略部分输出结果
Available options: - couches were too large. - books were too large.

Wait, the woman tried to put the books on the couches but the

Available options: - couches were too large. - books were too large.

Wait, the woman tried to put the books on the couches but the

Available options: - couches were too large. - books were too large.

Wait, the woman tried to put the books on the couches but the

Available options: - couches were too large. - books were too large.

Wait, the woman tried to put the books on the couches but the

Available options: - couches were too large. - books were too large.

Wait, the woman tried to put the books on the couches but the

Available options: - couches were too large. - books were too large.

Wait, the woman tried to put the books on the couches but the

Available options: - couches
```

7.3.2　语义分割中的 Transformer

语义分割的研究历史可以追溯到早期，当时研究人员主要依赖于手动创建的特征和传统的机器学习模型。这些方法通常基于图像的纹理、颜色和形状等特征来进行分割，但面临着对复杂场景的适应性不足的挑战。随着深度学习的兴起，尤其是卷积神经网络(CNN)的发展，语义分割取得了显著的进展。CNN 通过学习图像的高层次特征，能够更有效地进行语义分割，提高了在各种场景下的性能。深度神经网络的出现使得语义分割不再依赖于手动设计的特征，而是能够从数据中学习更复杂、更抽象的特征，从而提升了分割任务的准确性和泛化能力。

在计算机视觉中，语义分割提供了对图像内部结构的详细理解，为计算机系统对图像进行高级理解和决策提供了基础。通过对图像进行像素级别的语义分析，计算机能够准确地识别和理解图像中的各个对象和区域，为各种应用提供更精确的信息。

请看下面的实例，演示了使用 Transformer 实现一个综合图像分割系统的过程，本项目实现了基于 Transformer 的端到端图像分割和可视化功能。通过加载预训练的 Transformer 模型，实现了对输入图像的准确分割。Transformer 在序列数据处理方面的优越性使得模型能够捕捉图像中的复杂语义信息。在可视化阶段，Transformer 进一步用于将分割结果映射为直观的图像效果，通过用户定义的词汇表和颜色映射，呈现出高质量的分割可视化。这凸显了 Transformer 在处理图像语义和生成直观分割可视化方面的关键作用，为用户提供了深度学习图像分割技术的强大展示和应用。

实例 7-2：使用 Vision Transformer 进行语义分割(源码路径：daima\7\Semantic.ipynb)

实例文件 Semantic.ipynb 的具体实现流程如下。

(1) 使用 Hugging Face 的 Transformers 库，从给定的 URL 下载一张图像，然后使用预训练的 DETR(DEtection TRansformers)模型进行图像语义分割。首先，通过 requests 模块从指定 URL 获取图像数据，然后使用 Image.open() 方法将其加载为 PIL 图像对象。接着，使用 Transformers 库中的 AutoImageProcessor 创建一个图像处理器对象，并使用 DetrForSegmentation 模型进行语义分割。最后，通过 matplotlib.pyplot 库将原始图像和语义分割结果进行可视化。代码如下：

```
import io
import requests
from PIL import Image
import torch
import numpy as np
import matplotlib.pyplot as plt
```

```
from transformers import AutoImageProcessor, DetrForSegmentation
from transformers.image_transforms import rgb_to_id

url = "http://images.cocodataset.org/val2017/000000039769.jpg"
image = Image.open(requests.get(url, stream=True).raw)
```

(2) 使用 matplotlib.pyplot 库中的 plt.imshow(image)命令来显示上面的图像 URL。代码如下：

```
plt.imshow(image)
```

程序执行效果如图 7-3 所示。

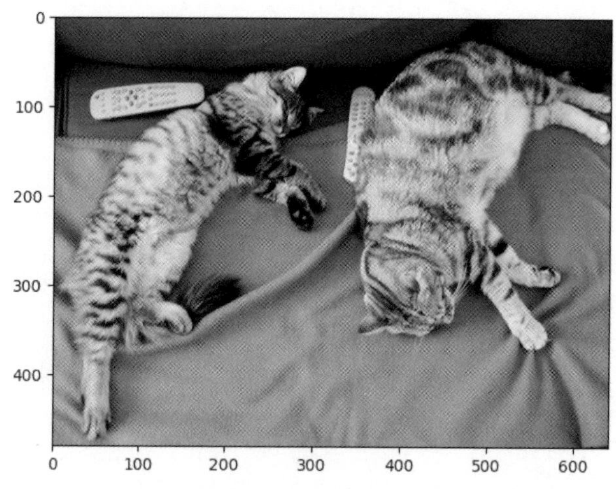

图 7-3　显示的图像

(3) 使用 Hugging Face Transformers 库加载一个预训练的 DETR 模型(facebook/detr-resnet-50-panoptic)以及相应的图像处理器。接着，它将图像输入到模型中，获取模型的输出。最后，通过调用 image_processor.post_process_panoptic_segmentation 对模型输出进行后处理，提取出语义分割的结果 panoptic_seg 以及相关的分割信息 panoptic_segments_info。代码如下：

```
image_processor = AutoImageProcessor.from_pretrained("facebook/detr-resnet-
                    50-panoptic")
model = DetrForSegmentation.from_pretrained("facebook/detr-resnet-50-panoptic")

inputs = image_processor(images=image, return_tensors="pt")

outputs = model(**inputs)
```

```
result = image_processor.post_process_panoptic_segmentation(outputs,
    target_sizes=[(300, 500)])

panoptic_seg = result[0]["segmentation"]
panoptic_segments_info = result[0]["segments_info"]
```

上述代码的主要目的是使用 DETR 模型进行图像的语义分割，将图像中的不同语义区域进行标记，并提取相关的分割信息，这对于图像理解和计算机视觉任务非常有用。

(4) 使用函数 plt.imshow()显示分割后的图像，注意，如果 panoptic_seg 是一个分割标签的二维数组，你可能需要使用一个 colormap 来为不同的标签分配不同的颜色，以便更清晰地可视化语义分割结果。代码如下：

```
plt.imshow(panoptic_seg)
```

程序执行效果如图 7-4 所示。

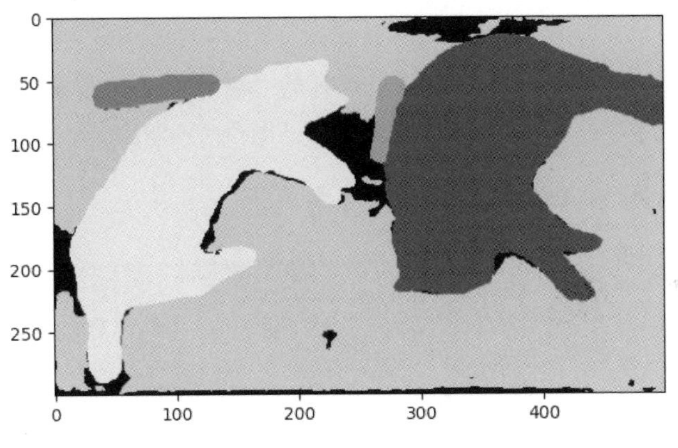

图 7-4　分割后的图像

(5) 使用 Hugging Face Transformers 库加载一个预训练的 Segformer 模型(nvidia/segformer-b5-finetuned-ade-640-640)以及相应的图像处理器。接着，它将图像输入到模型中，获取模型的输出。最后，通过 outputs.logits 获取模型的预测结果，其中 logits 是一个张量，表示每个像素对应于每个语义类别的分数。代码如下：

```
from transformers import  SegformerForSemanticSegmentation
import tensorflow as tf

image_processor =
AutoImageProcessor.from_pretrained("nvidia/segformer-b5-finetuned-ade-640-640")
model =
SegformerForSemanticSegmentation.from_pretrained("nvidia/segformer-b5-finetuned
-ade-640-640")
```

```
inputs = image_processor(images=image, return_tensors="pt")
outputs = model(**inputs)
logits = outputs.logits  # 输出的 logits 形状为(批量大小，标签数量，高度/4，宽度/4)
```

上述代码的目的是使用 Segformer 模型进行语义分割，得到图像中每个像素的语义类别分数，这可以用于图像理解和语义分割任务。

(6) 首先使用 logits.detach().numpy() 将 PyTorch 张量转换为 NumPy 数组，然后使用 tf.transpose()对数组进行转置，以适应 TensorFlow 的张量格式。接着，使用 tf.math.argmax() 获取沿最后一个轴的最大值的索引，得到预测的语义分割标签。最后，使用 plt.imshow()函数将语义分割结果进行可视化。代码如下：

```
logits = tf.transpose(logits.detach().numpy(), [0, 2, 3, 1])

pred_seg = tf.math.argmax(logits, axis=-1)[0]
plt.imshow(pred_seg)
```

注意： 如果 pred_seg 是一个包含分割标签的二维数组，需要使用一个 colormap 来为不同的标签分配不同的颜色，以便更清晰地可视化语义分割结果。

程序执行效果如图 7-5 所示。

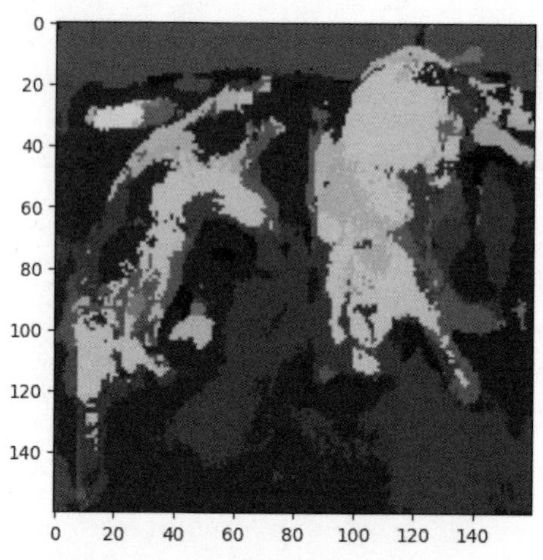

图 7-5　语义分割结果的可视化

(7) 使用库 Hugging Face Transformers 加载一个预训练的 BEiT(Be Vision Transformer) 模型(microsoft/beit-base-finetuned-ade-640-640)以及相应的图像处理器，接着将图像输入到模型中，获取模型的输出。最后，通过 np.argmax()获取模型的预测结果，其中 logits 是一个包

含每个像素对应于每个语义类别的分数的张量。代码如下：

```
from transformers import AutoImageProcessor, BeitForSemanticSegmentation

image_processor = AutoImageProcessor.from_pretrained("microsoft/beit-base-
    finetuned-ade-640-640")
model = BeitForSemanticSegmentation.from_pretrained("microsoft/beit-base-
    finetuned-ade-640-640")

inputs = image_processor(images=image, return_tensors="pt")
outputs = model(**inputs)
logits = outputs.logits

plt.imshow(np.argmax(logits.detach().numpy()[0],axis=0))
```

上述代码使用 np.argmax(logits.detach().numpy()[0],axis=0) 获取了沿着第一个轴(batch_size)的最大值的索引，以得到预测的语义分割标签。然后，使用 plt.imshow()函数将语义分割结果进行可视化。程序执行效果如图 7-6 所示。

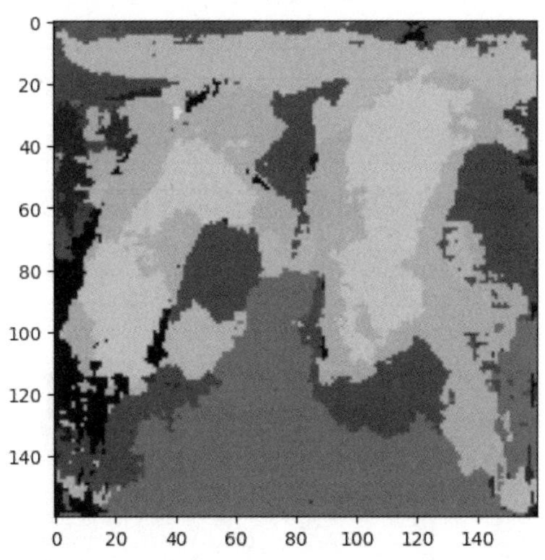

图 7-6　BEiT 预测结果的可视化

(8) 使用库 Hugging Face Transformers 加载一个预训练的 MaskFormer 模型(facebook/maskformer-swin-tiny-ade)以及相应的图像处理器，接着将图像输入到模型中，获取模型的输出。具体来说，通过 outputs.class_queries_logits 和 outputs.masks_queries_logits 获取了模型的类别查询概率和掩码查询概率。最后，使用 image_processor.post_process_semantic_segmentation 对模型输出进行后处理，得到了预测的语义分割地图(predicted_semantic_map)。该语义分割地图的形状信息通过 list(predicted_semantic_map.shape) 返回。代码如下：

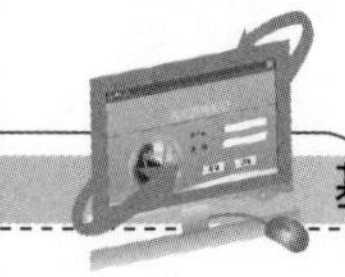


```
from transformers import AutoImageProcessor, MaskFormerForInstanceSegmentation

image_processor = AutoImageProcessor.from_pretrained("facebook/maskformer-swin-tiny-ade")
model = MaskFormerForInstanceSegmentation.from_pretrained("facebook/maskformer-
        swin-tiny-ade")

inputs = image_processor(images=image, return_tensors="pt")

outputs = model(**inputs)
class_queries_logits = outputs.class_queries_logits
masks_queries_logits = outputs.masks_queries_logits

predicted_semantic_map = image_processor.post_process_semantic_segmentation(
    outputs, target_sizes=[image.size[::-1]]
)[0]

list(predicted_semantic_map.shape)
```

上述代码的目的是使用 MaskFormer 模型进行实例分割，获取图像中每个像素的类别查询概率、掩码查询概率以及最终的语义分割地图。这对于图像理解和实例分割任务非常有用。程序执行后输出：

```
[480, 640]
```

(9) 可视化显示 MaskFormer 模型的预测语义分割地图。代码如下：

```
plt.imshow(predicted_semantic_map)
```

执行效果如图 7-7 所示。

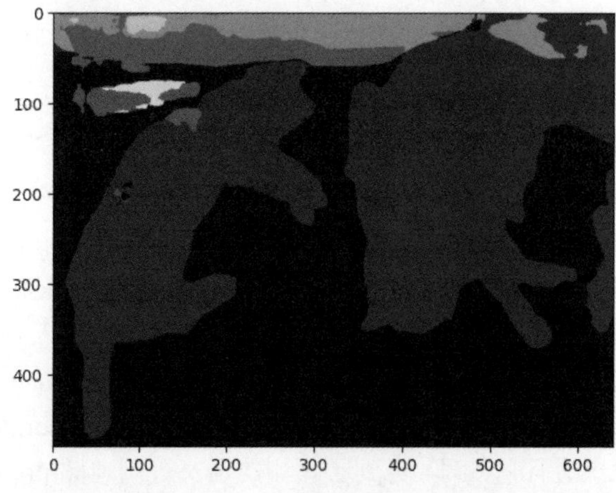

图 7-7　MaskFormer 模型的预测结果的可视化

(10) 使用 Hugging Face Transformers 库加载一个预训练的 DPT(Depth Prediction Transformer)模型(Intel/dpt-large-ade)以及相应的图像处理器，接着将图像输入到模型中，获取模型的输出。通过 outputs.logits 获取模型的预测结果，其中 logits 是一个张量，表示每个像素对应于每个语义类别的分数。最后，通过 logits.shape 返回模型输出的张量形状信息。代码如下：

```
from transformers import AutoImageProcessor, DPTForSemanticSegmentation

image_processor = AutoImageProcessor.from_pretrained("Intel/dpt-large-ade")
model = DPTForSemanticSegmentation.from_pretrained("Intel/dpt-large-ade")

inputs = image_processor(images=image, return_tensors="pt")

outputs = model(**inputs)
logits = outputs.logits
logits.shape
```

上述代码的目的是使用 DPT 模型进行语义分割，得到图像中每个像素的语义类别分数。程序执行后会输出：

```
torch.Size([1, 150, 480, 480])
```

(11) 使用 np.argmax()获取沿着第一个轴的最大值的索引，以得到 DPT 模型的预测语义分割标签。然后，使用 plt.imshow()函数将语义分割结果进行可视化。代码如下：

```
plt.imshow(np.argmax(logits.detach().numpy()[0],axis=0))
```

程序执行效果如图 7-8 所示。

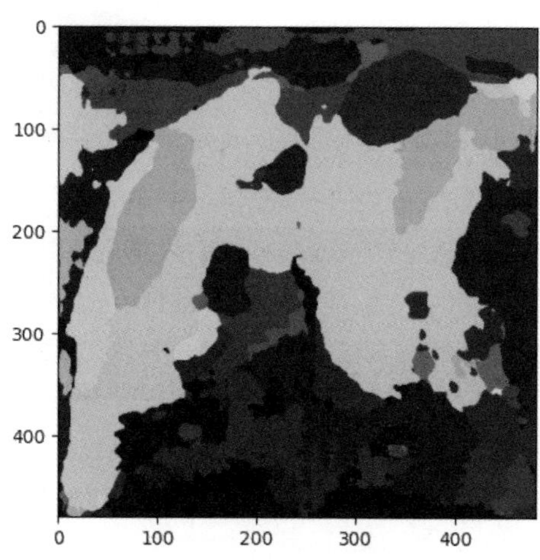

图 7-8　DPT 语义分割结果的可视化

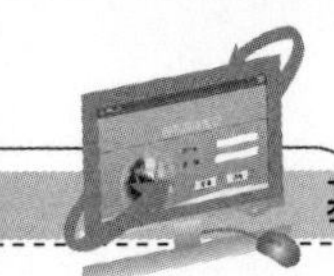

(12) 使用 Hugging Face Transformers 库加载一个预训练的 Mask2Former 模型(facebook/mask2former-swin-small-coco-instance)以及相应的图像处理器，接着将图像输入到模型中，获取模型的输出。通过 image_processor.post_process_semantic_segmentation 对模型输出进行后处理，得到预测的实例分割地图(pred_instance_map)。最后，通过 plt.imshow()函数将实例分割结果进行可视化。代码如下：

```
from transformers import AutoImageProcessor, Mask2FormerForUniversalSegmentation

image_processor = AutoImageProcessor.from_pretrained("facebook/mask2former-
   swin-small-coco-instance")
model = Mask2FormerForUniversalSegmentation.from_pretrained(
   "facebook/mask2former-swin-small-coco-instance"
)

inputs = image_processor(image, return_tensors="pt")

outputs = model(**inputs)

pred_instance_map = image_processor.post_process_semantic_segmentation(
   outputs, target_sizes=[image.size[::-1]]
)[0]
print(pred_instance_map.shape)

plt.imshow(pred_instance_map)
```

程序执行效果如图 7-9 所示。

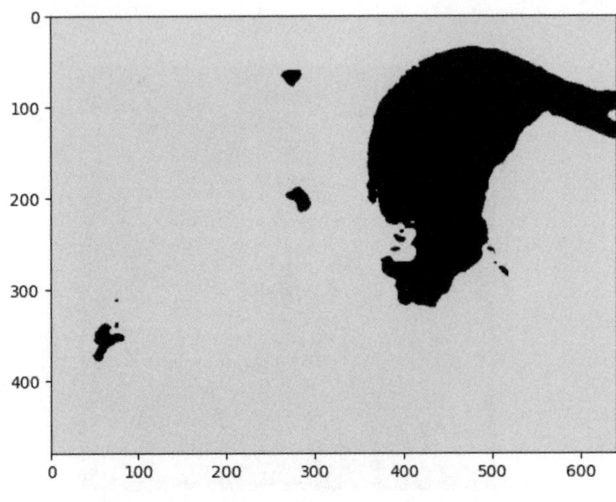

图 7-9　Mask2Former 语义分割结果的可视化

(13) 使用库 Hugging Face Transformers 加载一个预训练的 MobileViT 模型(apple/deeplabv3-mobilevit-small)以及相应的图像处理器，接着将图像输入到模型中，获取模型的输出。通过 outputs.logits 获取模型的预测结果，其中 logits 是一个张量，表示每个像素对应于每个语义类别的分数。代码如下：

```
from transformers import AutoImageProcessor, MobileViTForSemanticSegmentation

image_processor = AutoImageProcessor.from_pretrained("apple/deeplabv3-mobilevit-small")
model = MobileViTForSemanticSegmentation.from_pretrained("apple/deeplabv3-
        mobilevit-small")

inputs = image_processor(images=image, return_tensors="pt")

with torch.no_grad():
   outputs = model(**inputs)

logits = outputs.logits
logits.shape

plt.imshow(np.argmax(logits.detach().numpy()[0],axis=0))
```

在上述代码中，通过 np.argmax(logits.detach().numpy()[0],axis=0) 获取了沿着第一个轴的最大值的索引，以得到 MobileViT 模型的预测的语义分割标签。然后，使用 plt.imshow() 函数将语义分割结果进行可视化。程序执行效果如图 7-10 所示。

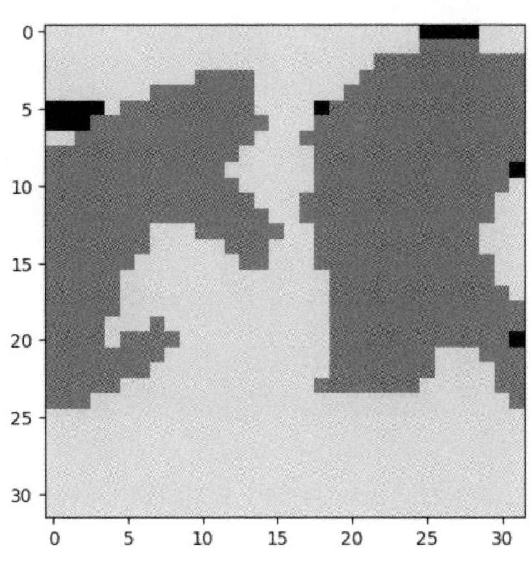

图 7-10 MobileViT 语义分割结果的可视化

(14) 使用库 Hugging Face Transformers 加载一个预训练的 UperNet 模型(openmmlab/

upernet-convnext-base)以及相应的图像处理器，接着将图像输入到模型中，获取模型的输出。通过 outputs.logits 获取模型的预测结果，其中 logits 是一个张量，表示每个像素对应于每个语义类别的分数。通过 np.argmax(logits.detach().numpy()[0],axis=0) 获取沿着第一个轴的最大值的索引，以得到 UperNet 模型的预测的语义分割标签。最后，使用 plt.imshow()函数将语义分割结果进行可视化。代码如下：

```
from transformers import AutoImageProcessor, UperNetForSemanticSegmentation

image_processor = AutoImageProcessor.from_pretrained("openmmlab/upernet-convnext-base")
model = UperNetForSemanticSegmentation.from_pretrained("openmmlab/upernet-
        convnext-base")

inputs = image_processor(images=image, return_tensors="pt")

outputs = model(**inputs)

logits = outputs.logits  # 输出的 logits 形状为(批量大小，标签数量，高度，宽度)
list(logits.shape)

plt.imshow(np.argmax(logits.detach().numpy()[0],axis=0))
```

程序执行效果如图 7-11 所示。

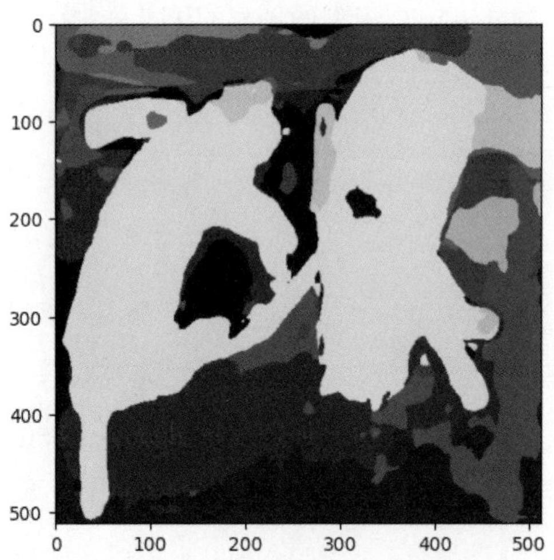

图 7-11　UperNet 语义分割结果的可视化

(15) 首先从指定的 URL 获取图像数据，然后使用 Image.open() 函数将其打开为 PIL 图像对象。在这里，requests.get(url, stream=True).raw 用于获取 URL 中的图像数据，而 Image.open() 用于将获取的图像数据转换为 PIL 图像对象。代码如下：

```
url = (
    "https://huggingface.co/datasets/hf-internal-testing/fixtures_ade20k/
    resolve/main/ADE_val_00000001.jpg"
)
image = Image.open(requests.get(url, stream=True).raw)
```

(16) 使用库 Hugging Face Transformers 加载一个预训练的 OneFormer 模型(shi-labs/oneformer_ade20k_swin_tiny)以及相应的图像处理器 OneFormerProcessor，接着将图像输入到模型中，获取模型的输出。通过 processor.post_process_semantic_segmentation 对模型输出进行后处理，得到预测的语义分割地图(predicted_semantic_map)。最后，通过 plt.imshow()函数将语义分割结果进行可视化。代码如下：

```
from transformers import OneFormerProcessor, OneFormerForUniversalSegmentation
processor = OneFormerProcessor.from_pretrained("shi-labs/oneformer_ade20k_swin_tiny")
model = OneFormerForUniversalSegmentation.from_pretrained("shi-labs/
oneformer_ade20k_swin_tiny")

inputs = processor(image, ["semantic"], return_tensors="pt")

with torch.no_grad():
    outputs = model(**inputs)
predicted_semantic_map = processor.post_process_semantic_segmentation(
    outputs, target_sizes=[image.size[::-1]]
)[0]
f" Semantic Predictions Shape: {list(predicted_semantic_map.shape)}"

plt.imshow(predicted_semantic_map)
```

程序执行效果如图 7-12 所示。

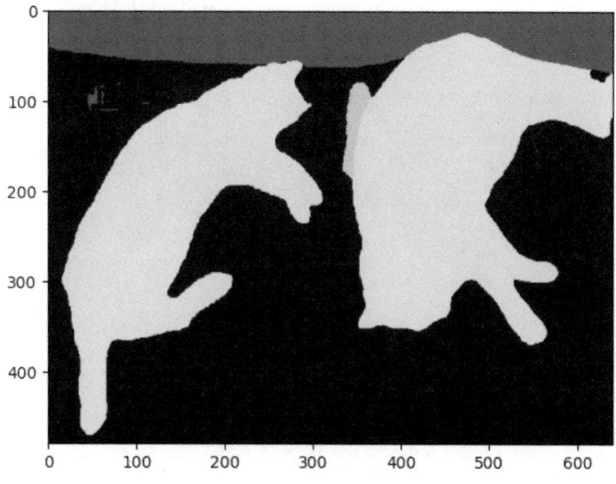

图 7-12　OneFormer 语义分割结果的可视化

(17) 使用库 Hugging Face Transformers 加载一个预训练的 CLIPSeg 模型(CIDAS/clipseg-rd64-refined)以及相应的图像处理器 AutoProcessor，然后将文本和图像输入到模型中，获取模型的输出。通过 outputs.logits 获取模型的预测结果，其中 logits 是一个张量，表示每个像素对应于每个语义类别的分数。通过 np.argmax(logits.detach().numpy(),axis=0)获取沿着第一个轴的最大值的索引，以得到 CLIPSeg 模型的预测的语义分割标签。最后，使用 plt.imshow()函数将语义分割结果进行可视化。代码如下：

```
from transformers import AutoProcessor, CLIPSegForImageSegmentation

processor = AutoProcessor.from_pretrained("CIDAS/clipseg-rd64-refined")
model = CLIPSegForImageSegmentation.from_pretrained("CIDAS/clipseg-rd64-refined")

texts = ["a cat", "a remote", "a blanket"]
inputs = processor(text=texts, images=[image] * len(texts), padding=True,
        return_tensors="pt")

outputs = model(**inputs)

logits = outputs.logits
print(logits.shape)

plt.imshow(np.argmax(logits.detach().numpy(),axis=0))
```

程序执行效果如图 7-13 所示。

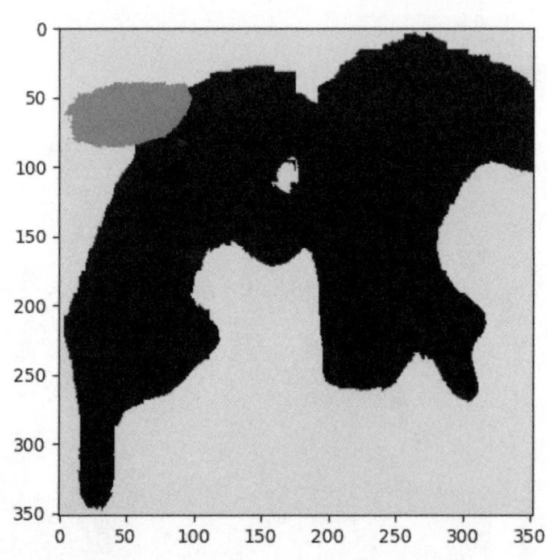

图 7-13　CLIPSeg 语义分割结果的可视化

(18) 使用库 Hugging Face Transformers 加载一个预训练的 Data2VecVision 模型

(facebook/data2vec-vision-base)以及相应的图像处理器 AutoImageProcessor，接着将图像输入到模型中，获取模型的输出。通过 outputs.logits 获取模型的预测结果，其中 logits 是一个张量，表示每个像素对应于每个语义类别的分数。通过 logits.argmax(dim=1)[0]获取沿着第一个维度的最大值的索引，以得到 Data2VecVision 模型的预测的语义分割标签。最后，使用 plt.imshow() 函数将语义分割结果进行可视化。代码如下：

```
from transformers import AutoImageProcessor,
Data2VecVisionForSemanticSegmentation

image_processor = AutoImageProcessor.from_pretrained("facebook/data2vec-vision-base")
model = Data2VecVisionForSemanticSegmentation.from_pretrained("facebook/data2vec-
vision-base")

inputs = image_processor(images=image, return_tensors="pt")
outputs = model(**inputs)
logits = outputs.logits
logits.shape

plt.imshow(logits.argmax(dim=1)[0])
```

程序执行效果如图 7-14 所示。

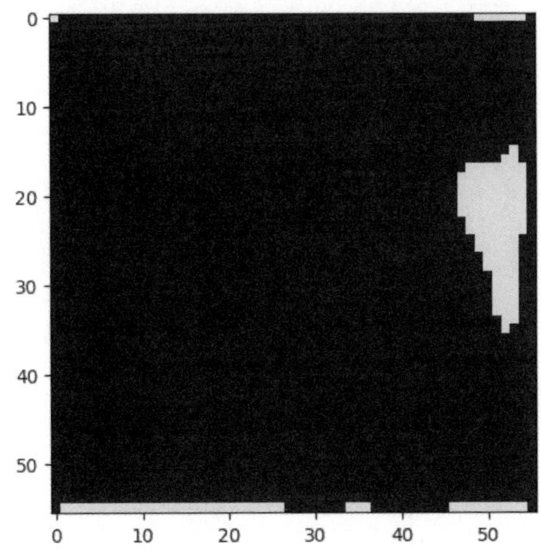

图 7-14　Data2VecVision 语义分割结果的可视化

(19) 将 PIL 图像转换为 NumPy 数组，保存为 JPEG 文件，然后在 ZegFormer 环境中安装 Detectron2 库并执行脚本以创建 COCO-Stuff 类别名称的 JSON 文件。最后，在 Colab 中显示保存的图像。代码如下：

```
import cv2
img = np.array(image)
cv2.imwrite('test.jpg',img)

%cd ZegFormer

!pip install -q  'git+https://github.com/facebookresearch/detectron2.git'

!python datasets/coco-stuff/create_cocostuff_class_names_json.py

%cd /content

plt.imshow(cv2.imread('test.jpg'))
```

程序执行效果如图 7-15 所示。

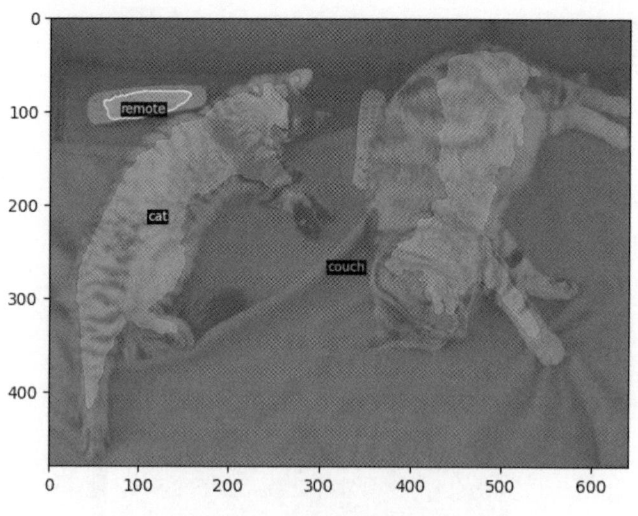

图 7-15　显示保存的图像

(20) 定义 COCO 数据集语义分割的元信息，包括类别的颜色、ID、名称等信息，并将语义 ID 从 1～200 映射到 1～133 的连续范围，用于简化类别 ID 在后续任务中的使用。代码如下：

```
COCO_META = [
    {
        'color': [220, 20, 60],
        'isthing': 1,
        'id': 1,
        'name': 'person'
    },
```

```
    {
        'color': [119, 11, 32],
        'isthing': 1,
        'id': 2,
        'name': 'bicycle'
    },
    {
        'color': [0, 0, 142],
        'isthing': 1,
        'id': 3,
        'name': 'car'
    },
###省略部分代码
    {
        'color': [102, 102, 156],
        'isthing': 0,
        'id': 199,
        'name': 'wall-other-merged'
    },
    {
        'color': [250, 141, 255],
        'isthing': 0,
        'id': 200,
        'name': 'rug-merged'
    },
]

#将语义 ID 从 1～200 映射为连续的 1～133
for i in range(len(COCO_META)):
  COCO_META[i]['id'] = i + 1
```

(21) 定义一系列用于可视化语义分割和泛素分割结果的函数，实现对输入图像、分割图和叠加视图进行可视化的功能。通过调用 vis_segmentation()函数，可以在单个图中显示输入图像、泛素图和叠加的泛素图。这有助于理解模型对图像中不同类别的分割效果，并使用颜色对不同类别进行标注。此外，在下面代码中还包含了一些辅助函数，如_coco_label_colormap()和_coco_class_names()，用于生成颜色映射和类别名称。代码如下：

```
# 定义数据集信息的命名元组，包括类别数量、标签除数、类别列表、颜色映射和类别名称
DatasetInfo = collections.namedtuple(
    'DatasetInfo',
    'num_classes, label_divisor, thing_list, colormap, class_names')

def _coco_label_colormap():

  colormap = np.zeros((256, 3), dtype=np.uint8)
  for category in COCO_META:
```

```
    colormap[category['id']] = category['color']
  return colormap

def _coco_class_names():
  return ('void',) + tuple([x['name'] for x in COCO_META])


def coco_dataset_information():
  return DatasetInfo(
      num_classes=134,
      label_divisor=256,
      thing_list=tuple(range(1, 81)),
      colormap=_coco_label_colormap(),
      class_names=_coco_class_names())

def perturb_color(color, noise, used_colors, max_trials=50, random_state=None):

  if random_state is None:
    random_state = np.random

  for _ in range(max_trials):
    random_color = color + random_state.randint(
        low=-noise, high=noise + 1, size=3)
    random_color = np.clip(random_color, 0, 255)

    if tuple(random_color) not in used_colors:
      used_colors.add(tuple(random_color))
      return random_color

  print('Max trial reached and duplicate color will be used. Please consider '
        'increase noise in `perturb_color()`.')
  return random_color


def color_panoptic_map(panoptic_prediction, dataset_info, perturb_noise):

  if panoptic_prediction.ndim != 2:
    raise ValueError('Expect 2-D panoptic prediction. Got {}'.format(
        panoptic_prediction.shape))

  semantic_map = panoptic_prediction // dataset_info.label_divisor
  instance_map = panoptic_prediction % dataset_info.label_divisor
  height, width = panoptic_prediction.shape
  colored_panoptic_map = np.zeros((height, width, 3), dtype=np.uint8)

  used_colors = collections.defaultdict(set)
  #使用固定的种子以重现相同的可视化效果
```

```
random_state = np.random.RandomState(0)
unique_semantic_ids = np.unique(semantic_map)
for semantic_id in unique_semantic_ids:
  semantic_mask = semantic_map == semantic_id
  if semantic_id in dataset_info.thing_list:
    #对于 thing 类别，将在其对应的预定义语义分割颜色映射上添加一些随机噪声
    unique_instance_ids = np.unique(instance_map[semantic_mask])
    for instance_id in unique_instance_ids:
      instance_mask = np.logical_and(semantic_mask,
                                     instance_map == instance_id)
      random_color = perturb_color(
          dataset_info.colormap[semantic_id],
          perturb_noise,
          used_colors[semantic_id],
          random_state=random_state)
      colored_panoptic_map[instance_mask] = random_color
  else:
    # 对于 stuff 类别，使用定义的语义颜色
    colored_panoptic_map[semantic_mask] = dataset_info.colormap[semantic_id]
    used_colors[semantic_id].add(tuple(dataset_info.colormap[semantic_id]))
return colored_panoptic_map, used_colors


def vis_segmentation(image,
                     panoptic_prediction,
                     dataset_info,
                     perturb_noise=60):
  """Visualizes input image, segmentation map and overlay view."""
  plt.figure(figsize=(30, 20))
  grid_spec = gridspec.GridSpec(2, 2)

  ax = plt.subplot(grid_spec[0])
  plt.imshow(image)
  plt.axis('off')
  ax.set_title('input image', fontsize=20)

  ax = plt.subplot(grid_spec[1])
  panoptic_map, used_colors = color_panoptic_map(panoptic_prediction,
                                                 dataset_info, perturb_noise)
  plt.imshow(panoptic_map)
  plt.axis('off')
  ax.set_title('panoptic map', fontsize=20)

  ax = plt.subplot(grid_spec[2])
  plt.imshow(image)
  plt.imshow(panoptic_map, alpha=0.7)
  plt.axis('off')
```

```
ax.set_title('panoptic overlay', fontsize=20)

ax = plt.subplot(grid_spec[3])
max_num_instances = max(len(color) for color in used_colors.values())
# 使用 RGBA 图像作为图例
legend = np.zeros((len(used_colors), max_num_instances, 4), dtype=np.uint8)
class_names = []
for i, semantic_id in enumerate(sorted(used_colors)):
  legend[i, :len(used_colors[semantic_id]), :3] = np.array(
      list(used_colors[semantic_id]))
  legend[i, :len(used_colors[semantic_id]), 3] = 255
  if semantic_id < dataset_info.num_classes:
    class_names.append(dataset_info.class_names[semantic_id])
  else:
    class_names.append('ignore')

plt.imshow(legend, interpolation='nearest')
ax.yaxis.tick_left()
plt.yticks(range(len(legend)), class_names, fontsize=15)
plt.xticks([], [])
ax.tick_params(width=0.0, grid_linewidth=0.0)
plt.grid('off')
plt.show()
```

上述代码定义了一个函数 vis_segmentation()，该函数用于可视化输入图像、分割地图和叠加视图。

(22) 定义用于可视化 COCO 数据集上 DeepLab 模型预测结果的函数。它包括颜色映射、随机颜色扰动和图像叠加等步骤，最终在单个图中展示输入图像、分割地图以及地图与原图的叠加效果，同时提供类别图例。通过设定不同的模型名称和相关参数，可以轻松切换不同的 DeepLab 模型进行可视化。代码如下：

```
MODEL_NAME = 'resnet50_kmax_deeplab_coco_train'  # @param
['resnet50_kmax_deeplab_coco_train','axial_resnet50_kmax_deeplab_coco_train','c
onvnext_tiny_kmax_deeplab_coco_train','convnext_small_kmax_deeplab_coco_train',
'convnext_base_kmax_deeplab_coco_train','convnext_large_kmax_deeplab_coco_train
','convnext_large_kmax_deeplab_coco_train_unlabeled']

_MODELS = ('resnet50_kmax_deeplab_coco_train',
         'axial_resnet50_kmax_deeplab_coco_train',
         'convnext_tiny_kmax_deeplab_coco_train',
         'convnext_small_kmax_deeplab_coco_train',
         'convnext_base_kmax_deeplab_coco_train',
         'convnext_large_kmax_deeplab_coco_train',
         'convnext_large_kmax_deeplab_coco_train_unlabeled'
         )
```

```
_DOWNLOAD_URL_PATTERN =
'https://storage.googleapis.com/gresearch/tf-deeplab/saved_model/%s.tar.gz'

_MODEL_NAME_TO_URL_AND_DATASET = {
    model: (_DOWNLOAD_URL_PATTERN % model, coco_dataset_information())
    for model in _MODELS
}

MODEL_URL, DATASET_INFO = _MODEL_NAME_TO_URL_AND_DATASET[MODEL_NAME]
```

(23) 首先创建一个临时目录用于存储下载的模型文件，然后通过 URL 下载指定的 DeepLab 模型文件，并解压缩到临时目录中。接着，加载解压后的模型，并使用该模型对输入图像进行预测。最后，调用之前定义的可视化函数 vis_segmentation()来展示输入图像和模型预测的分割地图。这段代码的目的是演示如何下载、加载并使用预训练的 DeepLab 模型进行图像分割，并展示可视化结果。代码如下：

```
model_dir = tempfile.mkdtemp()

download_path = os.path.join(model_dir, MODEL_NAME + '.gz')
urllib.request.urlretrieve(MODEL_URL, download_path)

!tar -xzvf {download_path} -C {model_dir}

LOADED_MODEL = tf.saved_model.load(os.path.join(model_dir, MODEL_NAME))
#%%
im = np.array(image)

output = LOADED_MODEL(tf.cast(im, tf.uint8))
vis_segmentation(im, output['panoptic_pred'][0], DATASET_INFO)
```

程序执行后会绘制一个包含 4 个子图的图形，执行效果如图 7-16 所示。

对图 7-16 中 4 个图像的具体说明如下。

- 输入图像：显示原始输入图像。
- 全景地图：显示通过颜色对分割预测进行编码的全景地图。
- 全景叠加：将全景地图叠加到原始输入图像上，以显示图像中的物体实例。
- 图例：显示用于编码语义类别的颜色图例，以及相应的类别名称。

这些图形通过使用 Matplotlib 库中的 plt 函数进行绘制和排列，函数 vis_segmentation()的输入参数包括原始图像、分割预测、数据集信息以及可选的颜色扰动参数。通过调用 vis_segmentation()函数，可以在单个图中同时查看原始图像、全景地图和图例，以便更好地理解模型对图像内容的理解和分割结果。

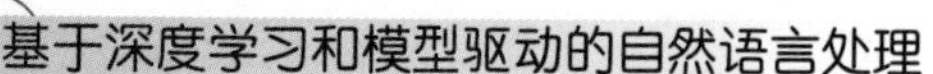
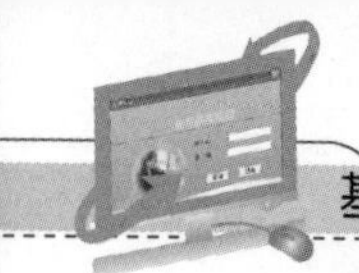

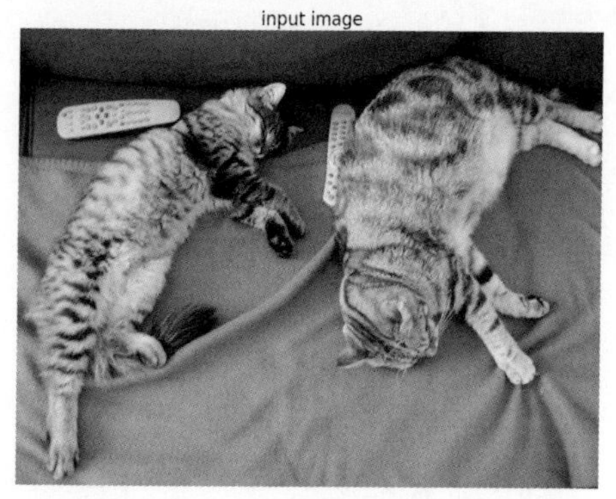

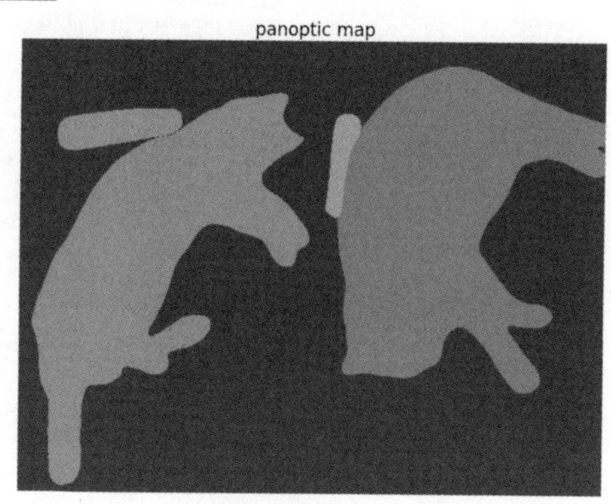

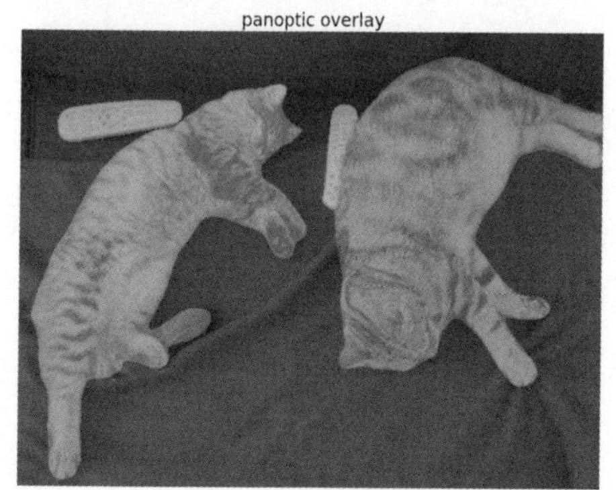

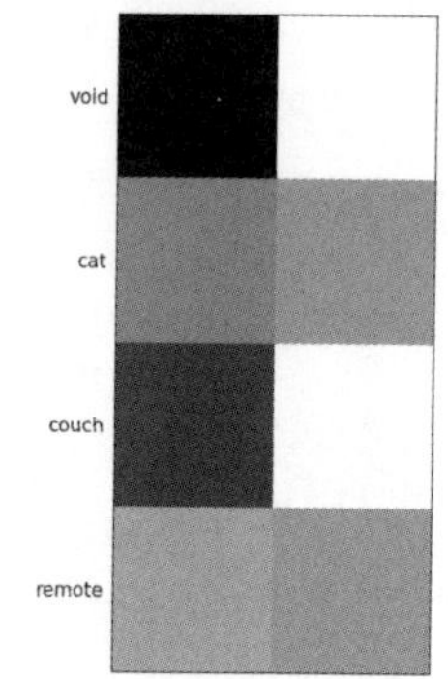

图 7-16　绘制的图像

(24) 通过输出的 output['panoptic_pred'][0].shape，获取模型对输入图像进行预测后生成的分割地图的形状(shape)。这个形状通常是一个二维数组，表示图像中每个像素点的分割预测结果。代码如下：

```
output['panoptic_pred'][0].shape
```

程序执行后会输出：

```
TensorShape([480, 640])
```

(25) 下面代码演示了实现一个图像分割预测流程，包括设置词汇表、输入图像、选择模型等功能。通过调用 segment_image()函数，可以对输入图像进行端到端的分割预测，并返回指定模式下的可视化结果。整个过程涉及模型选择、词汇表设置和图像分割可视化，为用户提供了简单而灵活的图像分割体验。代码如下：

```
from predict import Predictor, model_cfg
from PIL import Image
```

```
predictor = None
vocabulary = ['cat']
input_image: Image.Image = None
outputs: dict = None
cur_model_name: str = None

def set_vocabulary(text):
   global vocabulary
   vocabulary = text.split(",")
   print("set vocabulary to", vocabulary)

def set_input(image):
   global input_image
   input_image = image
   print("set input image to", image)

def set_predictor(model_name: str):
   global cur_model_name
   if cur_model_name == model_name:
      return
   global predictor
   predictor = Predictor(**model_cfg[model_name])
   print("set predictor to", model_name)
   cur_model_name = model_name

set_predictor(list(model_cfg.keys())[0])

def visualize(vis_mode):
   if outputs is None:
      return None
   return predictor.visualize(**outputs, mode=vis_mode)

def segment_image(vis_mode, voc_mode, model_name):
   set_predictor(model_name)
   if input_image is None:
      return None
   global outputs
   result = predictor.predict(
      input_image, vocabulary=vocabulary, augment_vocabulary=voc_mode
   )
   outputs = result
   return visualize(vis_mode)

def segment_e2e(image, vis_mode):
```

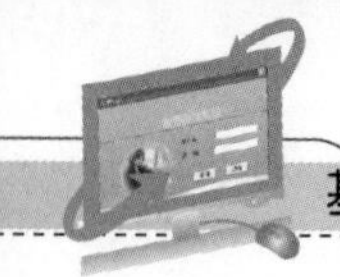


```
    set_input(image)
    return segment_image(vis_mode)

set_input(image)
segment_image('overlay','COCO-stuff','san_vit_b_16')
```

在上述代码中，通过 set_input(image)设置输入图像后，调用函数 segment_image ('overlay','COCO-stuff','san_vit_b_16')进行图像分割，并选择 overlay 可视化模式、COCO-stuff 语义模式以及 san_vit_b_16 模型。这将触发图像分割的整个流程，并返回可视化结果。程序执行效果如图 7-17 所示。

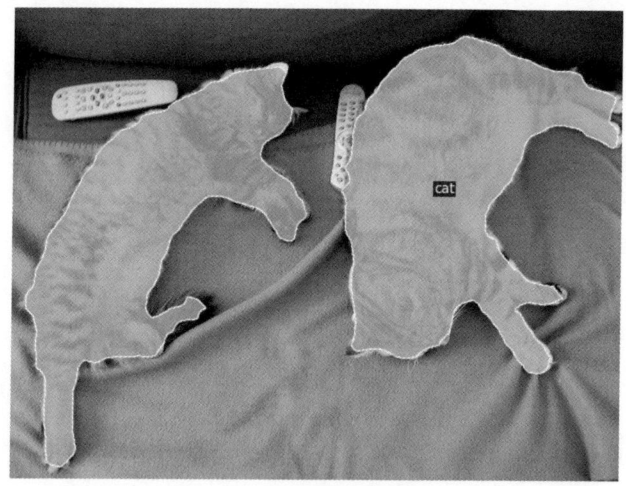

图 7-17　最终的分割结果

第 8 章 大模型 BERT

BERT 是一种基于 Transformer 架构的预训练语言模型，由 Google 在 2018 年提出。BERT 的创新之处在于采用了双向(bidirectional)的预训练方法，相较于传统的单向语言模型，这使得 BERT 在理解上下文时能够更好地捕捉语境信息。本章将详细介绍在自然语言处理中使用 BERT 模型的知识。

8.1 BERT 介绍

BERT 的出现对自然语言处理领域产生了深远的影响，其在多个任务上表现了领先的性能，成为了自然语言处理中的重要里程碑之一。BERT 模型的成功，也引领了许多后续模型的设计和发展。本节将详细讲解 BERT 模型的基础知识。

扫码看视频

8.1.1 BERT 模型的基本概念

BERT 是一种预训练语言模型，其涉及的主要基本概念如下。

- 预训练：BERT 通过在大规模文本语料上进行无监督学习的方式进行预训练。在预训练过程中，模型学习对输入文本中的词汇进行编码，从而能够理解词汇之间的语境关系。
- 双向性：BERT 的创新之处在于其双向预训练方法。传统的语言模型往往是单向的，只考虑左侧或右侧上下文，而 BERT 考虑每个位置的双向上下文信息。这使得模型能更好地理解词汇在整个句子中的含义，从而更有效地捕捉上下文信息。
- 掩盖语言模型(masked language model，MLM)：在 BERT 的预训练阶段，输入文本的一些词汇会被随机掩盖(mask)掉，然后模型需要预测这些被掩盖的词的原始内容。这个任务促使模型学会对上下文进行推断，而不是简单地预测下一个词。
- 多层 Transformer 编码器：BERT 使用多层的 Transformer 编码器，这是一种由自注意力机制组成的深度神经网络结构。每一层都包含多头自注意力机制和前馈神经网络，用于捕捉输入序列的复杂关系。
- 微调(fine-tuning)：在预训练完成后，BERT 可以在特定任务上进行微调。微调过程涉及将 BERT 模型与任务特定的输出层结合，然后使用带有标签的数据进行有监督学习。这使得 BERT 能够适应各种下游任务，如文本分类、命名实体识别等。
- 丰富的上下文表示：BERT 学到的表示非常丰富，包含词汇在双向上下文中的信息。这种表示的通用性使得 BERT 能够成功迁移到多个下游自然语言处理任务上，而无需重新训练整个模型。

总体而言，BERT 的基本概念包括双向预训练、掩盖语言模型、多层 Transformer 编码器以及微调。这些概念的结合使得 BERT 成为一种强大的语言表示学习模型，在自然语言处理领域表现出了卓越的性能。

8.1.2 为什么 BERT 模型被称为大模型

BERT 模型被称为大模型，主要是因为它具有大量的参数，模型的规模通常通过参数的数量来衡量，而 BERT 拥有数亿甚至数十亿的参数，这使得它成为当前最大型的预训练语言模型之一。下面列出了将 BERT 称为大模型的关键因素。

- 参数数量：BERT 模型的规模庞大，包含了数十个甚至上百亿个参数。这些参数用于存储模型在大规模文本语料上学到的知识，以及在预训练和微调阶段中适应特定任务的信息。
- 深层 Transformer 结构：BERT 模型采用了多层的 Transformer 编码器结构，每个编码器层都包含了多头自注意力机制和前馈神经网络。这种深度的结构增加了模型的复杂性，有助于捕获输入序列的丰富特征。
- 双向预训练：BERT 之所以能够在双向上下文中学到强大的表示，是因为它采用了双向预训练方法。这种双向性使得模型需要考虑每个位置的前后文信息，从而增加了模型的复杂度和规模。
- 大规模语料预训练：BERT 在大规模的文本语料上进行预训练，这也为模型的参数数量提供了基础。通过大规模的语料，模型能够学到更为通用和丰富的语言表示。

8.1.3 BERT 模型的基本结构

BERT 模型的结构基于 Transformer 架构，包含了编码器的堆叠。BERT 模型的基本结构要素如下。

- 输入表示：BERT 模型的输入是一组文本序列，其中的文本通常由多个词汇组成。每个词汇通常由一个 WordPiece(或类似的子词单元)表示。
- 嵌入层：输入的词汇经过嵌入层转换为向量表示。这些向量通常包括词嵌入和位置嵌入。位置嵌入用于捕捉输入序列中的位置信息，因为 Transformer 本身并没有显式处理序列中词汇的位置。
- 多层 Transformer 编码器：BERT 采用了多层 Transformer 编码器的结构。每个编码器包括多头自注意力机制和前馈神经网络。这些编码器被堆叠在一起，形成了整个模型的深度。
- 自注意力机制：自注意力机制允许模型在处理输入序列时关注不同位置的信息，而不仅仅是在固定的窗口内。这种机制有助于捕捉长距离的依赖关系。
- 多头注意力：BERT 中的每个自注意力机制都包括多个头。多头注意力允许模型在不同的子空间中学习关系，增加了模型的表示能力。

- 前馈神经网络：每个编码器层都包含一个前馈神经网络，用于对注意力机制的输出进行非线性变换。这有助于模型更好地捕捉输入序列的复杂关系。
- 残差连接和层归一化：在每个子层的输出上应用残差连接和层归一化。这有助于缓解梯度消失问题，并提高训练的稳定性。
- 输出表示：BERT 模型的输出是每个输入词汇位置的上下文表示。这些表示可用于下游任务的微调，或者直接用于生成任务相关的输出。

总体而言，BERT 模型的基本结构是由多层 Transformer 编码器堆叠而成的，这种结构使得模型能够学习丰富的双向上下文表示，从而在各种自然语言处理任务中表现卓越。

8.1.4 BERT 与 Transformer 的关系

BERT 和 Transformer 都是基于 Transformer 架构的模型，两者的相互关系如下。

- Transformer：是一种深度学习架构，最早由 Vaswani 等人于 2017 年在论文 *Attention is All You Need* 中提出。它主要用于序列到序列的自然语言处理任务，例如机器翻译。Transformer 的核心是自注意力机制，通过注意力权重的计算，模型能够在处理输入序列时关注不同位置的信息，从而更好地捕捉长距离依赖关系。
- BERT：是在 Transformer 架构的基础上发展而来的，由 Google 于 2018 年提出。BERT 的创新之处在于采用了双向预训练的方法，通过无监督学习在大规模语料上预训练，使模型能够更好地理解词汇在上下文中的语境。BERT 的预训练任务是掩盖语言模型，其中一些词汇会被掩盖，模型需要预测这些被掩盖的词的原始内容。

因此，可以将 BERT 看作 Transformer 的一种预训练变体，它在预训练阶段通过双向语言模型任务学习了更强大的双向上下文表示。BERT 的预训练表示可以在各种下游自然语言处理任务上进行微调，从而取得出色的性能。

总的来说，Transformer 是一个通用的深度学习架构，而 BERT 是在 Transformer 基础上设计的一种预训练语言模型，用于学习丰富的双向上下文表示。

8.2 BERT 的预训练与微调

BERT 模型的训练过程分为两个主要阶段：预训练和微调。通过这两个阶段的训练，BERT 能够学到通用的语言表示，并在多种下游任务上表现出色。微调阶段允许模型根据具体任务的需求进行定制，而预训练阶段则提供了一个通用的语境感知基础。这种两阶段的训练策略使得 BERT 具有强大的迁移学习能力。

扫码看视频

8.2.1 预训练

在 BERT 模型的预训练阶段主要实现了两个主要任务，即掩盖语言模型和下一句预测(next sentence prediction，NSP)。

1. 掩盖语言模型

- 任务描述：在输入文本中，随机选择一些词汇，并将它们替换为特殊的[MASK]标记。模型的任务是根据上下文预测这些被掩盖的词的原始内容。
- 目的：这个任务使得模型必须在考虑上下文的情况下填补被掩盖的词，从而迫使模型学会理解词汇的双向上下文关系，这有助于捕捉长距离依赖和更全面的语境信息。

2. 下一句预测

- 任务描述：模型接收两个句子的输入，这两个句子可能是文本中相邻的。模型的任务是判断这两个句子是否是原始文本中的相邻句子。
- 目的：通过这个任务，模型可以学到文本之间的关系，尤其是在处理自然语言推断等任务时。模型需要理解文本的语境，以确定两个句子之间是否存在逻辑或语义关系。

在实际应用中，BERT 的预训练过程通过多次迭代这两个任务来进行。对于每个任务，使用随机抽样的文本创建批次，并根据任务目标计算损失，然后使用反向传播和优化算法来更新模型参数。

注意：BERT 的预训练采用无监督学习方法，因此无需标注标签。这种预训练过程使 BERT 能够学到通用的语言表示，从而在下游任务中能够更好地泛化和适应。预训练模型可以通过微调在特定任务上进行调整，以适应特定任务的数据和标签。这种两阶段的训练策略使得 BERT 成为一种强大的迁移学习工具。

8.2.2 微调

微调是使用已经预训练好的模型，在特定任务上进行额外的训练以适应该任务的过程。对于 BERT 模型，微调通常包括将预训练的 BERT 模型与任务特定的输出层结合，并使用标记好的任务数据进行有监督学习。在实际应用中，对 BERT 模型进行微调的基本步骤如下。

(1) 准备数据集：为了微调 BERT 模型，需要有一个标记好的数据集，其中包含了输入文本和相应的标签。这个数据集应该与当前任务相关，例如文本分类、命名实体识别等。

(2) 加载预训练的 BERT 模型。

- 选择预训练模型：选择与任务相关的预训练模型，例如 bert-base-uncased。
- 加载模型：使用 Hugging Face Transformers 库或其他相应的工具加载预训练的 BERT 模型。当然，也可以选择不同规模的 BERT 模型，具体取决于你的任务和计算资源。

(3) 修改模型结构，调整输出层：针对特定任务，修改 BERT 模型的输出层以适应任务的标签数。例如，对于文本分类任务，最后的线性层的输出单元数应与类别数相匹配。

(4) 创建 DataLoader，分批处理：将标记好的数据集加载到 PyTorch 或 TensorFlow 的 DataLoader 中，以便进行批处理。

(5) 设置优化器和损失函数。

- 优化器：选择优化器，常见的有 AdamW 等。
- 损失函数：根据任务选择损失函数，例如交叉熵损失函数。

(6) 微调过程。

- 训练循环：使用微调数据集进行多轮的训练循环。在每个小批次中，将输入数据传递给模型，计算损失，进行反向传播并更新模型参数。
- 梯度截断：为了防止梯度爆炸，可以进行梯度截断，即在反向传播前裁剪梯度的大小。

(7) 评估微调模型，评估验证集：使用验证集评估微调后的模型性能。根据任务选择适当的指标，例如准确率、精确度、召回率等。

(8) 保存微调后的模型：将微调后的模型保存，以备在测试集上进行推断。

(9) 调整超参数(学习率、批量大小等)：可以使用验证集进行超参数的搜索和调整工作，以优化微调性能。

(10) 测试微调后的模型：在测试集上评估微调后的模型性能，以获取最终的性能指标。

注意： 在具体实践中，微调 BERT 模型可能需要一定的计算资源和时间，但通常可以为特定任务提供出色的性能，尤其是在自然语言处理领域。

例如下面是一个使用库 Hugging Face Transformers 微调 BERT 模型的例子，在这个例子中，使用一个二分类任务(情感分类)来展示实现微调的过程。

实例 8-1：使用库 Hugging Face Transformers 微调 BERT 模型(源码路径：daima\8\wei.py)

实例文件 wei.py 的具体实现代码如下。

```
import torch
from transformers import BertTokenizer, BertForSequenceClassification, AdamW
```

```
from torch.utils.data import DataLoader, TensorDataset

# 载入已经预训练好的 BERT 模型和分词器
model = BertForSequenceClassification.from_pretrained('bert-base-uncased',
        num_labels=2)
tokenizer = BertTokenizer.from_pretrained('bert-base-uncased')

# 伪造一些微调数据
sentences = ["This is a positive sentence.", "This is a negative sentence."]
labels = [1, 0]

# 使用分词器对文本进行处理
tokenized_input = tokenizer(sentences, padding=True, truncation=True,
return_tensors="pt")

# 创建 PyTorch DataLoader
dataset = TensorDataset(tokenized_input['input_ids'],
          tokenized_input['attention_mask'], torch.tensor(labels))
loader = DataLoader(dataset, batch_size=1, shuffle=True)

# 设置优化器和损失函数
optimizer = AdamW(model.parameters(), lr=5e-5)
criterion = torch.nn.CrossEntropyLoss()

# 微调模型
model.train()
for epoch in range(5):
    for batch in loader:
        inputs, attention_mask, label = batch
        optimizer.zero_grad()
        outputs = model(inputs, attention_mask=attention_mask, labels=label)
        loss = outputs.loss
        loss.backward()
        optimizer.step()

# 保存微调后的模型
model.save_pretrained("fine_tuned_bert_model")
tokenizer.save_pretrained("fine_tuned_bert_model")
```

上述代码实现了对 BERT 模型进行微调的过程，具体实现流程如下。

(1) 加载预训练的 BERT 模型和分词器：通过 Hugging Face Transformers 库，使用预训练的 BERT 模型(bert-base-uncased)和相应的分词器(BertTokenizer)。

(2) 伪造微调数据：提供两个样本的文本和相应的标签，其中一个被标记为正面(1)，另一个被标记为负面(0)。

(3) 使用分词器处理文本：将提供的文本使用 BERT 分词器进行处理，包括将文本转换为输入模型的格式，进行填充和截断等操作。

(4) 创建 PyTorch DataLoader：将处理后的数据集包装成 PyTorch DataLoader，以便于进行批处理。

(5) 设置优化器和损失函数：使用 AdamW 优化器，以及交叉熵损失函数来计算模型预测与实际标签之间的损失。

(6) 微调模型：在 5 个训练轮次内，通过迭代 DataLoader 中的批次数据，将模型参数更新以最小化损失。

(7) 保存微调后的模型：将微调后的 BERT 模型和分词器保存到文件，以备后续在测试集或实际应用中使用。

1. 模型名称 bert-base-uncased

在上述代码中，bert-base-uncased 是库 Hugging Face Transformers 中的一个预训练的 BERT 模型的名称，这个名称用于指定加载的预训练模型，具体说明如下。

- bert：表示这是一个 BERT 模型。
- base：表示这是基础版本，通常包含较少的层和参数。有时还可以看到 large 等表示更大规模的模型。
- uncased：表示模型是在不区分大小写的文本上进行了预训练。如果使用 cased，则表示预训练时保留了大小写信息。

这种命名约定可以帮助用户轻松选择不同规模和配置的预训练模型。其他常见的模型名称包括 bert-large-uncased、bert-base-cased 等。在微调或使用预训练模型时，选择适合任务和资源要求的模型非常重要。

2. num_labels 参数

在 BERT 模型中，num_labels 参数用于指定模型要处理的类别数量。通常，这个参数在微调阶段用于适应任务的特定需求，尤其是针对分类任务。对于二分类任务(例如情感分类、垃圾邮件检测等)来说，将 num_labels 参数设置为 2，表示模型需要输出两个类别的预测结果。通常，这两个类别是二进制的，比如正类别和负类别，或者类别 1 和类别 0。

在微调的过程中，模型的最后一层(输出层)会根据 num_labels 参数的设置调整权重，以确保适应特定任务的输出要求。这样，微调后的模型就能够产生与任务相关的预测结果。

在本实例的代码中，num_labels=2 意味着这是一个用于处理二分类任务的 BERT 模型。如果你的任务是一个多分类问题，需要将 num_labels 设置为相应的类别数量。例如，如果有 3 个类别，可以将 num_labels 设置为 3。

总体而言，本实例实现了一个简单的 BERT 模型微调过程，用于一个二分类任务的情感分类。程序执行后会创建 fine_tuned_bert_model 目录，如图 8-1 所示。

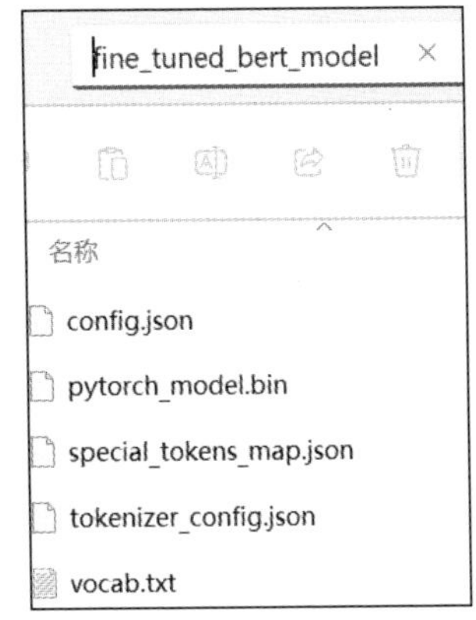

图 8-1 fine_tuned_bert_model 目录

在 fine_tuned_bert_model 目录中包含了微调后的 BERT 模型的相关文件，这些文件通常是 Hugging Face Transformers 库默认的模型保存结构，其中包括了模型的权重、配置信息、词汇表等。对各个文件的具体说明如下。

- 文件 config.json：包含了模型的配置信息，例如模型的层数、隐藏层维度等。这是模型架构的描述文件。
- 文件 pytorch_model.bin：包含了微调后的 BERT 模型的权重参数。这个文件保存了模型在微调阶段学到的权重。
- 文件 special_tokens_map.json：包含了特殊标记的映射关系，如[CLS]、[SEP]等。
- 文件 tokenizer_config.json：包含了分词器的配置信息，描述了分词器的工作方式和设置。
- 文件 vocab.txt：包含了模型使用的词汇表，其中包括了所有可能的词汇和对应的编号。

这些文件共同构成了一个完整的 BERT 模型，可以在以后的推理阶段或者在其他任务中使用。例如，可以使用这个微调后的 BERT 模型来进行文本分类、命名实体识别等任务。在使用时，可以通过加载这些文件来还原微调后的 BERT 模型。

8.3 BERT 在各种 NLP 任务中的应用

BERT 在自然语言处理(NLP)领域应用广泛，它的预训练模型能够学到通用的语言表示，从而在各种 NLP 任务中表现了出色的性能。本节将通过具体实例来展示 BERT 在常见 NLP 任务中的应用过程。

扫码看视频

8.3.1 文本分类中的 BERT

下面的实例，通过一个完整项目展示了使用 BERT 模型进行文本分类的过程。该项目使用网络中的博文数据集进行情感分析，利用 BERT 模型对文本进行训练和分类。训练集包含已手动标记的推文，通过预处理和标记化后，使用 BERT 模型在五个情感类别上进行训练。项目通过 AdamW 优化器和学习率调度器进行模型优化，使用 PyTorch DataLoader 处理训练和验证数据。在训练过程中，通过输出训练损失和验证损失进行性能监控。最后，对测试集上的文本进行预处理和分类，并输出模型对文本情感的预测结果。

本项目用到的数据集文件是两个 CSV 文件：Corona_NLP_train.csv 和 Corona_NLP_test.csv，这是从媒体中提取的博文数据，经过人工标记进行了手动标签。为了避免隐私问题，博文中的姓名和用户名已经被编码处理。数据集中各个列的具体信息如下。

- 位置(Location)：这一列包含关于博文作者所在地的信息，可能包括城市、国家或其他地理位置信息。
- 博文时间(TweetAt)：这一列表示博文发布的时间戳，以日期和时间的形式呈现。
- 原始博文(OriginalTweet)：这是博文的主要文本内容，包含用户在媒体中上发布的实际消息，这是文本分类任务的关键信息。
- 分类标签(Sentiment)：这一列包含了每条博文对应的情感标签，指示了文本表达的情感状态。

实例 8-2：综合实战：使用 BERT 模型进行文本分类(源码路径：daima\8\text-classification.ipynb)

实例文件 text-classification.ipynb 的具体实现流程如下。

(1) 使用 Pandas 库读取两个 CSV 文件，分别是 Corona_NLP_train.csv 和 Corona_NLP_test.csv，将它们加载为 DataFrame 对象 df 和 df_test。通过设置 encoding='latin-1'参数，解决潜在的编码问题。这为实现进一步的数据分析和文本分类任务提供了训练集和测试集。代码如下：

```
import pandas as pd

# 读取训练数据集 Corona_NLP_train.csv
df = pd.read_csv('covid-19-nlp-text-classification/Corona_NLP_train.csv',
     encoding='latin-1')

# 读取测试数据集 Corona_NLP_test.csv
df_test = pd.read_csv('covid-19-nlp-text-classification/Corona_NLP_test.csv',
          encoding='latin-1')
```

(2) 使用 DataFrame 对象的方法 df.head()显示数据集的前几行数据。代码如下：

```
df.head()
```

执行上述代码后，将显示数据集中的前几行，包括 Location、TweetAt、OriginalTweet 和 Sentiment 列的信息：

```
UserName ScreenName   Location TweetAt  OriginalTweet    Sentiment
0    3799 48751    London   16-03-2020   @MeNyrbie @Phil_Gahan @Chrisitv
https://t.co/i...     Neutral
1    3800 48752    UK   16-03-2020   advice Talk to your neighbours family to excha...
     Positive
2    3801 48753    Vagabonds    16-03-2020   Coronavirus Australia: Woolworths to
give elde... Positive
3    3802 48754    NaN  16-03-2020   My food stock is not the only one which is emp...
     Positive
4    3803 48755    NaN  16-03-2020   Me, ready to go at supermarket during the #COV...
     Extremely Negative
```

由此可见，该数据集包含原始博文及其对应的情感标签。情感标签分为五类，分别是：Extremely Negative(极度负面)、Negative(负面)、Neutral(中性)、Positive(正面)、Extremely Positive(极度正面)。

(3) df.info() 是 pandas DataFrame 对象中的方法，用于提供关于数据集的详细信息，包括每列的非空值数量、数据类型等。通过下面的代码，可以获得关于 DataFrame 结构和内容的总体概览。代码如下：

```
df.info()
```

执行上述代码后，将看到关于数据集的摘要信息，例如每列的名称、非空值数量、数据类型等：

```
<class 'pandas.core.frame.DataFrame'>
RangeIndex: 41157 entries, 0 to 41156
Data columns (total 6 columns):
 #   Column         Non-Null  Count     Dtype
---  ------         --------- ------    -----
 0   UserName       41157     non-null  int64
 1   ScreenName     41157     non-null  int64
 2   Location       32567     non-null  object
 3   TweetAt        41157     non-null  object
 4   OriginalTweet  41157     non-null  object
 5   Sentiment      41157     non-null  object
dtypes: int64(2), object(4)
memory usage: 1.9+ MB
```

(4) 通过如下代码查看 df_test 数据集中的前几行内容：

```
df_test.head()
```

程序执行后将显示测试数据集的前几行，包括 Location、TweetAt、OriginalTweet 和 Label 列的信息：

```
0,1,44953,NYC,02-03-2020,TRENDING: New Yorkers encounter empty
supermar...,Extremely Negative
1,2,44954,"Seattle, WA",02-03-2020,When I couldn't find hand sanitizer at Fred
Me...,Positive
2,3,44955,NaN,02-03-2020,Find out how you can protect yourself and
love...,Extremely Positive
3,4,44956,Chicagoland,02-03-2020,#Panic buying hits #NewYork City as anxious
sh...,Negative
4,5,44957,"Melbourne, Victoria",03-03-2020,#toiletpaper #dunnypaper #coronavirus
#coronav...,Neutral
```

(5) df['Sentiment'].value_counts() 是一个用于统计 DataFrame 中某一列(在这里是 Sentiment 列)中每个唯一值的数量的 pandas()方法。执行下面代码后，将获得 Sentiment 列中每个唯一值的计数：

```
df['Sentiment'].value_counts()
```

如果 Sentiment 列是关于情感分析的标签，那么这个命令将展示每个情感类别的样本数量。例如，如果 Sentiment 列包含正面、负面和中性情感的标签，那么这行代码将告诉我们数据集中每种情感类别的样本数量。程序执行后将输出一个包含每个情感类别及其对应数量的结果：

```
Positive              11422
Negative               9917
Neutral                7713
Extremely Positive     6624
Extremely Negative     5481
Name: Sentiment, dtype: int64
```

(6) df_test['Sentiment'].value_counts()是一个 pandas DataFrame 对象的方法，用于统计测试数据集中 Sentiment 列中每个唯一情感类别的样本数量。这行代码提供了测试数据中不同情感类别的分布信息，有助于了解模型在各种情感标签上的性能表现。例如，如果 Sentiment 列包含正面、负面和中性情感的标签。

```
df_test['Sentiment'].value_counts()
```

这行代码将输出各类别样本的数量，为评估模型的分类准确性提供了有用的统计数据：

```
Negative              1041
Positive               947
Neutral                619
Extremely Positive     599
```

```
Extremely Negative    592
Name: Sentiment, dtype: int64
```

(7) 打印输出数据集中 OriginalTweet 列的前五行文本内容，这是用简单的方式来查看部分推文数据，以便初步了解文本的格式和内容。代码如下：

```
print(df['OriginalTweet'][0:5])
```

程序执行后会输出：

```
0    @MeNyrbie @Phil_Gahan @Chrisitv https://t.co/i...
1    advice Talk to your neighbours family to excha...
2    Coronavirus Australia: Woolworths to give elde...
3    My food stock is not the only one which is emp...
4    Me, ready to go at supermarket during the #COV...
Name: OriginalTweet, dtype: object
```

(8) 创建一个新的列 Sentiment_class，该列包含根据 labelmap 字典映射而来的 Sentiment 列的数值表示。这有助于将情感标签转换为数字形式，便于在机器学习模型中使用。代码如下：

```
labelmap = {"Extremely Negative": 0, "Negative": 1, "Neutral": 2, "Positive": 3,
"Extremely Positive": 4}
df['Sentiment_class'] = df['Sentiment'].map(labelmap)
df.head()
```

对上述代码的具体说明如下。

① labelmap 字典：定义了情感标签到数值的映射关系。

② df['Sentiment'].map(labelmap)：使用 map() 方法将 Sentiment 列中的文本标签映射为相应的数值，并创建新的列 Sentiment_class。

③ df.head()：打印输出 DataFrame 的前几行，包括新创建的 Sentiment_class 列。

程序执行后会输出：

```
    UserName ScreenName   Location TweetAt  OriginalTweet    Sentiment
    Sentiment_class
0   3799 48751    London   16-03-2020   @MeNyrbie @Phil_Gahan @Chrisitv
https://t.co/i...    Neutral  2
1   3800 48752    UK   16-03-2020   advice Talk to your neighbours family to excha...
    Positive 3
2   3801 48753    Vagabonds    16-03-2020   Coronavirus Australia: Woolworths to
give elde... Positive 3
3   3802 48754    NaN  16-03-2020   My food stock is not the only one which is emp...
    Positive 3
4   3803 48755    NaN  16-03-2020   Me, ready to go at supermarket during the #COV...
    Extremely Negative    0
```

(9) 为测试数据集创建一个新的列 Sentiment_class，其中包含根据 labelmap 字典映射而来的 Sentiment 列的数值表示。代码如下：

```
labelmap = {"Extremely Negative": 0, "Negative": 1, "Neutral": 2, "Positive": 3,
"Extremely Positive": 4}
df_test['Sentiment_class'] = df_test['Sentiment'].map(labelmap)
df_test.head()
```

对上述代码的具体说明如下。

① labelmap 字典：定义了情感标签到数值的映射关系。

② df_test['Sentiment'].map(labelmap)：使用 map()方法将 Sentiment 列中的文本标签映射为相应的数值，并创建新的列 Sentiment_class。

③ df_test.head()：打印输出 DataFrame 的前几行内容，包括新创建的 Sentiment_class 列。

```
    UserName ScreenName   Location TweetAt  OriginalTweet     Sentiment
    Sentiment_class
0   1    44953    NYC  02-03-2020  TRENDING: New Yorkers encounter empty supermar...
    Extremely Negative    0
1   2    44954    Seattle, WA  02-03-2020   When I couldn't find hand sanitizer at
Fred Me...    Positive 3
2   3    44955    NaN  02-03-2020   Find out how you can protect yourself and love...
    Extremely Positive    4
3   4    44956    Chicagoland  02-03-2020   #Panic buying hits #NewYork City as
anxious sh...    Negative 1
4   5    44957    Melbourne, Victoria   03-03-2020   #toiletpaper #dunnypaper
#coronavirus #coronav...  Neutral  2
```

(10) 导入一个与文本处理相关的 Python 库和资源，包括 string 模块、NLTK 自然语言处理库，并下载 NLTK 所需的标点符号和停用词资源。这为后续文本处理任务提供了必要的工具和数据，包括字符串处理、分词和去除常用停用词等操作，为文本数据的清理和准备提供基础。代码如下：

```
import string
from nltk.corpus import stopwords
from nltk.tokenize import word_tokenize
import nltk
nltk.download('punkt')
nltk.download('stopwords')
```

程序执行后会输出：

```
[nltk_data] Downloading package punkt to /usr/share/nltk_data...
[nltk_data]   Package punkt is already up-to-date!
[nltk_data] Downloading package stopwords to /usr/share/nltk_data...
[nltk_data]   Package stopwords is already up-to-date!
True
```

(11) 定义两个集合，其中 stop_words 包含了英语的停用词，而 punctuations 包含了常见的标点符号。这些集合将在后续的文本处理过程中用于去除文本中的停用词和标点符号，以准备文本数据进行更深入的分析或机器学习任务。代码如下：

```
# 定义要移除的停用词和标点符号集合
stop_words = set(stopwords.words('english'))
punctuations = set(string.punctuation)
```

(12) 定义一个名为 preprocess_text 的函数，用于对文本数据进行预处理。在这个函数中，首先对文本进行小写转换，然后移除 URL、用户名、数字和标点符号，接着对文本进行分词并移除停用词。最后，将处理后的文本重新组合成字符串。这个函数被应用于数据集中 OriginalTweet 列的每个文本，以清理和准备文本数据供进一步的分析或机器学习使用。代码如下：

```
# 预处理文本数据的函数
def preprocess_text(text):
    text = text.lower()  # 转换为小写
    text = re.sub(r'http\S+', '', text)  # 移除 URL
    text = re.sub(r'@\S+', '', text)  # 移除用户名
    text = re.sub(r'\d+', '', text)  # 移除数字
    text = re.sub(r'[^\w\s]', '', text)  # 移除标点符号
    text = word_tokenize(text)  # 分词
    text = [word for word in text if word not in stop_words]  # 移除停用词
    text = [word for word in text if word not in punctuations]  # 移除标点符号
    text = ' '.join(text)
    return text

# 对 OriginalTweet 列中的文本应用预处理函数
df['OriginalTweet'] = df['OriginalTweet'].apply(preprocess_text)
df['OriginalTweet'].head()
```

程序执行后会输出：

```
0
1    advice talk neighbours family exchange phone n...
2    coronavirus australia woolworths give elderly ...
3    food stock one empty please dont panic enough ...
4    ready go supermarket covid outbreak im paranoi...
Name: OriginalTweet, dtype: object
```

由此可见，执行后的输出显示了经过预处理的文本数据，其中 OriginalTweet 列的前几行被清理和转换成了经过处理的文本。下面是对上面输出的具体说明。

① 行 0：经过预处理后，该行的文本为空。

② 行 1：文本经过小写转换，移除了 URL、用户名、数字和标点符号，进行了分词，

并移除了停用词。

③ 行 2：类似于行 1，文本经过了相同的处理步骤。

④ 行 3：类似于前两行，文本被清理并经过了相同的处理步骤。

⑤ 行 4：类似于前三行，文本被清理并经过了相同的处理步骤。

这些清理后的文本数据现在更适合进行文本分析或机器学习任务，因为它们已经去除了一些噪声和非关键信息。

(13) 导入一些与机器学习和自然语言处理相关的库和模块，这些库和模块通常在自然语言处理任务中使用，其中 BERT 模型是一个预训练的深度学习模型，可用于文本分类等任务。代码如下：

```
from sklearn.model_selection import train_test_split
from transformers import BertTokenizer, BertForSequenceClassification, AdamW
```

(14) 指定使用的 BERT 模型为预训练的 bert-base-uncased 模型，并创建与该模型相对应的标记器 tokenizer 和序列分类模型 model。num_labels=5 指定了输出标签的数量，适用于处理具有五个不同情感类别的文本分类任务。这为后续的模型训练和预测提供了基本的结构和配置。代码如下：

```
# 定义 BERT 模型和标记器
model_name = 'bert-base-uncased'
tokenizer = BertTokenizer.from_pretrained(model_name)
model = BertForSequenceClassification.from_pretrained(model_name, num_labels=5)
```

程序执行后会输出：

```
Downloading (…)solve/main/vocab.txt: 100%
232k/232k [00:00&lt;00:00, 3.59MB/s]
Downloading (…)okenizer_config.json: 100%
28.0/28.0 [00:00&lt;00:00, 1.12kB/s]
Downloading (…)lve/main/config.json: 100%
570/570 [00:00&lt;00:00, 33.7kB/s]
Downloading (…)&quot;pytorch_model.bin&quot;;: 100%
440M/440M [00:02&lt;00:00, 191MB/s]
Some weights of the model checkpoint at bert-base-uncased were not used when
initializing BertForSequenceClassification:
['cls.predictions.transform.LayerNorm.weight',
'cls.predictions.transform.dense.bias',
'cls.predictions.transform.dense.weight', 'cls.predictions.bias',
'cls.seq_relationship.weight', 'cls.predictions.transform.LayerNorm.bias',
'cls.predictions.decoder.weight', 'cls.seq_relationship.bias']
- This IS expected if you are initializing BertForSequenceClassification from the
checkpoint of a model trained on another task or with another architecture (e.g.
initializing a BertForSequenceClassification model from a BertForPreTraining model).
```

```
- This IS NOT expected if you are initializing BertForSequenceClassification from the checkpoint of a model that you expect to be exactly identical (initializing a BertForSequenceClassification model from a BertForSequenceClassification model).
Some weights of BertForSequenceClassification were not initialized from the model checkpoint at bert-base-uncased and are newly initialized: ['classifier.bias', 'classifier.weight']
You should probably TRAIN this model on a down-stream task to be able to use it for predictions and inference.
```

上述输出信息表示正在从 Hugging Face 模型库下载 BERT 模型的相关文件，其中包括词汇表、模型配置、权重等。其中，模型 bert-base-uncased 的下载进度以及下载速度也被显示出来。最后的提示建议对该模型进行下游任务的训练，以便在预测和推理中使用。这是因为在下游任务中微调模型权重通常是必要的，以提高模型性能。

(15) 使用 train_test_split()函数将原始数据集中的 OriginalTweet 列和 Sentiment_class 列分割为训练集和验证集。代码如下：

```
train_texts, val_texts, train_labels, val_labels = train_test_split
(df['OriginalTweet'], df['Sentiment_class'], test_size=0.2, random_state=42)
```

对上述代码的具体说明如下。

① train_texts 包含了训练集中的文本数据，而 val_texts 包含了验证集中的文本数据。

② train_labels 包含了训练集中对应的情感类别标签，而 val_labels 包含了验证集中对应的情感类别标签。

③ test_size=0.2 指定了验证集的大小占总数据集的 20%。

④ random_state=42 用于设置随机种子，以确保可复现的随机分割结果。

(16) 下面代码是准备将数据输入到 BERT 模型中的关键步骤。使用 BERT 模型的标记器 tokenizer 将训练集和验证集的文本数据进行标记化，同时进行截断和填充，以保证所有输入具有相同长度。标记化后的文本数据被转换成模型可接受的输入张量形式。此外，训练集和验证集的情感类别标签也被转换为 PyTorch 张量，以便进行后续的模型训练和评估。代码如下：

```
# 对文本进行标记化并转换为输入张量
train_encodings = tokenizer(list(train_texts), truncation=True, padding=True)
val_encodings = tokenizer(list(val_texts), truncation=True, padding=True)
train_labels = torch.tensor(list(train_labels))
val_labels = torch.tensor(list(val_labels))
```

(17) 创建用于训练的数据加载器，将标记化后的输入文本张量和情感类别标签整合为 TensorDataset 类型的数据集。代码如下：

```
# 为训练设置数据加载器
from torch.utils.data import TensorDataset
```

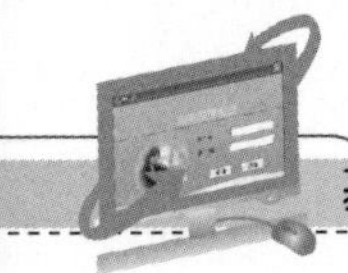


```
train_dataset = torch.utils.data.TensorDataset(
    torch.tensor(train_encodings['input_ids']),
    torch.tensor(train_encodings['attention_mask']),
    train_labels
)

val_dataset = torch.utils.data.TensorDataset(
    torch.tensor(val_encodings['input_ids']),
    torch.tensor(val_encodings['attention_mask']),
    val_labels
)
```

在上述代码中，train_dataset 包含了训练集的输入文本张量(input_ids)、注意力掩码张量(attention_mask)以及情感类别标签。val_dataset 包含了验证集的相同类型的张量数据。这为后续的模型训练提供了适用于 PyTorch DataLoader 的数据集，使数据能够以批量的形式输入到模型中进行训练。

(18) 利用 PyTorch 的 DataLoader 创建训练和验证数据的迭代器，分别采用 RandomSampler 和 SequentialSampler 来对训练集和验证集进行采样。通过设置合适的批量大小，这些数据迭代器为 BERT 模型的训练和验证准备了有效的小批量数据输入。RandomSampler 确保了训练数据的随机采样，而 SequentialSampler 保持了验证数据的顺序采样，为模型的优化和评估提供了合适的数据组织方式。代码如下：

```
from torch.utils.data import DataLoader, RandomSampler, SequentialSampler

# 创建训练数据迭代器
dataloader_train = DataLoader(train_dataset,
                        sampler=RandomSampler(train_dataset),
                        batch_size=3)

# 创建验证数据迭代器
dataloader_validation = DataLoader(val_dataset,
                            sampler=SequentialSampler(val_dataset),
                            batch_size=3)
```

(19) 使用 Hugging Face Transformers 库中的 AdamW 优化器和学习率调度器，对 BERT 模型的参数进行优化。将学习率设置为 1e-5，同时使用线性调度器和预热，以在模型训练的初期进行学习率的逐渐升高，然后进行线性衰减。这有助于更稳健地训练模型，提高其性能。代码如下：

```
# 使用 AdamW 优化器和学习率调度器设置 BERT 模型的参数
from transformers import AdamW, get_linear_schedule_with_warmup

optimizer = AdamW(model.parameters(),lr=1e-5, eps=1e-8)
```

```
epochs = 5

# 设置学习率调度器，使用线性衰减和预热进行模型训练
scheduler = get_linear_schedule_with_warmup(optimizer,
num_warmup_steps=0,num_training_steps=len(dataloader_train)*epochs)
```

(20) 定义一个计算加权 F1 分数的函数，用于在训练和验证过程中评估模型性能。函数 f1_score_func()接受模型的预测结果 preds 和实际标签 labels，将预测结果转换为一维数组，然后使用 f1_score()函数计算加权 F1 分数。这有助于在文本分类任务中量化模型的性能，特别是在处理不平衡类别的情况下。代码如下：

```
# 定义计算加权 F1 分数的函数
from sklearn.metrics import f1_score

def f1_score_func(preds, labels):
    preds_flat = np.argmax(preds, axis=1).flatten()
    labels_flat = labels.flatten()
    return f1_score(labels_flat, preds_flat, average='weighted')
```

(21) 设置随机种子，以确保实验在不同运行时具有相同的随机性，有助于结果的可重复性。同时，将 PyTorch 设备设置为 GPU(如果可用)，以加速模型训练和推理。代码如下：

```
# 设置随机种子和设备，确保实验的可重复性和在 GPU 上运行
import random

seed_val = 17
random.seed(seed_val)
np.random.seed(seed_val)
torch.manual_seed(seed_val)
torch.cuda.manual_seed_all(seed_val)
device = torch.device('cuda')
```

(22) 使用 BERT 模型对训练集进行多个 epoch 的训练。每个 epoch 中，模型在训练数据上进行前向传播、损失计算和反向传播，通过梯度裁剪和优化器更新参数。在训练过程中，通过进度条显示了每个小批量的训练损失。代码如下：

```
# 将模型移动到 GPU，然后进行多个 epoch 的模型训练
from tqdm.notebook import tqdm
model.to(device)

for epoch in tqdm(range(1, epochs+1)):

    model.train()

    loss_train_total = 0
```

```
    # 遍历训练数据加载器进行训练
    progress_bar = tqdm(dataloader_train, desc='Epoch {:1d}'.format(epoch),
leave=False, disable=False)
    for batch in progress_bar:

        model.zero_grad()

        batch = tuple(b.to(device) for b in batch)

        inputs = {'input_ids':      batch[0].to(device),
                  'attention_mask': batch[1].to(device),
                  'labels':         batch[2].to(device),
                 }

        # 前向传播和损失计算
        outputs = model(**inputs)

        loss = outputs[0]
        loss_train_total += loss.item()
        loss.backward()

        torch.nn.utils.clip_grad_norm_(model.parameters(), 1.0)

        optimizer.step()
        scheduler.step()

        progress_bar.set_postfix({'training_loss':
'{:.3f}'.format(loss.item()/len(batch))})

    # 输出每个 epoch 的训练损失
    tqdm.write(f'\nEpoch {epoch}')

    loss_train_avg = loss_train_total/len(dataloader_train)
    tqdm.write(f'Training loss: {loss_train_avg}')
```

训练完成后，输出显示每个 epoch 的平均训练损失：

```
100%   5/5 [1:02:23&lt;00:00, 747.41s/it]

Epoch 1
Training loss: 0.9643278913025941
Epoch 2
Training loss: 0.811084389945594
Epoch 3
Training loss: 0.6857011029520337
Epoch 4
Training loss: 0.570854452219028
```

```
Epoch 5
Training loss: 0.46446557194648996
```

(23) 定义一个用于在验证集上评估 BERT 模型性能的函数 evaluate()。函数 evaluate()通过遍历验证数据加载器，计算模型在验证集上的损失，同时记录预测值和真实标签。最后，函数返回平均验证损失、模型的预测值和真实标签，以用于后续性能分析。代码如下：

```
# 定义评估函数，用于在验证集上评估模型性能
def evaluate(dataloader_val):

    model.eval()

    loss_val_total = 0
    predictions, true_vals = [], []

    # 遍历验证数据加载器进行模型评估
    for batch in dataloader_val:

        batch = tuple(b.to(device) for b in batch)

        inputs = {'input_ids':      batch[0],
                  'attention_mask': batch[1],
                  'labels':         batch[2],
                 }

        with torch.no_grad():
            outputs = model(**inputs)

        loss = outputs[0]
        logits = outputs[1]
        loss_val_total += loss.item()

        logits = logits.detach().cpu().numpy()
        label_ids = inputs['labels'].cpu().numpy()
        predictions.append(logits)
        true_vals.append(label_ids)

    loss_val_avg = loss_val_total/len(dataloader_val)

    # 将预测值和真实标签连接成数组并返回
    predictions = np.concatenate(predictions, axis=0)
    true_vals = np.concatenate(true_vals, axis=0)

    return loss_val_avg, predictions, true_vals
```

(24) 调用之前定义的评估函数 evaluate()来在验证集上评估 BERT 模型的性能，并计算验证集上的损失和 F1 分数。代码如下：

```
# 在验证集上进行模型评估并输出验证损失和 F1 分数
val_loss, predictions, true_vals = evaluate(dataloader_validation)
val_f1 = f1_score_func(predictions, true_vals)

# 打印验证损失和 F1 分数
print('Val Loss = ', val_loss)
print('Val F1 = ', val_f1)
```

程序执行后会输出：

```
Val Loss =  1.211540051294692
Val F1 =  0.7862622789639281
```

(25) true_vals 是在验证集上真实的情感类别标签数组。在模型评估过程中，通过evaluate()函数获取了验证集上每个样本的真实标签。代码如下：

```
true_vals
```

程序执行后会输出数组：

```
array([2, 0, 3, ..., 1, 2, 1])
```

这个数组包含了验证集中每个样本的真实情感类别，用于与模型的预测进行比较和性能评估。

(26) 定义一个计算分类准确率的函数 get_accuracy()，然后使用该函数计算在验证集上的准确率。代码如下：

```
# 定义计算分类准确率的函数
def get_accuracy(predictions, true_vals):
    preds = np.argmax(predictions, axis=1)
    acc = accuracy_score(true_vals, preds)
    return acc

# 计算并打印在验证集上的准确率
accuracy = get_accuracy(predictions, true_vals)
print('Accuracy on Validation Set = ', accuracy)
```

函数 get_accuracy()使用 np.argmax 获取预测值中的最大概率对应的类别，并与真实标签比较以计算准确率。最后，打印输出准确率，提供了对模型在验证集上的整体性能的评估。

程序执行后会输出：

```
0.7865646258503401
```

(27) 读取测试数据集 Corona_NLP_test.csv，并打印输出其中的前几行数据。代码如下：

```
df_test = pd.read_csv('covid-19-nlp-text-classification/Corona_NLP_test.csv',
encoding='latin-1')
df_test.head()
```

程序执行后会输出：

```
    UserName ScreenName   Location TweetAt  OriginalTweet     Sentiment
0    1    44953    NYC  02-03-2020  TRENDING: New Yorkers encounter empty supermar...
    Extremely Negative
1    2    44954    Seattle, WA  02-03-2020   When I couldn't find hand sanitizer at
Fred Me...   Positive
2    3    44955    NaN  02-03-2020   Find out how you can protect yourself and love...
    Extremely Positive
3    4    44956    Chicagoland  02-03-2020   #Panic buying hits #NewYork City as
anxious sh...    Negative
4    5    44957    Melbourne, Victoria  03-03-2020   #toiletpaper #dunnypaper
#coronavirus #coronav...  Neutral
```

(28) 获取测试集中的文本数据，并存储在test_texts变量中。此外，将BERT模型设置为评估模式(model.eval())，这是因为在测试阶段不再进行梯度更新和训练，而是用于生成模型的预测结果。代码如下：

```
test_texts = df_test['OriginalTweet']
model.eval()
```

(29) 首先对测试数据的原始文本进行预处理，包括转换为小写、删除URLs、删除用户名等。接着，使用之前定义的 preprocess_text()函数对测试集中的OriginalTweet列进行处理。最后，展示预处理后的测试文本的前几行。注释中的标记器部分被注释掉了，大家可以根据需要取消注释并使用标记器对测试数据进行处理。代码如下：

```
# 使用标记器对测试数据进行预处理
df_test['OriginalTweet'] = df_test['OriginalTweet'].apply(preprocess_text)

# 对预处理后的测试文本进行标记化，并截断、填充以及转换为模型可接受的PyTorch张量
# test_inputs = tokenizer(test_texts, padding=True, truncation=True,
max_length=512, return_tensors='pt')
# test_inputs = test_inputs.to(device)

# 打印预处理后的测试文本的前几行
df_test['OriginalTweet'].head()
```

程序执行后会输出：

```
0    trending new yorkers encounter empty supermark...
1    couldnt find hand sanitizer fred meyer turned ...
2              find protect loved ones coronavirus
3    panic buying hits newyork city anxious shopper...
4    toiletpaper dunnypaper coronavirus coronavirus...
Name: OriginalTweet, dtype: object
```

上面输出的是经过预处理后的测试数据的前几行，这些文本经过转换为小写、去除

URLs、去除用户名等处理，以便进行后续的标记化和模型输入。在输出中，每行都包含了经过处理的文本。

(30) 输出经过预处理后的测试集中第一行的文本。在这个例子中，文本是处理后的OriginalTweet列的第一个样本。代码如下：

```
print(df_test['OriginalTweet'].head(1))
```

程序执行后会输出：

```
0    trending new yorkers encounter empty supermark...
Name: OriginalTweet, dtype: object
```

(31) 首先对给定的测试文本进行标记化，然后使用训练好的BERT模型进行预测。最后，打印输出每个测试样本的文本和预测标签。代码如下：

```
# 对测试数据进行标记化，并使用训练好的BERT模型进行预测
test_texts = ["find protect loved ones coronavirus","couldnt find hand sanitizer fred meyer turned"]
test_inputs = tokenizer(test_texts, padding=True, truncation=True, max_length=512, return_tensors='pt')
test_inputs = test_inputs.to(device)

# 利用训练好的模型进行预测，并输出预测结果
with torch.no_grad():
    test_outputs = model(**test_inputs)
test_predictions = test_outputs[0].argmax(axis=1)

# 打印预测结果
for i in range(len(test_texts)):
    text = test_texts[i]
    label = test_predictions[i]
    print(f'Text: {text}\nPredicted Label: {label}\n')
```

程序执行后会输出：

```
Text: find protect loved ones coronavirus
Predicted Label: 4

Text: couldnt find hand sanitizer fred meyer turned
Predicted Label: 3
```

上面的输出结果表明，我们的模型对指定的测试文本进行了分类预测，每个文本样本都伴随着其对应的预测标签，这些标签是根据模型的预测结果确定的。在这个例子中，第一个文本的预测标签是4，第二个文本的预测标签是3。这些标签通常与情感类别映射相关，具体映射可能需要查看或定义在训练期间使用的情感标签映射。

8.3.2 命名实体识别中的 BERT

在本节的内容中，将通过一个综合实例展示使用 BERT 模型实现命名实体识别的过程。这个项目涵盖了命名实体识别的完整流程，从数据集的获取到模型的训练和推理。通过使用开源的 NER 数据集，分别实现了数据的加载、清理和探索性分析。接着，利用 Hugging Face 的 transformers 库，建立了一个基于 BERT 的 NER 模型，并通过 GPU 进行训练。代码还展示了模型训练过程中的损失曲线可视化，以及在验证集上的性能评估。最后，使用训练得到的 NER 模型，源码演示了如何进行实体标签的预测，包括手动实现的方法和 transformers 库中的 pipeline。整个项目为 NLP 从业者提供了一个完整的 NER 任务解决方案，并可通过微调进行特定领域的定制。

本项目将使用一个名为 Name Entity Recognition (NER) Dataset 的数据集，用于实现自然语言处理(NLP)中的命名实体识别(NER)任务。数据集文件 NER dataset.csv 中的数据非常干净，适用于任何想在 NER 任务上尝试练手的人。数据集中的实体被标注为不同的类别，每个实体都属于以下类别之一。

- ORGANIZATION(组织)：例如，Georgia-Pacific Corp., WHO(世界卫生组织)。
- PERSON(个人)：例如，Eddy Bonte, President Obama。
- LOCATION(地点)：例如，Murray River, Mount Everest。
- DATE(日期)：例如，June, 2008-06-29。
- TIME(时间)：例如，two fifty a.m, 1:30 p.m。
- MONEY(货币)：例如，175 million Canadian Dollars, GBP 10.40。
- PERCENT(百分比)：例如，twenty pct, 18.75%。
- FACILITY(设施)：例如，Washington Monument, Stonehenge。
- GPE(地理政治实体)：例如，South East Asia, Midlothian。

这些类别表示了不同类型的命名实体，如组织、个人、地点、日期、时间、货币、百分比、设施和地理政治实体。该数据集的目的是帮助研究者和开发者在 NER 任务中训练和评估模型，以识别文本中的这些不同类型的实体。

实例 8-3：综合实战：使用 BERT 模型实现命名实体识别(源码路径：daima\8\name-entity.ipynb)

实例文件 tname-entity.ipynb 的具体实现流程如下。

(1) 创建一个环境，准备进行 NER 任务的实验。其中，导入必要的库和模块，设置显示选项，忽略警告，最后检测并设置运行设备，使得后续可以在 GPU 上进行深度学习任务。

```
import re
import pandas as pd
```

```
import matplotlib.pyplot as plt
import seaborn as sns
import time
import json

from transformers import AutoTokenizer, BertForTokenClassification
import torch
from torch.utils.data import TensorDataset, DataLoader, RandomSampler,
SequentialSampler,random_split, Dataset
from torch.nn.functional import pad
from transformers import BertForSequenceClassification, AdamW, BertConfig,
BertTokenizer
from tqdm.auto import tqdm
from datasets import load_metric

import warnings
warnings.filterwarnings(action="ignore")

pd.set_option('display.max_colwidth', 3000)
pd.set_option('display.max_columns', None)

device = torch.device('cuda' if torch.cuda.is_available() else 'cpu')
```

(2) 通过读取数据集文件 NER dataset.csv 进行数据预处理操作，包括修改列名、转换标签为大写、提取标签的通用部分和位置部分，以及处理缺失值。这些操作旨在准备一个规范化、干净的数据集，为后续的命名实体识别任务提供良好的输入。最终，处理后的数据集被存储在 DataFrame 变量 df 中。代码如下：

```
# 读取名为 name-entity-recognition-ner-dataset/NER dataset.csv 的 CSV 文件，并指定编码为 unicode_escape
df = pd.read_csv("name-entity-recognition-ner-dataset/NER dataset.csv",
encoding='unicode_escape')

# 将列名 "Sentence #" 重命名为 "Sentence"
df.rename(columns={"Sentence #": "Sentence"}, inplace=True)

# 将 Tag 列中的标签转换为大写形式
df["Tag"] = df["Tag"].apply(lambda x: x.upper())

# 创建新列 TagGeneral，存储从 Tag 列中提取的标签的通用部分(即最后一个连字符后的部分)
df["TagGeneral"] = df["Tag"].apply(lambda x: x.split("-")[-1])

# 创建新列 TagPos，存储从 Tag 列中提取的标签的位置部分(即第一个连字符前的部分)
df["TagPos"] = df["Tag"].apply(lambda x: x.split("-")[0])

# 将 Word 列中的缺失值替换为字符串 None
```

```
df["Word"].fillna("None", inplace=True)

# 显示数据集的前几行
df
```

程序执行后会输出：

```
    Sentence Word POS  Tag  TagGeneral   TagPos
0   Sentence: 1  Thousands     NNS  O    O    O
1   NaN  of   IN   O    O    O
2   NaN  demonstrators    NNS  O    O    O
3   NaN  have VBP  O    O    O
4   NaN  marched  VBN  O    O    O
...  ...  ...  ...  ...  ...  ...
1048570  NaN  they PRP  O    O    O
1048571  NaN  responded    VBD  O    O    O
1048572  NaN  to   TO   O    O    O
1048573  NaN  the  DT   O    O    O
1048574  NaN  attack   NN   O    O    O
1048575 rows × 6 columns
```

(3) 首先提取数据集中唯一的标签和标签通用部分，然后计算它们的数量。接着，创建标签到 ID 和 ID 到标签的映射字典。最后，将数据集中的标签映射为相应的 ID，并将结果存储在新的列 TagId 中。代码如下：

```
# 获取数据集中唯一的标签和标签通用部分
tag_list = df["Tag"].unique()
tag_general_list = df["TagGeneral"].unique()

# 计算标签和标签通用部分的数量
n_tags = len(tag_list)
n_tag_general = len(tag_general_list)

# 创建标签到 ID 和 ID 到标签的映射字典
tags2ids = {tag: i for i, tag in enumerate(tag_list)}
ids2tags = {i: tag for i, tag in enumerate(tag_list)}

# 将 Tag 列中的标签映射为相应的 ID，并将结果存储在新的列 TagId 中
df["TagId"] = df["Tag"].map(tags2ids)

# 显示数据集的前几行
df
```

上述代码是为了在训练模型时使用标签的数字表示，以方便处理模型。程序执行后会输出：

```
Sentence Word POS  Tag  TagGeneral   TagPos   TagId
0    Sentence: 1  Thousands     NNS  O    O    O    0
```

```
1    NaN  of    IN   O    O    O    0
2    NaN  demonstrators    NNS  O    O    O    0
3    NaN  have VBP  O    O    O    0
4    NaN  marched  VBN  O    O    O    0
...  ...  ...  ...  ...  ...  ...  ...
1048570  NaN  they PRP  O    O    O    0
1048571  NaN  responded    VBD  O    O    O    0
1048572  NaN  to   TO   O    O    O    0
1048573  NaN  the  DT   O    O    O    0
1048574  NaN  attack   NN   O    O    O    0
1048575 rows × 7 columns
```

(4) 使用库 Seaborn 创建一个包含两个子图的图表，分别展示标签通用部分的计数和带有位置信息的计数。通过设置调色板、样式和坐标轴旋转，以及对 y 轴使用对数尺度，提高了图表的可读性。最后，为每个柱状图添加百分比标签，以更清晰地表示每个类别的比例。代码如下：

```
# 设置 Seaborn 的调色板和样式
sns.set_palette(palette="Pastel1")
sns.set_style("whitegrid")

# 创建一个包含两个子图的图表，分别绘制标签通用部分的计数和带有位置信息的计数
fig, axs = plt.subplots(2, 1, figsize=(11, 8))
sns.countplot(x=df['TagGeneral'], ax=axs[0])
sns.countplot(x=df['TagGeneral'], ax=axs[1], hue=df["TagPos"])

# 设置坐标轴标签旋转
axs[0].tick_params(axis='x', rotation=85)
axs[1].tick_params(axis='x', rotation=85)

# 对 y 轴使用对数尺度，为图表添加百分比标签
total = len(df)
for ax in axs:
    ax.set_yscale("log")
    for p in ax.patches:
        percentage = '{:.2f}%'.format(100 * p.get_height() / total)
        x = p.get_x() + p.get_width() / 2
        y = p.get_height() / 2
        ax.annotate(percentage, (x, y), ha='center', fontsize=10, rotation=0)

# 调整图表布局并显示图表
fig.tight_layout()
fig.show()
```

执行上述代码后绘制了含有两个子图的可视化图，第一个子图展示了标签通用部分的计数，即不考虑位置信息的标签统计，具体说明如下。

① 使用 Seaborn 的 countplot()绘制，横轴表示标签通用部分，纵轴表示相应标签的计数。

② 设置 y 轴的对数尺度，以便更好地展示计数的差异。

③ 添加百分比标签，表示每个类别在总数中的占比。

第二个子图展示了带有位置信息的标签计数，即考虑了标签位置信息的统计。具体说明如下。

① 依然使用 countplot()进行绘制，横轴表示标签通用部分，纵轴表示相应标签的计数。

② 通过 hue 参数表示位置信息，不同位置信息的计数以不同颜色表示。

③ 同样设置了 y 轴的对数尺度，并添加了百分比标签。

如图 8-2 所示，这两个子图的绘制有助于可视化数据集中不同类别的分布情况，以及不同位置信息对标签计数的影响。通过使用对数尺度和百分比标签，提高了图表的可读性和信息传达效果。

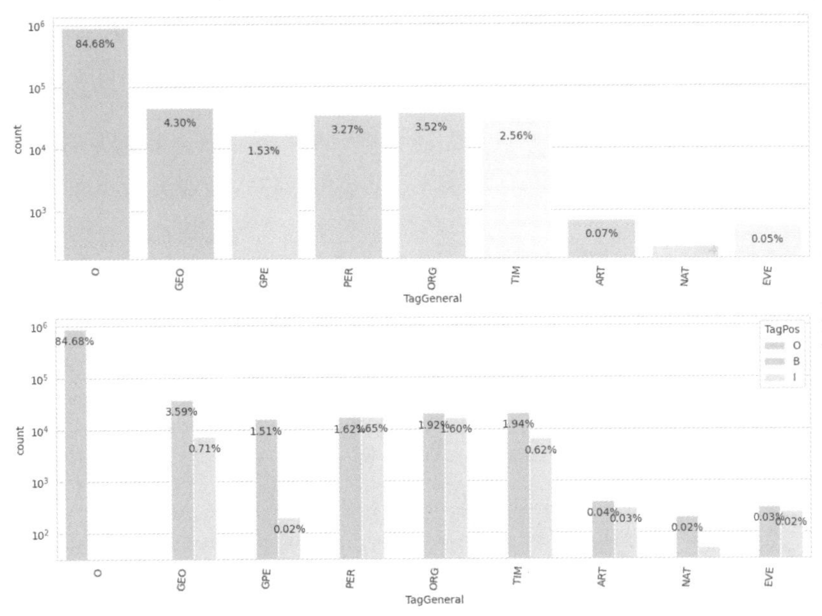

图 8-2　使用 Seaborn 的 Countplot()绘制两个子图的可视化图

(5) 首先使用前向填充方法(ffill)填充 Sentence 列的缺失值，以确保每个数据记录都有所属的句子信息。然后，按照 Sentence 列进行分组，将每个句子的数据聚合为一个列表，并通过 reset_index()重新设置索引。最后，打印数据集中记录的数量，并显示前 5 行聚合后的数据，以展示每个句子的全部数据。代码如下：

```
# 使用前向填充方法填充 Sentence 列的缺失值
df["Sentence"] = df["Sentence"].fillna(method='ffill')

# 按照 Sentence 列进行分组，将每个句子的数据聚合为列表，并重置索引
df = df.groupby("Sentence").agg(list).reset_index().drop("Sentence", axis=1)

# 打印数据集中记录的数量，并显示前 5 行
print(f"Number of records: {len(df)}")
df.head(5)
```

这一步的目的是对数据进行句子级别的组织，为后续任务做准备。程序执行后会输出：

```
Number of records: 47959

    WordPOS Tag TagGeneral   TagPos   TagId
0   [Thousands, of, demonstrators, have, marched, through, London, to, protest, the, war, in, Iraq, and, demand, the, withdrawal, of, British, troops, from, that, country, .]  [NNS, IN, NNS, VBP, VBN, IN, NNP, TO, VB, DT, NN, IN, NNP, CC, VB, DT, NN, IN, JJ, NNS, IN, DT, NN, .]   [O, O, O, O, O, O, B-GEO, O, O, O, O, O, B-GEO, O, O, O, O, O, B-GPE, O, O, O, O, O]  [O, O, O, O, O, O, GEO, O, O, O, O, O, GEO, O, O, O, O, O, GPE, O, O, O, O, O]     [O, O, O, O, O, O, B, O, O, O, O, O, B, O, O, O, O, O, B, O, O, O, O, O] [0, 0, 0, 0, 0, 0, 1, 0, 0, 0, 0, 0, 1, 0, 0, 0, 0, 2, 0, 0, 0, 0, 0]
1   [Iranian, officials, say, they, expect, to, get, access, to, sealed, sensitive, parts, of, the, plant, Wednesday, ,, after, an, IAEA, surveillance, system, begins, functioning, .]  [JJ, NNS, VBP, PRP, VBP, TO, VB, NN, TO, JJ, JJ, NNS, IN, DT, NN, NNP, ,, IN, DT, NNP, NN, NN, VBZ, VBG, .] [B-GPE, O, O, O, O, O, O, O, O, O, O, O, O, O, O, B-TIM, O, O, O, B-ORG, O, O, O, O, O]  [GPE, O, O, O, O, O, O, O, O, O, O, O, O, O, O, TIM, O, O, O, ORG, O, O, O, O, O]     [B, O, O, O, O, O, O, O, O, O, O, O, O, O, O, B, O, O, O, B, O, O, O, O, O]     [2, 0, 0, 0, 0, 0, 0, 0, 0, 0, 0, 0, 0, 0, 0, 7, 0, 0, 0, 5, 0, 0, 0, 0, 0]
2   [Helicopter, gunships, Saturday, pounded, militant, hideouts, in, the, Orakzai, tribal, region, ,, where, many, Taliban, militants, are, believed, to, have, fled, to, avoid, an, earlier, military, offensive, in, nearby, South, Waziristan, .]
    [NN, NNS, NNP, VBD, JJ, NNS, IN, DT, NNP, JJ, NN, ,, WRB, JJ, NNP, NNS, VBP, VBN, TO, VB, VBN, TO, VB, DT, JJR, JJ, NN, IN, JJ, NNP, NNP, .] [O, O, B-TIM, O, O, O, O, O, B-GEO, O, O, O, O, O, B-ORG, O, O, O, O, O, O, O, O, O, O, O, O, O, O, B-GEO, I-GEO, O] [O, O, TIM, O, O, O, O, O, GEO, O, O, O, O, O, ORG, O, O, O, O, O, O, O, O, O, O, O, O, O, O, GEO, GEO, O] [O, O, B, O, O, O, O, O, B, O, O, O, O, O, B, O, O, O, O, O, O, O, O, O, O, O, O, O, O, B, I, O]    [0, 0, 7, 0, 0, 0, 0, 0, 1, 0, 0, 0, 0, 0, 5, 0, 0, 0, 0, 0, 0, 0, 0, 0, 0, 0, 0, 0, 0, 1, 4, 0]
3   [They, left, after, a, tense, hour-long, standoff, with, riot, police, .]
    [PRP, VBD, IN, DT, NN, JJ, NN, IN, NN, NNS, .] [O, O, O, O, O, O, O, O, O, O, O]  [O, O, O, O, O, O, O, O, O, O, O] [O, O, O, O, O, O, O, O, O, O, O][0, 0, 0, 0, 0, 0, 0, 0, 0, 0, 0]
4   [U.N., relief, coordinator, Jan, Egeland, said, Sunday, ,, U.S., ,, Indonesian, and, Australian, military, helicopters, are, ferrying, out, food, and, supplies, to, remote, areas, of, western, Aceh, province, that, ground, crews, can, not,
```

```
reach, .]    [NNP, NN, NN, NNP, NNP, VBD, NNP, ,, NNP, ,, JJ, CC, JJ, JJ, NNS, VBP,
VBG, RP, NN, CC, NNS, TO, VB, NNS, IN, JJ, NNP, NN, IN, NN, NNS, MD, RB, VB, .]
    [B-GEO, O, O, B-PER, I-PER, O, B-TIM, O, B-GEO, O, B-GPE, O, B-GPE, O, O, O,
O, O, O, O, O, O, O, O, O, O, B-GEO, O, O, O, O, O, O, O, O]    [GEO, O, O, PER,
PER, O, TIM, O, GEO, O, GPE, O, GPE, O, O, O, O, O, O, O, O, O, O, O, O, O, GEO,
O, O, O, O, O, O, O, O]   [B, O, O, B, I, O, B, O, B, O, B, O, B, O, O, O, O, O,
O, O, O, O, O, O, O, O, B, O, O, O, O, O, O, O, O] [1, 0, 0, 3, 10, 0, 7, 0, 1, 0,
2, 0, 2, 0, 0, 0, 0, 0, 0, 0, 0, 0, 0, 0, 0, 0, 1, 0, 0, 0, 0, 0, 0, 0, 0]
```

(6) 定义函数 display_formatted_text()，用于将文本和相应的标签格式化为带有背景颜色的字符串，并在终端中显示。然后，通过该函数展示数据集中第一条记录和第 43 条记录的文本以及它们的标签。这样的显示方式可以在终端中清晰地展示文本中的命名实体及其类别，通过背景颜色使不同类别的实体更容易辨认。代码如下：

```
def display_formatted_text(words, tags):
    # 将文本和标签格式化为带有背景颜色的字符串，并在终端中显示
    formatted_text = " ".join([color_mapping[tag] + word for word, tag in zip(words,
                    tags)]) + CEND
    print(formatted_text)

# 显示数据集中第一条记录的文本和相应的标签
text = df.loc[0, "Word"]
tags = df.loc[0, "TagGeneral"]
display_formatted_text(text, tags)

# 显示数据集中第 43 条记录的文本和相应的标签
text = df.loc[42, "Word"]
tags = df.loc[42, "TagGeneral"]
display_formatted_text(text, tags)
```

程序执行后会输出经过格式化的文本，其中命名实体的类别通过背景颜色进行了标注。

(7) 首先指定使用的 Hugging Face 模型为 bert-base-cased，然后使用 Hugging Face 的 AutoTokenizer 类从预训练模型加载相应的分词器。在这里，do_lower_case=True 表示分词器将文本转换为小写。最后，通过输出 tokenizer.special_tokens_map 来显示分词器的特殊标记映射。这些特殊标记通常包括 [CLS]、[SEP]、[MASK] 等，它们在 BERT 模型的输入中起到重要的作用。代码如下：

```
huggingface_model = "bert-base-cased"
# 从 Hugging Face 模型库加载指定的 BERT 模型的分词器，并设置为支持小写处理
tokenizer = AutoTokenizer.from_pretrained(huggingface_model, do_lower_case=True)

# 显示分词器的特殊标记映射
tokenizer.special_tokens_map
```

程序执行后会输出：

```
Downloading (…)okenizer_config.json: 100%
29.0/29.0 [00:00<00:00, 1.39kB/s]
Downloading (…)lve/main/config.json: 100%
570/570 [00:00<00:00, 36.7kB/s]
Downloading (…)solve/main/vocab.txt: 100%
213k/213k [00:00<00:00, 3.00MB/s]
Downloading (…)/main/tokenizer.json: 100%

{'unk_token': '[UNK]',
 'sep_token': '[SEP]',
 'pad_token': '[PAD]',
 'cls_token': '[CLS]',
 'mask_token': '[MASK]'}
```

上面的输出显示了分词器的特殊标记映射，其中包括以下的标记。

① unk_token: 未知标记，表示未在词汇表中找到的标记，对应 [UNK]。

② sep_token: 分隔标记，用于分隔句子或序列，对应 [SEP]。

③ pad_token: 填充标记，用于对齐不同长度的序列，对应 [PAD]。

④ cls_token: 类别标记，通常用于表示序列的开始，对应 [CLS]。

⑤ mask_token: 掩码标记，用于掩盖序列中的某些标记，对应 [MASK]。

这些特殊标记在 BERT 模型的输入中具有特殊的作用，例如 [CLS] 通常用于句子或文本的表示。下载过程的日志显示了相应模型文件的下载过程。

(8) 使用 Hugging Face 中的类 BertForTokenClassification 从预训练模型中加载指定的 BERT Token Classification 模型。其中的参数包括模型类型(huggingface_model)、标签数量(num_labels)、是否输出注意力权重(output_attentions)、是否输出隐藏状态(output_hidden_states)。模型被移动到了指定的设备(GPU 或 CPU)。这个模型通常用于进行标记级别的序列分类任务，例如命名实体识别(NER)。代码如下：

```
# 从Hugging Face模型库加载指定的BERT Token Classification模型
# 参数包括模型类型、标签数量、是否输出注意力权重和隐藏状态
model = BertForTokenClassification.from_pretrained(
    huggingface_model,
    num_labels=n_tags,
    output_attentions=False,
    output_hidden_states=False,
).to(device)
```

程序执行后会输出：

```
Downloading model.safetensors: 100%
436M/436M [00:01<00:00, 289MB/s]
```

上面的输出是一个模型参数的下载提示，表示正在下载模型的安全张量(safetensors)，

下载的速度是436MB/s。这通常是在首次运行模型时，Hugging Face模型库会自动下载相应的预训练模型参数。下载完成后，模型参数将被缓存，以便在下次运行时直接使用，而无需重新下载。

(9) 创建自定义数据集类CustomDataset，用于将文本数据集与BERT模型的输入格式相对应。通过使用PyTorch中的类Dataset，它可以被PyTorch的DataLoader加载，用于实现模型的训练工作。代码如下：

```
class CustomDataset(torch.utils.data.Dataset):

    def __init__(self, df, tokenizer):
        super().__init__()
        self.tokenizer = tokenizer
        self.inputs = df["Word"].values
        self.labels = df["TagId"].values
        self.len = len(self.labels)

    def __getitem__(self, idx):
        # 使用分词器对输入文本进行编码
        encoded_dict = self.tokenizer(
            self.inputs[idx],
            is_split_into_words=True,
            add_special_tokens=True,
            return_attention_mask=True,
            return_tensors='pt',
        )

        # 创建标记级别的标签
        token_labels = self.__create_token_labels(self.labels[idx],
                            encoded_dict.word_ids())

        # 返回编码后的输入及其对应的标签
        return encoded_dict['input_ids'][0], encoded_dict['token_type_ids'][0],
                        encoded_dict['attention_mask'][0], token_labels

    def __create_token_labels(self, labels, word_ids):
        # 将标签映射到每个单词的位置，未知单词位置用-100 表示
        extended_labels = [-100 if word_id is None else labels[word_id] for word_id
                        in word_ids]
        return torch.tensor(extended_labels).to(torch.int64)

    def __len__(self):
        return self.len
```

对上述代码的具体说明如下。

① __init__()方法：用于初始化数据集，接收一个DataFrame df 和一个分词器 tokenizer。

② __getitem__()方法：用于获取数据集中的单个样本，返回编码后的输入和相应的标签。

③ __create_token_labels()：用于将整个序列的标签映射到每个单词的位置，使用-100表示未知单词的位置。

④ __len__()方法：用于返回数据集的长度。

这个数据集类 CustomDataset 的设计目的旨在与 BERT 模型的输入和标签格式相匹配，以便在训练过程中使用。

(10) 创建函数 collate_fn()，用于处理数据批次，确保批次中的样本具有相同的长度。函数 collate_fn()能够计算批次中样本的最大长度，然后对每个样本的输入、token 类型、注意力掩码和标签进行填充，以使它们具有相同的长度。在填充操作中，使用 0 填充输入和掩码，使用-100 填充标签。最后，函数 collate_fn()将填充后的张量堆叠起来，并将其移到指定的设备上(GPU 或 CPU)。代码如下：

```
# 定义一个用于处理数据批次的函数 collate_fn
def collate_fn(batch):
    # 计算批次中样本的最大长度
    max_len = max([len(sample[0]) for sample in batch])

    # 初始化空列表，用于存储输入、token 类型、注意力掩码和标签
    ids = []
    token_types = []
    attention_masks = []
    labels = []

    # 遍历批次中的每个样本
    for sample in batch:
        # 计算需要填充的长度
        pad_length = max_len - len(sample[0])

        # 分别对输入、token 类型、注意力掩码和标签进行填充，使用 0 填充输入和掩码，使用-100 填充标签
        ids.append(pad(sample[0], (0, pad_length), value=0))
        token_types.append(pad(sample[1], (0, pad_length), value=0))
        attention_masks.append(pad(sample[2], (0, pad_length), value=0))
        labels.append(pad(sample[3], (0, pad_length), value=-100))

    # 将填充后的张量堆叠起来，并将其移到指定的设备上(GPU 或 CPU)
    return torch.stack(ids).to(device), torch.stack(token_types).to(device),
torch.stack(attention_masks).to(device), torch.stack(labels).to(device)
```

(11) 创建一个自定义数据集的实例 dataset，并使用 random_split()函数将其划分为训练集 train_dataset 和验证集 validation_dataset，其中 80%用于训练，20%用于验证。最后，打印训练集和验证集的样本数量。代码如下：

```
# 创建自定义数据集实例
dataset = CustomDataset(df, tokenizer)

# 划分训练集和验证集
train_size = int(0.8 * len(dataset))
validation_size = len(dataset) - train_size
train_dataset, validation_dataset = random_split(dataset, [train_size, validation_size])

# 打印训练集和验证集的样本数量
print('{:>5,} training samples'.format(train_size))
print('{:>5,} validation samples'.format(validation_size))
```

这是为了准备模型训练和评估所需的数据，程序执行后会输出：

```
38,367 training samples
9,592 validation samples
```

(12) 定义训练集和验证集的数据加载器，用于迭代训练和验证数据。其中训练数据加载器使用 RandomSampler 进行随机采样，验证数据加载器使用 SequentialSampler 进行顺序采样。此外，还使用自定义函数 collate_fn()来处理每个批次的数据填充。最后，定义了 AdamW 优化器，传入模型的参数、学习率和 epsilon 值。这是为了准备进行模型的训练。代码如下：

```
# 定义批量大小
batch_size = 8

# 创建训练集和验证集的数据加载器
train_dataloader = DataLoader(
   train_dataset,
   sampler=RandomSampler(train_dataset),
   batch_size=batch_size,
   collate_fn=collate_fn
)

validation_dataloader = DataLoader(
   validation_dataset,
   sampler=SequentialSampler(validation_dataset),
   batch_size=batch_size,
   collate_fn=collate_fn
)

# 定义优化器(AdamW)并传入模型参数、学习率和 epsilon 值
optimizer = AdamW(
   model.parameters(),
   lr=2e-5,
   eps=1e-8
)
```

(13) 实现模型的训练和验证循环工作。在每个训练轮次中遍历训练数据加载器，对模型进行训练，并记录训练损失。然后，使用验证数据加载器对模型进行评估，并记录验证损失。这些信息用于后续的分析和模型性能评估。代码如下：

```
# 定义训练轮次和记录平均训练/验证损失和准确率的列表
EPOCHS = 2
avg_train_accuracy = []
avg_train_loss = []
avg_val_loss = []
avg_val_accuracy = []

# 循环遍历每个训练轮次
for epoch_i in range(0, EPOCHS):

    running_train_loss = 0
    running_val_loss = 0

    # 将模型设置为训练模式
    model.train()

    # 遍历训练数据加载器
    loop = tqdm(train_dataloader)
    for batch in loop:
        # 优化器梯度归零
        optimizer.zero_grad()
        # 前向传播
        output = model(input_ids=batch[0],
                       token_type_ids=batch[1],
                       attention_mask=batch[2],
                       labels=batch[3])
        # 计算损失
        loss = output.loss
        running_train_loss += loss.item()
        # 反向传播和参数更新
        loss.backward()
        optimizer.step()
        # 更新进度条描述
        loop.set_description(f"Training. Epoch [{epoch_i}/{EPOCHS}]. Loss {loss.item()}")

    # 计算并记录平均训练损失
    avg_train_loss.append(running_train_loss / train_size)

    # 将模型设置为评估模式(不进行梯度更新)
    model.eval()

    # 使用验证集进行评估
```

```
    with torch.no_grad():
        loop = tqdm(validation_dataloader)
        for batch in loop:
            output = model(input_ids=batch[0],
                       token_type_ids=batch[1],
                       attention_mask=batch[2],
                       labels=batch[3])
            loss = output.loss
            running_val_loss += loss.item()
            loop.set_description(f"Validation. Epoch [{epoch_i}/{EPOCHS}]. Loss
{loss.item()}")

    # 计算并记录平均验证损失
    avg_val_loss.append(running_val_loss / validation_size)
```

在上述代码中，tqdm 是一个用于在循环中显示进度条的工具。程序执行后会输出：

```
Training. Epoch [0/2]. Loss 0.11565088480710983: 100%
4796/4796 [2:51:31<00:00, 1.87s/it]
Validation. Epoch [0/2]. Loss 0.25790777802467346: 100%
1199/1199 [12:21<00:00, 1.80it/s]
Training. Epoch [1/2]. Loss 0.2181825339794159: 100%
4796/4796 [2:55:45<00:00, 2.03s/it]
Validation. Epoch [1/2]. Loss 0.24520829319953918: 100%
1199/1199 [12:55<00:00, 1.68it/s]
```

(14) 使用 Matplotlib 库创建一个包含两个子图的图形，分别用于显示平均训练损失和平均验证损失随着训练轮次的变化。通过 plot()函数绘制损失随着轮次的变化趋势，并设置子图的标题、坐标轴标签。最后，通过 plt.show() 显示图形。代码如下：

```
import matplotlib.pyplot as plt

# 创建包含两个子图的图形
fig, axs = plt.subplots(1, 2, figsize=(11, 5), sharex=True, sharey=True)

# 绘制平均训练损失图
axs[0].plot(avg_train_loss)
axs[0].set_title("Average Training Loss")

# 绘制平均验证损失图
axs[1].plot(avg_val_loss)
axs[1].set_title("Average Validation Loss")

# 设置坐标轴标签
axs[0].set_xlabel("Epoch")
axs[1].set_xlabel("Epoch")
axs[1].set_ylabel("Loss")
```

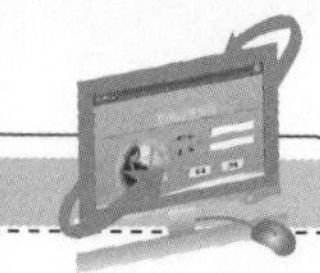


```
# 绘制网格线
for ax in axs:
    ax.grid(c='gray', alpha=0.5)

# 显示图形
plt.show()
```

程序执行后显示绘制的可视化图，如图 8-3 所示。

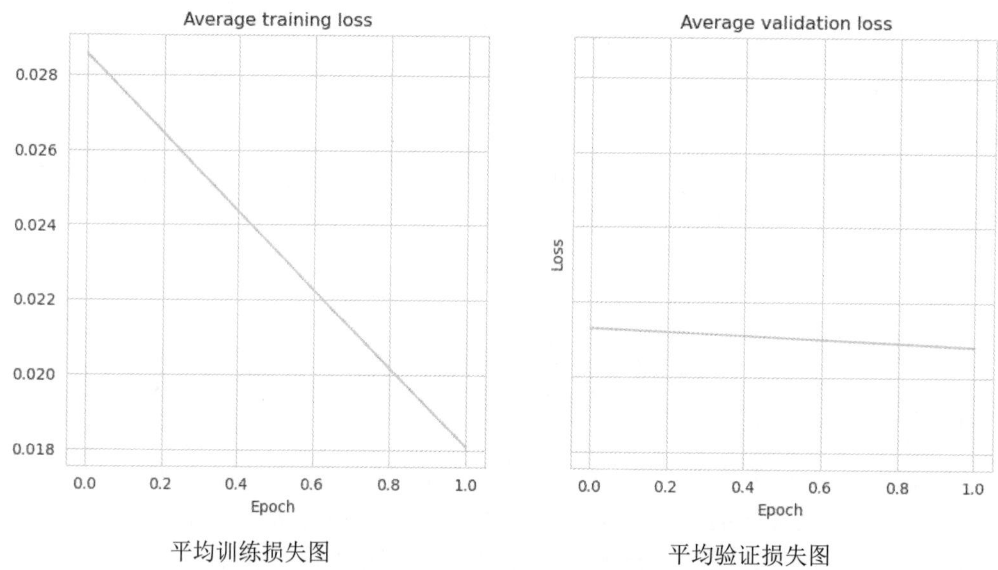

图 8-3 使用 Matplotlib 库的 Plot()绘制两个子图的可视化图

(15) 定义评估函数 evaluate()，用于计算模型在给定数据加载器上的 NER 性能指标。在函数 evaluate()内，模型被设置为评估模式，然后遍历数据加载器，使用 seqeval 指标计算预测和标签的性能指标。最后，通过调用函数 evaluate()评估模型在训练数据上的性能。代码如下：

```
from datasets import load_metric

def evaluate(model, dataloader):

    # 加载用于 NER 任务的 seqeval 指标
    metric = load_metric("seqeval")

    all_predictions = []
    all_labels = []
```

```
    # 将模型设置为评估模式(不进行梯度更新)
    model.eval()

    # 遍历数据加载器
    with torch.no_grad():
        for batch in dataloader:
            # 模型预测
            output = model(input_ids=batch[0],
                           token_type_ids=batch[1],
                           attention_mask=batch[2],
                           labels=batch[3])
            # 将预测和标签转换为 NumPy 数组
            labels = batch[3].to('cpu').numpy()
            predictions = torch.argmax(output.logits.detach().cpu(), 2).numpy()

            # 遍历每个样本的预测和标签，并记录
            for prediction, label in zip(predictions, labels):
                for pred_idx, label_idx in zip(prediction, label):
                    if label_idx != -100:
                        all_predictions.append(ids2tags[pred_idx])
                        all_labels.append(ids2tags[label_idx])

    # 使用 seqeval 指标计算 NER 任务的性能指标
    return metric.compute(predictions=[all_predictions], references=[all_labels])

# 评估模型在训练数据上的性能
evaluate(model, train_dataloader)
```

程序执行后会输出：

```
Downloading builder script:6.33k/? [00:00<00:00, 316kB/s]

{'ART': {'precision': 0.718978102189781,
  'recall': 0.49435382685069007,
  'f1': 0.5858736059479553,
  'number': 797},
 'EVE': {'precision': 0.5106382978723404,
  'recall': 0.36180904522613067,
  'f1': 0.4235294117647059,
  'number': 398},
 'GEO': {'precision': 0.8871970980543774,
  'recall': 0.9508842061644587,
  'f1': 0.9179373146971622,
  'number': 82051},
 'GPE': {'precision': 0.979006184224802,
  'recall': 0.938652380828544,
  'f1': 0.9584046945738904,
```

```
 'number': 38453},
'NAT': {'precision': 0.5714285714285714,
 'recall': 0.4158415841584158,
 'f1': 0.48137535816618915,
 'number': 404},
'ORG': {'precision': 0.8194135672655171,
 'recall': 0.7445066193530776,
 'f1': 0.7801661875545257,
 'number': 36635},
'PER': {'precision': 0.8709067804893943,
 'recall': 0.8607264764603594,
 'f1': 0.8657867033767916,
 'number': 31054},
'TIM': {'precision': 0.9482342422887796,
 'recall': 0.9304052868588807,
 'f1': 0.9392351630186118,
 'number': 34198},
'overall_precision': 0.8978721500011188,
'overall_recall': 0.8957676681994732,
'overall_f1': 0.8968186745035813,
'overall_accuracy': 0.9674838990321294}
```

(16) 保存训练好的 NER 模型和分词器。首先，使用函数 save_pretrained()将模型和分词器保存到指定目录(ner_model 和 tokenizer)。然后，读取模型的配置文件(config.json)，更新其中的标签映射(id2label 和 label2id)，最后再次保存更新后的配置文件。这样，保存的模型就包含了训练时使用的标签信息。代码如下：

```
# 保存模型和分词器
model.save_pretrained("ner_model")
tokenizer.save_pretrained("tokenizer")

# 读取模型配置文件
config = json.load(open("ner_model/config.json"))

# 更新配置文件中的标签映射
config["id2label"] = ids2tags
config["label2id"] = tags2ids

# 再次保存更新后的配置文件
json.dump(config, open("ner_model/config.json", "w"))
```

(17) 定义两个函数，其中第一个函数 get_predicted_tag()的功能是根据预测标签和分数获取最终的实体标签。第二个函数 predict()的功能是利用训练好的 NER 模型对输入的原始文本进行实体标签的预测。通过遍历预测结果，获取每个词的最终实体标签，并且可以选择是否以彩色格式显示。代码如下：

```
from collections import Counter
import torch.nn.functional as F

# 定义函数，根据预测标签和分数获取最终预测的实体标签
def get_predicted_tag(word, tags, scores):
    most_common_tag = Counter(tags).most_common()[0][0]
    correct_scores = [score if tag == most_common_tag else -score for score, tag in
                      zip(scores, tags)]
    score = round(sum(correct_scores)/len(correct_scores), 4)
    predicted_tag = ids2tags[most_common_tag].split("-")[-1]
    return {"word": word, "entity_group": predicted_tag, "score": score}

# 定义函数，根据输入文本进行实体标签预测
def predict(raw_text, display_formatted_text=True):
    raw_words = raw_text.split()
    encoded_dict = tokenizer(raw_words,
                        is_split_into_words=True,
                        add_special_tokens=True,
                        return_attention_mask=True,
                        return_tensors='pt'
                        )

    input_ids = encoded_dict['input_ids'][0].unsqueeze(0).to(device)
    input_token_type = encoded_dict['token_type_ids'][0].unsqueeze(0).to(device)
    input_mask = encoded_dict['attention_mask'][0].unsqueeze(0).to(device)

    output = model(input_ids, token_type_ids=input_token_type, attention_mask=input_mask)
    normalized_output = F.softmax(output.logits.detach().cpu(), dim=2)
    predictions = torch.max(normalized_output, 2)
    predicted_label = predictions.indices.numpy().flatten()
    predicted_scores = predictions.values.numpy().flatten()

    result = []
    prev_token_id = None

    for token_id, predicted_label, score in zip(encoded_dict.word_ids(),
        predicted_label, predicted_scores):
        if token_id is None:
            continue
        elif token_id != prev_token_id:
            if prev_token_id is not None:
                result.append(get_predicted_tag(raw_words[prev_token_id], tags, scores))
            tags = []
            scores = []

        tags.append(predicted_label)
        scores.append(score)
```

```
        prev_token_id = token_id

    result.append(get_predicted_tag(raw_words[prev_token_id], tags, scores))

    if display_formatted_text:
        formatted_text = " ".join([color_mapping[entity["entity_group"]] +
                          entity["word"] for entity in result]) + CEND
        print(formatted_text)

    return result
```

(18) 调用预训练的 NER 模型，对给定的文本进行实体标签的预测，并输出带有彩色标记的结果。代码如下：

```
# 输入文本
text = "Thousands of demonstrators have marched through London to protest the war
in Iraq and demand the withdrawal of British troops from that country."

# 使用预训练的 NER 模型对文本进行实体标签的预测
predict(text)
```

程序执行后会输出：

```
[{'word': 'Thousands', 'entity_group': 'O', 'score': 0.9996},
{'word': 'of', 'entity_group': 'O', 'score': 0.9997},
{'word': 'demonstrators', 'entity_group': 'O', 'score': 0.9998},
{'word': 'have', 'entity_group': 'O', 'score': 0.9999},
{'word': 'marched', 'entity_group': 'O', 'score': 0.9999},
{'word': 'through', 'entity_group': 'O', 'score': 0.9992},
{'word': 'London', 'entity_group': 'GEO', 'score': 0.9957},
{'word': 'to', 'entity_group': 'O', 'score': 0.9999},
{'word': 'protest', 'entity_group': 'O', 'score': 0.9999},
{'word': 'the', 'entity_group': 'O', 'score': 0.9999},
{'word': 'war', 'entity_group': 'O', 'score': 0.9995},
{'word': 'in', 'entity_group': 'O', 'score': 0.9997},
{'word': 'Iraq', 'entity_group': 'GEO', 'score': 0.9974},
{'word': 'and', 'entity_group': 'O', 'score': 0.9999},
{'word': 'demand', 'entity_group': 'O', 'score': 0.9999},
{'word': 'the', 'entity_group': 'O', 'score': 0.9999},
{'word': 'withdrawal', 'entity_group': 'O', 'score': 0.9999},
{'word': 'of', 'entity_group': 'O', 'score': 0.9999},
{'word': 'British', 'entity_group': 'GPE', 'score': 0.9936},
{'word': 'troops', 'entity_group': 'O', 'score': 0.9999},
{'word': 'from', 'entity_group': 'O', 'score': 0.9998},
{'word': 'that', 'entity_group': 'O', 'score': 0.9994},
{'word': 'country.', 'entity_group': 'O', 'score': 0.9999}]
```

在上面的输出中，每个词包含预测的实体组别(entity_group)和相应的预测分数(score)。

例如，London 被预测为地理位置(GEO)并获得较高的预测分数。

(19) 用户可以输入任意文本的例子，利用预训练的 NER 模型对用户输入的文本进行实体标签的预测，并将预测结果输出显示。代码如下：

```
# 接收用户输入的文本例子
example = input()

# 使用预训练的 NER 模型对用户输入的文本进行实体标签的预测，并输出结果
predict(example)
```

(20) 使用 transformers 库中的 pipeline 创建一个 NER(命名实体识别)管道。首先，加载微调后的 NER 模型和相应的分词器，然后通过管道对用户输入的文本例子进行 NER 标签的预测，最后输出预测结果。这种方法简化了使用预训练模型进行推断的流程。代码如下：

```
# 导入 transformers 库中的 pipeline 和 AutoModelForTokenClassification
from transformers import pipeline, AutoModelForTokenClassification

# 加载微调后的 NER 模型
model_fine_tuned = AutoModelForTokenClassification.from_pretrained("ner_model")

# 创建 transformers 管道，使用微调后的 NER 模型和相应的分词器
nlp = pipeline("ner", model=model_fine_tuned, tokenizer=tokenizer,
aggregation_strategy="first")

# 用户输入一个文本例子
example = input()

# 使用 transformers 管道进行 NER 标签的预测
ner_results = nlp(example)

# 打印输出 NER 结果
print(ner_results)
```

程序执行后将输出包含 NER 结果的列表，每个命名实体都将表示为一个字典，包含实体的文本、标签和相应的分数。例如：

```
[{'word': 'I', 'score': 0.9997, 'entity': 'B-PER'},
{'word': 'love', 'score': 0.9998, 'entity': 'O'},
{'word': 'you', 'score': 0.9996, 'entity': 'O'}]
```

第 9 章 综合实战：基于大模型的情感分析系统

本章将通过一个大型项目的实现过程，详细讲解在自然语言处理中使用大模型技术实现情感分析的过程。本项目旨在利用自然语言处理和深度学习技术构建情感分析模型，从微博文本中挖掘用户的情感信息，为进一步分析和利用社交媒体内容提供基础支持。具体流程通过结合使用 TensorFlow+BERT+RoBERTa+Sklearn 来实现。

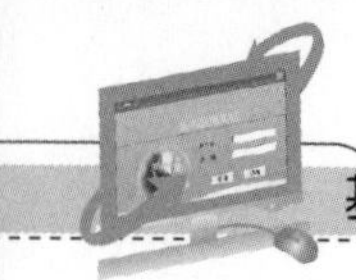

9.1 背景介绍

扫码看视频

随着社交媒体的普及和用户规模的不断扩大，对于分析和理解社交媒体上的情感信息变得愈发重要。微博作为一个广受欢迎的社交媒体平台，每天都涌现出大量的文本信息，其中蕴含着用户的情感和观点。因此，对微博文本进行情感分析，即判断文本所表达的情感是积极、中性还是消极，不仅有助于了解用户的情感倾向，还可以在社交媒体营销、品牌管理和舆情监测等领域发挥重要作用。

情感分析是一种通过自然语言处理技术，对文本中的情感色彩和情感倾向进行分析的重要任务。

- 情感分析在社交媒体、新闻评论等大量文本数据中具有广泛应用，帮助人们了解社会舆论和情感趋势。通过对用户在微博等平台上的发言进行情感分析，可以迅速了解公众对特定事件、产品或主题的情感态度，为舆情监测和社会热点分析提供有力支持。
- 情感分析在企业营销和品牌管理中也扮演着关键角色。通过分析用户对产品或服务的评价，企业可以了解市场反馈，及时调整营销策略，提升用户体验。情感分析还有助于发现用户的需求和偏好，为企业提供精准的市场洞察，推动产品创新和品牌建设。

总体而言，情感分析的重要性在于其能够从海量文本数据中挖掘出用户情感倾向，为决策者提供情报支持，促使更科学、更智能的决策和行动。通过深入理解人们在文本中表达的情感，为社会舆论监测、企业决策和品牌建设等领域带来重要价值。

9.2 项目介绍

扫码看视频

随着深度学习模型的发展和 BERT、RoBERTa 等预训练模型的广泛应用，这些模型在自然语言处理任务中取得了卓越的成绩。因此，本项目选择使用 BERT 和 RoBERTa 这两种先进的预训练模型，通过微调和特定任务的适配，构建微博情感分析模型。通过比较两个模型在情感分类任务上的表现，我们旨在了解它们在处理微博文本情感分析中的优势和局限性，从而为社交媒体文本挖掘和情感分析提供更深刻的见解。这将为社交媒体数据的应用提供有力支持，并为相关领域的研究和实践提供有益的经验教训。

在本项目中，通过使用 BERT 和 RoBERTa 两个预训练的 Transformer 模型，对情感分析任务进行了深入而全面的探索。首先，对微博数据进行了详细的清洗和分析，包括文本处理、长度统计、标签编码等步骤。然后，使用 CountVectorizer 和 TF-IDF 等技术建立了基准的朴素贝叶斯分类器，并实现了 BERT 和 RoBERTa 两个模型的微调和评估。最终，通过混淆矩阵和分类报告对模型性能进行了全面对比和可视化展示。整个项目为理解和应用 Transformer 模型在自然语言处理任务中的表现提供了清晰的指导。

在项目中，提及了在非标记微博上使用 Vader、NLTK、TextBLOB 和 Flair NLP 算法进行类似分析的方法。这些算法得到的情感分析结果表现良好，精确度和 F1 分数均约为 90%。同时，项目还探讨了使用朴素贝叶斯分类器模型进行情感分类的基线模型，其精确度和 F1 分数约为 70%(明显低于 BERT)。

9.3 技术栈

本项目使用大模型技术实现，集成了 BERT 和 RoBERTa 大模型，利用它们在大规模文本数据上学到的深层语义表示，有效地解决微博文本情感分析这一复杂的任务。

扫码看视频

9.3.1 大模型技术

大模型技术是一种基于深度学习的方法，通过构建庞大的神经网络模型，以处理复杂的任务和大规模的数据。这种技术通常包括数以亿计的参数，通过大规模的训练集进行训练，以实现在多领域和多任务上的出色性能。

本项目实现了对 BERT 和 RoBERTa 大模型的训练工作，每个算法每个时期的训练时间约为 11 分钟，总共进行了 4 个时期，并利用 GPU 进行了加速。对这两个 Transformer 模型的参数进行了微调，参数数量超过 1 亿，以在给定数据集上获得最佳性能。此外，尽管只训练 Transformer 的最后一层而不微调其他参数是可行的，但通常这种做法会导致比全面微调效果更差。

9.3.2 BERT 大模型

BERT 是一种基于 Transformer 结构的预训练语言模型，通过双向上下文理解实现更全面的语义把握。在项目中，BERT 被用于微博文本情感分析，通过在大规模文本数据上进行预训练，使其学到丰富的语义表示。在微调过程中，BERT 模型的参数会根据特定的数据集(在这个例子中是关于新型冠状病毒的微博)进行调整，以使模型更好地适应这个特定的任务(例如情感分析或主题分类)。

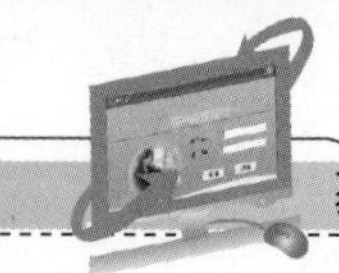

9.3.3 RoBERTa 大模型

RoBERTa 是对 BERT 的改进版本，通过进一步优化预训练过程，提高了模型的性能和鲁棒性。在本项目中，RoBERTa 作为另一种大模型技术，同样用于微博文本情感分析任务。通过更大的批处理大小等优化，RoBERTa 在处理新型冠状病毒微博的情感分析中表现出色。

9.4 模块架构

本项目的模块架构如图 9-1 所示。

扫码看视频

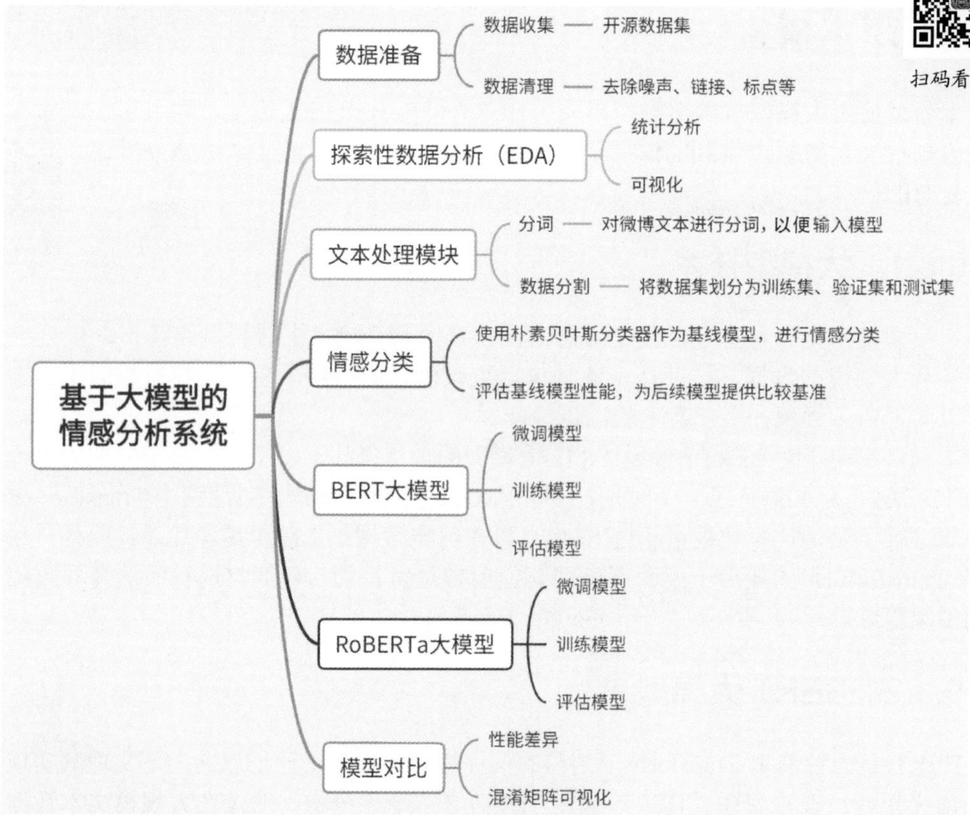

- 基于大模型的情感分析系统
  - 数据准备
    - 数据收集 —— 开源数据集
    - 数据清理 —— 去除噪声、链接、标点等
  - 探索性数据分析（EDA）
    - 统计分析
    - 可视化
  - 文本处理模块
    - 分词 —— 对微博文本进行分词，以便输入模型
    - 数据分割 —— 将数据集划分为训练集、验证集和测试集
  - 情感分类
    - 使用朴素贝叶斯分类器作为基线模型，进行情感分类
    - 评估基线模型性能，为后续模型提供比较基准
  - BERT大模型
    - 微调模型
    - 训练模型
    - 评估模型
  - RoBERTa大模型
    - 微调模型
    - 训练模型
    - 评估模型
  - 模型对比
    - 性能差异
    - 混淆矩阵可视化

图 9-1　模块架构图

9.5 准备工作

首先通过 os.walk()函数递归遍历指定目录及其子目录，收集文件的完整路径并输出。其次，导入多个 Python 库，涵盖数据处理、机器学习、文本处理和可视化，以及深度学习方面的模型建立。最后，定义一个函数用于生成混淆矩阵热力图，以评估模型在文本分类任务中的性能。

扫码看视频

9.5.1 遍历数据集目录

使用 os.walk()函数递归遍历指定目录及其子目录，获取每个文件的完整路径，并将这些路径打印出来。具体实现代码如下：

```
import os
# 遍历指定目录及其子目录中的所有文件
for dirname, _, filenames in os.walk('input'):
    for filename in filenames:
        # 打印文件的完整路径
        print(os.path.join(dirname, filename))
```

程序执行后会输出：

```
input/covid-19-nlp-text-classification/Corona_NLP_test.csv
input/covid-19-nlp-text-classification/Corona_NLP_train.csv
```

9.5.2 准备环境

导入多个 Python 库，用于进行数据处理、机器学习、文本处理和可视化工作，主要包括 NumPy、Pandas、TensorFlow、Matplotlib、Seaborn 等。其中，对数据进行处理使用了正则表达式、NLTK(natural language toolkit)和 Emoji 库。在机器学习方面，使用了 scikit-learn 中的文本特征提取和朴素贝叶斯模型。此外，还引入了 Hugging Face 的 Transformers 库，用于使用 BERT 和 RoBERTa 模型进行文本处理。在深度学习方面，使用了 TensorFlow 和 Keras。最后，为了结果的可重现性，设置了一个种子(seed)，并对绘图样式进行了一些配置。代码如下：

```
import numpy as np
import pandas as pd
import tensorflow as tf
import matplotlib.pyplot as plt
import seaborn as sns
```

```
# 数据处理
import re, string
import emoji
import nltk

from sklearn import preprocessing
from imblearn.over_sampling import RandomOverSampler
from sklearn.model_selection import train_test_split

# 朴素贝叶斯
from sklearn.feature_extraction.text import CountVectorizer
from sklearn.feature_extraction.text import TfidfTransformer
from sklearn.naive_bayes import MultinomialNB

# Transformers
from transformers import BertTokenizerFast
from transformers import TFBertModel
from transformers import RobertaTokenizerFast
from transformers import TFRobertaModel

# Keras
import tensorflow as tf
from tensorflow import keras

# 指标
from sklearn.metrics import accuracy_score, f1_score
from sklearn.metrics import classification_report, confusion_matrix

# 设置随机数生成器的种子值
seed = 42

# 设定绘图风格
sns.set_style("whitegrid")
sns.despine()
plt.style.use("seaborn-whitegrid")
plt.rc("figure", autolayout=True)
plt.rc("axes", labelweight="bold", labelsize="large", titleweight="bold",
titlepad=10)
```

9.5.3 绘制混淆矩阵热力图

定义函数 conf_matrix(y, y_pred, title)，用于绘制混淆矩阵热力图。通过传入真实标签 y、预测标签 y_pred 和图表标题 title，生成一个热力图，以可视化模型在分类任务中的性能。混淆矩阵的每个元素表示模型对应的预测情况，颜色深浅反映了预测的准确程度。代码如下：

```
def conf_matrix(y, y_pred, title):
    # 绘制混淆矩阵热力图，用于评估模型性能
    # y: 真实标签, y_pred: 预测标签, title: 图表标题
    fig, ax = plt.subplots(figsize=(5, 5))
    labels = ['Negative', 'Neutral', 'Positive']
    ax = sns.heatmap(confusion_matrix(y, y_pred), annot=True, cmap="Blues", fmt='g',
    cbar=False, annot_kws={"size": 25})
    plt.title(title, fontsize=20)
    ax.xaxis.set_ticklabels(labels, fontsize=17)
    ax.yaxis.set_ticklabels(labels, fontsize=17)
    ax.set_ylabel('Test', fontsize=20)
    ax.set_xlabel('Predicted', fontsize=20)
    plt.show()
```

9.6　数据探索

在这个项目中，数据探索的功能主要包括对文本数据的详细清洗和分析。通过处理文本、统计文本长度、进行标签编码等步骤，深入了解数据的特征和分布。这为后续建模和情感分析任务提供了基础，确保了模型训练和评估的可靠性。

扫码看视频

9.6.1　数据预处理

(1) 使用 Pandas 库中的 read_csv()函数从 CSV 文件中读取数据，并将结果存储在 DataFrame 对象中。df 包含了从名为 Corona_NLP_train.csv 的文件中读取的训练数据，而 df_test 包含了从 Corona_NLP_test.csv 文件中读取的测试数据。在读取时，指定了编码方式为 ISO-8859-1。代码如下：

```
df = pd.read_csv('covid-19-nlp-text-classification/Corona_NLP_train.csv',
encoding='ISO-8859-1')
df_test = pd.read_csv('covid-19-nlp-text-classification/Corona_NLP_test.csv')
```

注意：在使用 Pandas 库的 read_csv()函数加载数据集时，UTF-8 编码无法正常工作。因此，我们采用了 ISO-8859-1，也称为 latin-1 编码。后续发现一些特殊字符，如撇号，被转换为\x92，这将在数据清理过程中进行处理。

(2) 通过函数 df.head()显示该数据框的前几行数据。这是一种快速查看数据的方式，以确保数据被正确加载。代码如下：

```
df.head()
```

执行这个方法后，会输出显示数据框的前几行，默认是前五行：

```
   UserName ScreenName   Location TweetAt  OriginalTweet    Sentiment
0  3799 48751    London   16-03-2020   @MeNyrbie @Phil_Gahan @Chrisitv
https://t.co/i...    Neutral
1  3800 48752    UK  16-03-2020   advice Talk to your neighbours family to excha...
   Positive
2  3801 48753    Vagabonds   16-03-2020   Coronavirus Australia: Woolworths to
give elde... Positive
3  3802 48754    NaN 16-03-2020   My food stock is not the only one which is emp...
   Positive
4  3803 48755    NaN 16-03-2020   Me, ready to go at supermarket during the #COV...
   Extremely Negative
```

(3) 通过函数 df.info()显示关于数据框的一些基本信息，包括每列的非空值数量、数据类型以及内存占用情况等。代码如下：

```
df.info()
```

程序执行后会输出：

```
<class 'pandas.core.frame.DataFrame'>
RangeIndex: 41157 entries, 0 to 41156
Data columns (total 6 columns):
 #   Column        Non-Null Count  Dtype
---  ------        --------------  -----
 0   UserName      41157 non-null  int64
 1   ScreenName     41157 non-null  int64
 2   Location      32567 non-null  object
 3   TweetAt      41157 non-null  object
 4   OriginalTweet  41157 non-null  object
 5   Sentiment     41157 non-null  object
dtypes: int64(2), object(4)
memory usage: 1.9+ MB
```

(4) 将 DataFrame 中的 TweetAt 列转换为 Pandas 的日期时间格式，以便在后续的分析中更方便地处理日期数据。代码如下：

```
df['TweetAt'] = pd.to_datetime(df['TweetAt'])
```

(5) 处理重复数据。

处理重复数据通常是数据清理的一部分，以确保在分析和建模过程中不会出现重复的信息，从而避免对结果产生不必要的影响。在数据预处理阶段，可以采取措施删除或合并这些重复的微博文本。下面两行代码的作用是删除 DataFrame 中基于 OriginalTweet 列的重复行，并更新 DataFrame。代码如下：

```
df.drop_duplicates(subset='OriginalTweet',inplace=True)
df.info()
```

总体而言，这段代码的目的是从 DataFrame 中删除基于 OriginalTweet 列内容重复的行，并查看更新后的 DataFrame 信息。对上述代码的具体说明如下。

① df.drop_duplicates(subset='OriginalTweet', inplace=True)：使用 Pandas 的 drop_duplicates()方法，通过指定 OriginalTweet 列，删除基于该列内容重复的行。inplace=True 表示在原始 DataFrame 上进行修改，而不是返回一个新的 DataFrame。

② df.info()：输出更新后的 DataFrame 的基本信息，包括每列的非空值数量、数据类型等，此行代码可能用于确认删除重复行后的数据集信息。

程序执行后会输出：

```
<class 'pandas.core.frame.DataFrame'>
Int64Index: 41157 entries, 0 to 41156
Data columns (total 6 columns):
 #   Column         Non-Null Count  Dtype
---  ------         --------------  -----
 0   UserName       41157 non-null  int64
 1   ScreenName     41157 non-null  int64
 2   Location       32567 non-null  object
 3   TweetAt        41157 non-null  datetime64[ns]
 4   OriginalTweet  41157 non-null  object
 5   Sentiment      41157 non-null  object
dtypes: datetime64[ns](1), int64(2), object(3)
memory usage: 2.2+ MB
```

9.6.2 数据统计

(1) 按日期统计微博数据数量。

首先将 TweetAt 列中的日期转换为“月-日”格式，然后使用 value_counts()统计每个日期的微博数据数量，并按日期升序排序。接着，通过 sns.barplot()绘制一个条形图，展示每个日期的微博数据数量。图表的标题为 Tweets count by date，*y* 轴标签为 count，并采用了蓝色调的颜色。最后，使用 plt.show()显示图表。

```
tweets_per_day = df['TweetAt'].dt.strftime('%m-%d').value_counts().sort_
index().reset_index(name='counts')
plt.figure(figsize=(20, 5))
ax = sns.barplot(x='index', y='counts', data=tweets_per_day, edgecolor='black',
ci=False, palette='Blues_r')
plt.title('Tweets count by date')
plt.yticks([])
ax.bar_label(ax.containers[0])
```

```
plt.ylabel('count')
plt.xlabel('')
plt.show()
```

程序执行后会绘制一个按日期统计微博数据数量的条形图，效果如图 9-2 所示。在这个图表中，横轴表示日期，纵轴表示微博数据的数量。每个条形的高度表示相应日期的微博数据数量。这种图表通常用于展示随时间变化的趋势，帮助观察微博数据数量的分布和波动。

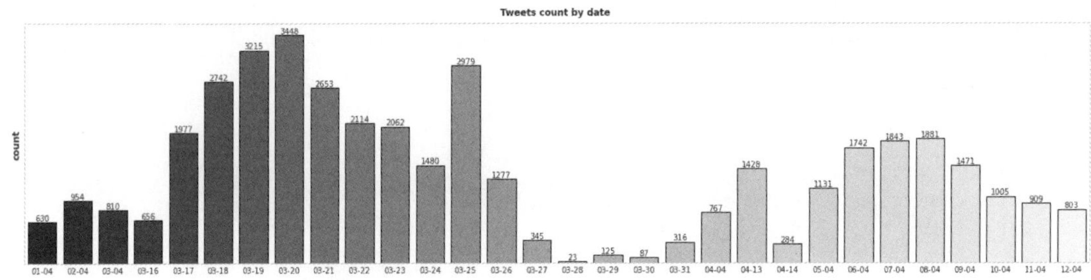

图 9-2　按日期统计微博数据数量的条形图

我们可以看到，数据集中存在一些日期没有微博数据。在有微博数据的日期中，大多数微博数据集中在三月底：从 3 月 18 日到 3 月 26 日。

(2) 统计每个区域的微博数据数量。

首先通过对 Location 列进行值计数，筛选出微博数据数量超过 100 的区域，并将结果存储在 tweets_per_country 中。接着，使用 sns.barplot 绘制一个条形图，横轴表示区域，纵轴表示微博数据数量。可视化图的标题为 Tweets count，并采用 Spectral 颜色调。横轴标签旋转 70°，以避免文字重叠。最后，使用 plt.show()显示绘制的可视化图。代码如下：

```
tweets_per_country = df['Location'].value_counts().loc[lambda x : x >
100].reset_index(name='counts')
plt.figure(figsize=(15,6))
ax = sns.barplot(x='index', y='counts', data=tweets_per_country,edgecolor =
    'black',ci=False, palette='Spectral')
plt.title('Tweets count')
plt.xticks(rotation=70)
plt.yticks([])
ax.bar_label(ax.containers[0])
plt.ylabel('count')
plt.xlabel('')
plt.show()
```

程序执行后绘制了一个按区域统计微博数据数量的条形图，如图 9-3 所示。其中横轴表示区域，纵轴表示每个区域的微博数据数量。每个条形的高度表示相应区域的微博数据数量。图表采用 Spectral 颜色调，通过将横轴标签旋转 70°，以避免文字重叠。这个图表有助于观察不同区域的微博数据分布情况，特别是筛选出微博数据数量超过 100 的地区。

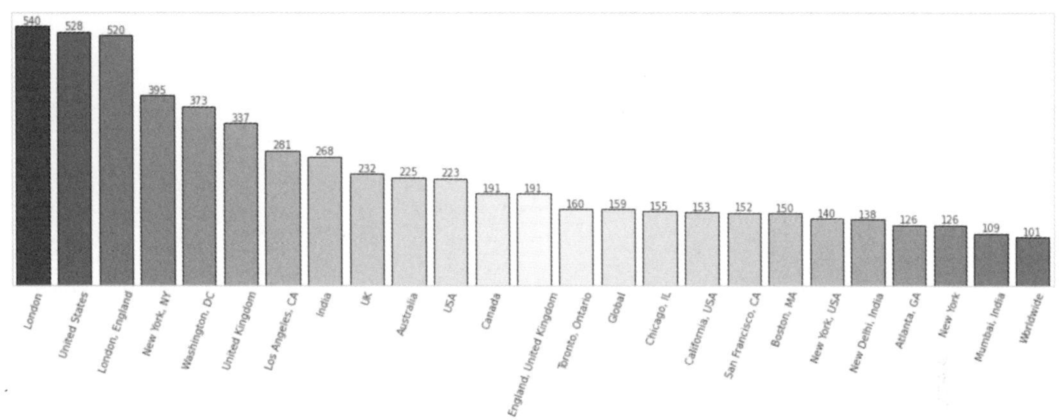

图 9-3　按区域统计微博数据数量的条形图

9.7　深度清理

在这个项目中，深度清理的功能主要包括对文本数据进行更进一步的处理，使用 BERT 分词器对句子进行标记化，并检查其版本。通过统计句子的最大标记长度，识别和删除一些非英语句子，以确保训练和测试数据的一致性。这有助于提高模型的性能和泛化能力。

扫码看视频

9.7.1　初步清理

在接下来的工作中，将对微博的原始文本进行一些数据清理。为了简化分析，将保留 Originaltweet(原始微博)列和目标列 Sentiment(情感)。

(1) 从原始的 DataFrame 中选择只包含 OriginalTweet 列和 Sentiment 列的子集，并分别更新 df 和 df_test。这样，数据框中只包含用于情感分析的原始文本和相应的情感标签。这有助于简化后续分析，集中关注这两个关键的列。代码如下：

```
df = df[['OriginalTweet','Sentiment']]
df_test = df_test[['OriginalTweet','Sentiment']]
```

(2) 定义一组自定义函数，旨在对微博文本进行清理，代码如下：

```
##清理微博文本的自定义函数
```

```
# 从文本中清除表情符号
def strip_emoji(text):
    return re.sub(emoji.get_emoji_regexp(), r"", text)  # 移除表情符号

# 删除标点、链接、@用户名和\r\n 新行字符
def strip_all_entities(text):
    # 移除\r 和\n 并转为小写
    text = text.replace('\r', '').replace('\n', ' ').replace('\n', ' ').lower()
    text = re.sub(r"(?:\@|https?\:/\/)\S+", "", text)  # 移除链接和@用户名
    # 移除非 utf8/ascii 字符，如'\x9a\x91\x97\x9a\x97'
    text = re.sub(r'[^\x00-\x7f]', r'', text)
    banned_list = string.punctuation + 'Ã' + '±' + 'ã' + '¼' + 'â' + '»' + '§'
    table = str.maketrans('', '', banned_list)
    text = text.translate(table)
    return text

# 处理文本中的标签
def clean_hashtags(tweet):
    new_tweet = " ".join(word.strip() for word in re.split
('#(?!(?:hashtag)\b)[\w-]+(?=(?:\s+#[\w-]+)*\s*$)', tweet))  # 移除末尾的标签
    # 从句子中间的单词中移除#符号
    new_tweet2 = " ".join(word.strip() for word in re.split('#|_', new_tweet))
    return new_tweet2

# 过滤一些单词中存在的特殊字符，如&和$
def filter_chars(a):
    sent = []
    for word in a.split(' '):
        if ('$' in word) or ('&' in word):
            sent.append('')
        else:
            sent.append(word)
    return ' '.join(sent)

def remove_mult_spaces(text):  # 移除多个空格
    return re.sub("\s\s+", " ", text)
```

对上述代码的具体说明如下。

① strip_emoji()函数：用于去除文本中的表情符号。

② strip_all_entities()函数：用于清除标点、链接、@用户名和新行字符。

③ clean_hashtags()函数：用于处理文本中的标签。它移除句子末尾的标签，并从句子中间的标签中仅去掉#符号，以便保留标签内容作为普通单词。

④ filter_chars()函数：用于过滤包含特殊字符如&和$的单词。

⑤ remove_mult_spaces()函数：用于移除多个连续的空格。

这一系列清理步骤旨在净化原始微博文本，以提供更干净、一致的数据用于进一步的情感分析。

(3) 通过循环遍历数据集中的原始微博，并应用之前定义的文本清理函数。清理工作包括去除表情符号、过滤特殊字符、清理标签、去除多个连续空格等步骤，清理后的文本数据分别存储在 texts_new 和 texts_new_test 列表中。代码如下：

```
texts_new = []
for t in df.OriginalTweet:

texts_new.append(remove_mult_spaces(filter_chars(clean_hashtags(strip_all_entit
ies(strip_emoji(t))))))

texts_new_test = []
for t in df_test.OriginalTweet:

texts_new_test.append(remove_mult_spaces(filter_chars(clean_hashtags(strip_all_
entities(strip_emoji(t))))))
```

这一过程旨在将原始微博文本进行规范化和清理，以便后续的情感分析模型能够更好地理解和处理这些文本数据。

(4) 将经过清理的微博文本存储在名为 text_clean 的新列中，分别用于训练集(df)和测试集(df_test)。代码如下：

```
df['text_clean'] = texts_new
df_test['text_clean'] = texts_new_test

df['text_clean'].head()
```

在上述代码中，df['text_clean'].head() 用于显示训练集中 text_clean 列的前几行，以验证清理是否成功进行。程序执行后会输出：

```
0                                       and and
1    advice talk to your neighbours family to excha...
2    coronavirus australia woolworths to give elder...
3    my food stock is not the only one which is emp...
4    me ready to go at supermarket during the covid...
Name: text_clean, dtype: object
```

(5) 显示测试集中 text_clean 列的前几行，以查看清理后的微博文本。代码如下：

```
df_test['text_clean'].head()
```

程序执行后会输出：

```
0    trending new yorkers encounter empty supermark...
1    when i couldnt find hand sanitizer at fred mey...
```

```
2    find out how you can protect yourself and love...
3    panic buying hits newyork city as anxious shop...
4    toiletpaper dunnypaper coronavirus coronavirus...
Name: text_clean, dtype: object
```

(6) 提取训练集中 text_clean 列的第 2 到第 8 行的值，以查看清理后的微博文本。代码如下：

```
df['text_clean'][1:8].values
```

程序执行后会输出：

```
array(['advice talk to your neighbours family to exchange phone numbers create
contact list with phone numbers of neighbours schools employer chemist gp set up
online shopping accounts if poss adequate supplies of regular meds but not over
order',
       'coronavirus australia woolworths to give elderly disabled dedicated shopping
hours amid covid19 outbreak',
       'my food stock is not the only one which is empty please dont panic there will
be enough food for everyone if you do not take more than you need stay calm stay
safe covid19france covid19 covid19 coronavirus confinement confinementotal
confinementgeneral',
       'me ready to go at supermarket during the covid19 outbreak not because im
paranoid but because my food stock is litteraly empty the coronavirus is a serious
thing but please dont panic it causes shortage coronavirusfrance restezchezvous
stayathome confinement',
       'as news of the regions first confirmed covid19 case came out of sullivan county
last week people flocked to area stores to purchase cleaning supplies hand sanitizer
food toilet paper and other goods reports',
       'cashier at grocery store was sharing his insights on covid19 to prove his
credibility he commented im in civics class so i know what im talking about',
       'was at the supermarket today didnt buy toilet paper rebel toiletpapercrisis
covid19'],
      dtype=object)
```

这些清理后的微博涉及对 COVID-19 疫情的反应，包括超市购物、个人准备等方面的话题。

(7) 通过循环遍历清理后的微博文本，计算每条微博的单词数量，并将结果存储在名为 text_len 的新列中，分别用于训练集(df)和测试集(df_test)中。这个过程旨在生成一个列，记录清理后的文本的长度，以便检查清理过程是否移除了过多的文本，甚至几乎完全删除了微博的内容。代码如下：

```
text_len = []
for text in df.text_clean:
    tweet_len = len(text.split())
    text_len.append(tweet_len)
```

```
df['text_len'] = text_len
text_len_test = []
for text in df_test.text_clean:
    tweet_len = len(text.split())
    text_len_test.append(tweet_len)
df_test['text_len'] = text_len_test
```

(8) 绘制一个小提琴图，用于展示训练集中清理后的微博文本长度分布。该图限制了文本长度小于 10 个单词的微博。图表的标题为 Training tweets with less than 10 words，y 轴表示数量，x 轴表示文本长度。这有助于观察清理后微博文本长度的分布情况，特别是在较短的文本范围内。

```
plt.figure(figsize=(7,5))
ax = sns.countplot(x='text_len', data=df[df['text_len']<10], palette='mako')
plt.title('Training tweets with less than 10 words')
plt.yticks([])
ax.bar_label(ax.containers[0])
plt.ylabel('count')
plt.xlabel('')
plt.show()
```

程序执行效果如图 9-4 所示。

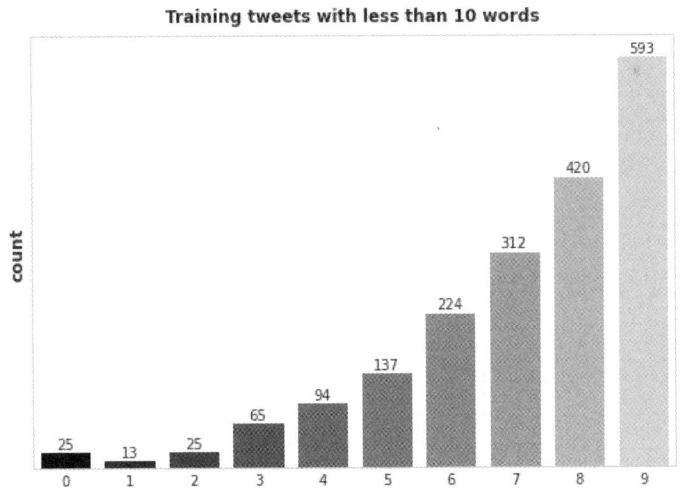

图 9-4　绘制的小提琴图(1)

(9) 绘制一个小提琴图，用于展示测试集中清理后的微博文本长度分布，该图限制了文本长度小于 10 个单词的微博。图表的标题为 Test tweets with less than 10 words，y 轴表示数量，x 轴表示文本长度。这有助于观察清理后测试集微博文本长度的分布情况，特别是在较短的文本范围内。代码如下：

```
plt.figure(figsize=(7,5))
ax = sns.countplot(x='text_len', data=df_test[df_test['text_len']<10],
palette='mako')
plt.title('Test tweets with less than 10 words')
plt.yticks([])
ax.bar_label(ax.containers[0])
plt.ylabel('count')
plt.xlabel('')
plt.show()
```

程序执行效果如图 9-5 所示。

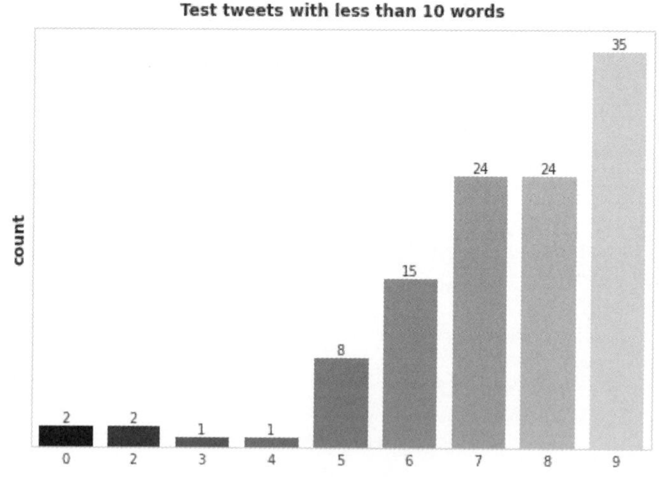

图 9-5　绘制的小提琴图(2)

正如我们所看到的，有许多清理后的微博文本长度为 0 个单词：这是由之前的清理操作导致的。这意味着一些微博只包含提及、标签和链接，这些已经被移除。我们将删除这些空的微博，同时也删除长度小于 5 个单词的微博。

注意： 这两个小提琴图都是为了展示在清理后的微博数据中，文本长度小于 10 个单词的分布情况。区别在于一个图表是针对训练集(df)，而另一个是针对测试集(df_test)。通过这两个图表，可以比较训练集和测试集中较短微博的数量分布，以了解它们在两个数据集中的相对情况。

(10) 分别打印输出训练集(df)和测试集(df_test)的形状(行数和列数)，以查看数据处理后的维度。代码如下：

```
print(f" DF SHAPE: {df.shape}")
print(f" DF TEST SHAPE: {df_test.shape}")
```

程序执行后会输出：

```
DF SHAPE: (41157, 4)
DF TEST SHAPE: (3798, 4)
```

(11) 通过筛选保留训练集(df)和测试集(df_test)中文本长度大于 4 个单词的微博，同时删除文本长度小于或等于 4 个单词的微博。随后，打印出处理后的训练集和测试集的形状，以查看删除短微博后的数据维度。代码如下：

```
df = df[df['text_len'] > 4]
df_test = df_test[df_test['text_len'] > 4]
print(f" DF SHAPE: {df.shape}")
print(f" DF TEST SHAPE: {df_test.shape}")
```

程序执行后会输出：

```
DF SHAPE: (40935, 4)
DF TEST SHAPE: (3792, 4)
```

9.7.2 训练数据的深度清理

(1) 导入 BERT 分词器。使用 BERT 分词器对训练集中清理后的微博进行分词，并记录每条微博分词后的标记数量。最后，打印出最大标记化句子长度。这有助于了解微博在进行 BERT 处理时的标记序列最大长度。代码如下：

```
tokenizer = BertTokenizerFast.from_pretrained('bert-base-uncased')
token_lens = []

for txt in df['text_clean'].values:
    tokens = tokenizer.encode(txt, max_length=512, truncation=True)
    token_lens.append(len(tokens))

max_len=np.max(token_lens)
print(f"MAX TOKENIZED SENTENCE LENGTH: {max_len}")
```

程序执行后会输出：

```
MAX TOKENIZED SENTENCE LENGTH: 100
```

(2) 遍历训练集中清理后的微博，使用 BERT 分词器对每条微博进行分词，并记录每条微博分词后的标记数量。如果标记数量超过 80，将打印出该微博的索引和文本内容，以便查看这些长句子的具体内容。这有助于检查是否存在需要进一步处理的异常长句子。代码如下：

```
token_lens = []

for i,txt in enumerate(df['text_clean'].values):
    tokens = tokenizer.encode(txt, max_length=512, truncation=True)
    token_lens.append(len(tokens))
    if len(tokens)>80:
        print(f"INDEX: {i}, TEXT: {txt}")
```

程序执行后会输出标记数量超过 80 的长句子：

```
INDEX: 1622, TEXT: zsah policie proti spekulantm s roukami na mj popud hejtman steckho
kraje ve spoluprci s podle krizovho zkona zajistil tm 700 tisrouek od firmy kter
je mla dodat na zdravotnkm ale na posledn chvli se snaila navyovat cenu
spolutozvladneme
INDEX: 13623, TEXT: hoy aplaudo a mi segunda familia aplaudoanuestrosheroes aquellos
con los que he compartido tantas noches de trabajo y tanta alegra s que como siempre
dan todo por el bien de su comunidad presidente por ellos tambin cuarentenanacionalya
cuidemosalosquecuidan
INDEX: 16548, TEXT: bir mddettir spermarketlerin lojistik hizmeti avusturya ordusu
desteiyle yaplyor dn corona tedavisi iin 22 milyon luk bir aratrma gelitirme btesi
aklad hkmet geen hafta da 35 milyon luk 2 yardm paketi aklanmt viyanadan haberler
bu kadar
INDEX: 36953, TEXT: 11 nisan cumartesi itibariyle bbnin tm hizmetleri sokaa kma
serbestisi olanlar iin devam edecek halk ekmek ve hamidiye su 100 retime geti bb
tm stanbulun gda ihtiyacna yetecek kapasitededir halkmz sakin olsun ve gvende
hissetsin ltfen herkes evine dnsn
```

(3) 将之前计算得到的微博的标记长度(token_lens)添加到训练集(df)中，并按照标记长度降序排列数据框。接着，通过打印输出前 20 行，可以查看标记长度最长的微博。代码如下：

```
df['token_lens'] = token_lens
df = df.sort_values(by='token_lens', ascending=False)
df.head(20)
```

程序执行后会输出：

```
1638,ZÃ¡sah policie proti spekulant?m s rouÂ kami. ...,Neutral,zsah policie proti
spekulantm s roukami na mj ...,39,100
37156,11 Nisan Cumartesi itibariyle ?BBÂ'nin tÃ¼m hi...,Neutral,11 nisan cumartesi
itibariyle bbnin tm hizmetl...,39,98
16632,Bir mÃ¼ddettir sÃ¼permarketlerin lojistik hizm...,Neutral,bir mddettir
spermarketlerin lojistik hizmeti ...,36,92
13691,Hoy aplaudo a mi segunda familia #AplaudoANues...,Neutral,hoy aplaudo a mi
segunda familia aplaudoanuest...,38,84
27005,Supermercados Econo confirman que un empleado ...,Neutral,supermercados econo
confirman que un empleado ...,39,80
```

```
14593,"Na, wer war denn da am Werk? Gestern Nachmitta...",Extremely Negative,na wer war denn da am werk gestern nachmittag ...,37,80
28899,Kindly contact Us bamy global merchandise for ...,Positive,kindly contact us bamy global merchandise for ...,37,80
11213,Keine WertgegenstÃ¤nde im Fahrzeug lassen! - D...,Negative,keine wertgegenstnde im fahrzeug lassen diesen...,33,79
4844,Impct of #coronavirus i hve sen hw civilizd pp...,Extremely Negative,impct of coronavirus i hve sen hw civilizd ppl...,48,79
18913,#CroozefmNews \r\r\nPresident Museveni has ord...,Extremely Negative,croozefmnews president museveni has ordered th...,35,79
30206,#LDA City Lahore Residential Files Prices Upda...,Neutral,lda city lahore residential files prices updat...,43,78
```

(4) 通过选择从索引 12 开始的子集，删除数据框中的前 12 行，这是为了删除前几条标记长度最长的微博，以便更好地适应模型或其他处理步骤。代码如下：

```
df = df.iloc[12:]
df.head()
```

程序执行后会输出：

```
   OriginalTweet    Sentiment    text_clean    text_len token_lens
12389   Okay, so I just checked the drug prices for #P...  Positive okay so i just checked the drug prices for pla...    35   77
1697I work at a grocery store.\r\r\nWe wont get an...  Positive i work at a grocery store we wont get any toil... 37   77
8730?Bitte anschauen! (1/2)\r\r\n\r\r\nEmotionaler...  Negative bitte anschauen 12 emotionaler aufruf von geha... 36   77
14582   hiked prices in the face of the Covid-19 crise...  Negative hiked prices in the face of the covid19 crises...   47   77
36305   Sterile disposable anti bacterial wet wipes an...  Negative sterile disposable anti bacterial wet wipes an...  31   76
```

(5) 使用 sample()方法对数据集进行洗牌，并通过 reset_index()方法重置索引，参数 drop=True 表示不保留原始索引列。这有助于打乱数据集的顺序，以增加模型训练的随机性。代码如下：

```
df = df.sample(frac=1).reset_index(drop=True)
```

9.7.3 测试数据的深度清理

(1) 使用 BERT 分词器对测试集中清理后的微博进行分词，并记录每条微博分词后的标记数量。最后，打印出测试集中最大标记化句子长度。这有助于了解测试集微博在进行 BERT 处理时的标记序列最大长度。代码如下：

```
token_lens_test = []

for txt in df_test['text_clean'].values:
    tokens = tokenizer.encode(txt, max_length=512, truncation=True)
    token_lens_test.append(len(tokens))

max_len=np.max(token_lens_test)
print(f"MAX TOKENIZED SENTENCE LENGTH: {max_len}")
```

程序执行后会输出：

```
MAX TOKENIZED SENTENCE LENGTH: 96
```

(2) 遍历测试集中清理后的微博，使用 BERT 分词器对每条微博进行分词，并记录每条微博分词后的标记数量。如果标记数量超过 80，将打印出该微博的索引和文本内容，以便查看这些长句子的具体内容。代码如下：

```
token_lens_test = []

for i,txt in enumerate(df_test['text_clean'].values):
    tokens = tokenizer.encode(txt, max_length=512, truncation=True)
    token_lens_test.append(len(tokens))
    if len(tokens)>80:
        print(f"INDEX: {i}, TEXT: {txt}")
```

程序执行后会输出：

```
INDEX: 286, TEXT: so hard to decide as much as i want to hodl my 2 ccdcv4 token our
place is declared to lock down due to covid19 i will use this to buy some food to
stock txnid093bd1db0c0d3a62af15883138a5f57d4cef35ae14e31e602b74489dd2524c7f my b
INDEX: 345, TEXT: informoval jsem zstupce vech obchodnch etzc o aktulnch opatench
vldy etzce jsou zsobovny na 95 take nen dvod panikait zsoby potravin fakt nedojdou
nen opravdu dvod dnes obsadit a vykoupit supermarkety
INDEX: 2380, TEXT: ahora seguid llorando por el papel higinico que no he comprado
porque an tengo seguid creando histeria y preocupacin poniendo fotos de gente en
pnico y estanteras vacas que yo seguir yendo a comercios responsables de barrio donde
nos cuidan hoy y siempre gracias
```

(3) 将之前计算得到的测试集微博的标记长度(token_lens_test)添加到测试集(df_test)中，并按照标记长度降序排列数据框。接着，打印输出前 10 行数据，可以查看标记长度最长的测试集微博。代码如下：

```
df_test['token_lens'] = token_lens_test
df_test = df_test.sort_values(by='token_lens', ascending=False)
df_test.head(10)
```

程序执行后会输出：

```
    OriginalTweet    Sentiment    text_clean    text_len token_lens
286 @Rhett800cc So hard to decide??. As much as I ...  Negative so hard to decide
as much as i want to hodl my...   38   96
2383 Ahora seguid llorando por el papel higiénico (...  Negative ahora seguid
llorando por el papel higinico qu...  44   94
345 Informoval jsem zástupce všech obchodních ?et?...  Neutral  informoval jsem
zstupce vech obchodnch etzc o ... 31   86
1485 DTF-Don't Touch Face\r\r\nDWBH-Do Wash Both Ha...  Extremely Negative
    dtfdont touch face dwbhdo wash both hands gtfo...  42   77
1209 I'm in the DC/Maryland/Virginia (DMV) area &am...  Positive im in the
dcmarylandvirginia dmv area amphave ...    45   74
3505 Stop misusing ur privilege amp grow up Some1 c...  Positive stop misusing ur
privilege amp grow up some1 c...   57   73
1789 For those that are cashlong, patient,calm&amp;...  Extremely Positive   for
those that are cashlong patientcalmamphave...  44   71
855 Lidl is total chaos, queues as long as the ais...  Extremely Negative
    lidl is total chaos queues as long as the aisl...  62   70
2740 COVID-19: Your government will save ITSELF not...  Positive covid19 your
government will save itself not y...   43   70
2997 Stop #frenzybuying. You don't need most of wha...  Extremely Negative
    stop frenzybuying you dont need most of what y...  38   70
```

(4) 通过选择从索引 5 开始的子集，删除测试集数据框中的前 5 行。这是为了删除前几条标记长度最长的测试集微博，以便更好地适应模型或其他处理步骤。代码如下：

```
df_test = df_test.iloc[5:]
df_test.head(3)
```

程序执行后会输出：

```
    OriginalTweet    Sentiment    text_clean    text_len token_lens
3505 Stop misusing ur privilege amp grow up Some1 c...  Positive stop misusing ur
privilege amp grow up some1 c...   57   73
1789 For those that are cashlong, patient,calm&amp;...  Extremely Positive   for
those that are cashlong patientcalmamphave...  44   71
855 Lidl is total chaos, queues as long as the ais...  Extremely Negative
    lidl is total chaos queues as long as the aisl...  62   70
```

(5) 使用 sample()方法对测试集进行洗牌，并通过 reset_index()方法重置索引，参数 drop=True()表示不保留原始索引列。这有助于打乱测试集的顺序，增加模型训练的随机性。代码如下：

```
df_test = df_test.sample(frac=1).reset_index(drop=True)
```

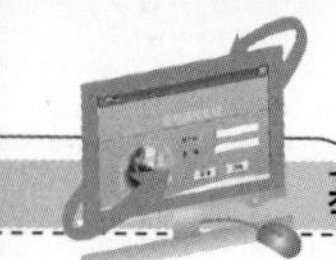

9.8 情感列分析

在这个项目中，情感列分析的功能是对目标列 Sentiment 进行详细分析，为后续情感分析模型的建立奠定基础。首先，通过编码将情感类别映射为数字，并创建了三种可能的情感：正面、中性和负面。然后，对训练数据进行过采样，以消除对多数类别的偏见。最后，进行一些数据的可视化分析，以更好地理解情感类别分布和模型训练的需求。

扫码看视频

9.8.1 情感列的数据探索

(1) 统计并打印输出训练集中目标列 Sentiment 的不同取值的数量，这有助于了解情感标签的分布情况。具体来说，了解每个情感类别有多少条数据。代码如下：

```
df['Sentiment'].value_counts()
```

程序执行后会输出：

```
Positive              11381
Negative               9889
Neutral               7560
Extremely Positive     6618
Extremely Negative     5475
Name: Sentiment, dtype: int64
```

我们首先可以做的是使用数字对类别进行编码，还将创建三种可能的情感：积极(positive)、中性(neutral)和消极(negative)。

(2) 通过使用字典映射的方式，将情感标签列 Sentiment 中的类别进行编码，分别映射为数字 0、1、2，代表 Negative、Neutral 和 Positive。然后，打印出训练集中各情感类别的数量。这有助于转换情感标签为模型可接受的数字形式，并查看各类别数据的分布情况。代码如下：

```
df['Sentiment'] = df['Sentiment'].map({'Extremely Negative': 0, 'Negative': 0,
'Neutral': 1, 'Positive': 2, 'Extremely Positive': 2})
df_test['Sentiment'] = df_test['Sentiment'].map({'Extremely Negative': 0,
'Negative': 0, 'Neutral': 1, 'Positive': 2, 'Extremely Positive': 2})
df['Sentiment'].value_counts()
```

程序执行后会输出：

```
2    17999
0    15364
```

```
1    7560
Name: Sentiment, dtype: int64
```

此时可以看到这三个类别的数据分布不平衡，接下来将采取过采样的方法来平衡训练集，以减少对多数类别的偏见。

9.8.2 使用 RandomOverSampler 进行类别平衡

使用 RandomOverSampler 对训练集中的文本和情感标签进行过采样，以平衡各个情感类别的数量。过采样后，通过打印训练集中各情感类别的数量，可以看到平衡后的数据分布情况。这有助于减少模型对多数类别的过度偏见。代码如下：

```
ros = RandomOverSampler()
train_x, train_y = ros.fit_resample(np.array(df['text_clean']).reshape(-1, 1),
np.array(df['Sentiment']).reshape(-1, 1))
train_os = pd.DataFrame(list(zip([x[0] for x in train_x], train_y)),
columns=['text_clean', 'Sentiment'])
train_os['Sentiment'].value_counts()
```

程序执行后会输出：

```
1    17999
2    17999
0    17999
Name: Sentiment, dtype: int64
```

9.8.3 划分训练集、验证集和测试集

接下来将数据集划分为三个部分：训练集(train set)、验证集(validation set)和测试集(test set)，这是为了进行机器学习模型的训练、调优和评估而采用的常见做法。

- 训练集：用于训练机器学习模型的数据集。模型通过学习训练集中的模式和特征来提高性能。
- 验证集：在训练过程中，用于调整模型超参数和进行模型选择的数据集。根据模型在验证集上的性能表现，可以选择最优的模型。
- 测试集：在训练和验证之后，用于评估模型最终性能的数据集。测试集中的数据模型之前没有见过，用于检查模型的泛化能力。

这种划分有助于评估模型在不同数据分布下的性能，确保模型在真实场景中的表现。

(1) 创建训练集的输入特征 X 和对应的标签 y。其中，X 包含训练集中清理后的微博文本，而 y 包含情感标签，这些数据将被用于训练机器学习模型。代码如下：

```
X = train_os['text_clean'].values
y = train_os['Sentiment'].values
```

(2) 从训练集中提取一个验证集是为了监控模型的验证准确性，并防止过拟合。使用 train_test_split() 函数将训练集 X 和标签 y 划分为训练集(X_train, y_train)和验证集(X_valid, y_valid)。test_size=0.1 表示将 10%的数据分配给验证集；stratify=y 用于确保划分后的训练集和验证集中各类别的比例与原始数据集相同；random_state=seed 用于设置随机种子，以确保划分结果的可重复性。同时，测试集 X_test 和标签 y_test 从测试数据集中获取，用于在训练后评估模型性能。代码如下：

```
X_train, X_valid, y_train, y_valid = train_test_split(X, y, test_size=0.1,
stratify=y, random_state=seed)
X_test = df_test['text_clean'].values
y_test = df_test['Sentiment'].values
```

9.8.4 独热编码

在进行一些测试后，通过对目标变量使用独热编码，我们可以获得更高的准确性。因此，我们将选择独热编码而不是标签编码。注意，我们将保存标签编码的目标列的副本，因为它们可能对进一步的分析有用。

请看下面的代码，首先保存了标签编码的训练集、验证集和测试集标签的副本。然后，使用 OneHotEncoder 对这些标签进行独热编码，将它们转换为独热编码的形式。最后，输出了训练集、验证集和测试集的数据量。代码如下：

```
y_train_le = y_train.copy()
y_valid_le = y_valid.copy()
y_test_le = y_test.copy()
ohe = preprocessing.OneHotEncoder()
y_train = ohe.fit_transform(np.array(y_train).reshape(-1, 1)).toarray()
y_valid = ohe.fit_transform(np.array(y_valid).reshape(-1, 1)).toarray()
y_test = ohe.fit_transform(np.array(y_test).reshape(-1, 1)).toarray()
print(f"TRAINING DATA: {X_train.shape[0]}\nVALIDATION DATA:
{X_valid.shape[0]}\nTESTING DATA: {X_test.shape[0]}" )
```

上述代码有助于了解数据集的规模，程序执行后会输出：

```
TRAINING DATA: 48597
VALIDATION DATA: 5400
TESTING DATA: 3787
```

9.9　基准模型：朴素贝叶斯分类器

在实现 BERT 大模型微调工作之前，将定义一个简单的朴素贝叶斯基准模型来对微博文本进行分类。

扫码看视频

(1) 使用 CountVectorizer 对微博文本进行标记化。fit_transform()方法用于训练并转换训练集，而 transform()方法用于仅对测试集进行转换，保持与训练集相同的标记化方式。这将微博文本转化为词频矩阵，用于朴素贝叶斯分类器的训练和测试。

```
clf = CountVectorizer()
X_train_cv =  clf.fit_transform(X_train)
X_test_cv = clf.transform(X_test)
```

(2) 创建标记化微博文本的 TF-IDF(词频-逆文档频率)版本，使用 TfidfTransformer 对标记化后的微博文本进行 TF-IDF 转换。首先，通过 fit() 方法对训练集进行拟合，然后使用 transform()方法分别对训练集和测试集进行转换。TF-IDF 转换将词频矩阵转化为重要性加权的矩阵，用于训练和测试朴素贝叶斯分类器。代码如下：

```
tf_transformer = TfidfTransformer(use_idf=True).fit(X_train_cv)
X_train_tf = tf_transformer.transform(X_train_cv)
X_test_tf = tf_transformer.transform(X_test_cv)
```

(3) 创建一个朴素贝叶斯分类器模型，并使用训练集的 TF-IDF 转换后的特征 X_train_tf 和标签 y_train_le 进行训练。模型学习了训练集中的模式和特征，以便对微博文本进行情感分类。代码如下：

```
nb_clf = MultinomialNB()
nb_clf.fit(X_train_tf, y_train_le)
```

(4) 使用训练好的朴素贝叶斯分类器模型对测试集进行预测，并打印输出朴素贝叶斯分类器的分类报告。该报告包括模型在每个类别(Negative、Neutral、Positive)上的准确率、召回率和 F1 值等评估指标。代码如下：

```
nb_pred = nb_clf.predict(X_test_tf)
print('\tClassification Report for Naive
Bayes:\n\n',classification_report(y_test_le,nb_pred, target_names=['Negative',
'Neutral', 'Positive']))
```

程序执行后打印输出了朴素贝叶斯分类器的分类报告，这有助于了解模型在测试集上的性能。

```
    Classification Report for Naive Bayes:

              precision    recall  f1-score   support

    Negative       0.70      0.78      0.74      1629
     Neutral       0.60      0.47      0.53       614
    Positive       0.73      0.72      0.73      1544

    accuracy                           0.70      3787
   macro avg       0.68      0.66      0.66      3787
weighted avg       0.70      0.70      0.70      3787
```

由此可见，算法的性能表现良好。F1 分数在样本较多的类别(负面和正面情感)中约为70%，而在中性类别中则较低，仅为 0.53。

9.10 基于 BERT 大模型的情感分析

在这个项目中，BERT 情感分析的功能是利用预训练的 BERT 模型对微博文本进行情感分类。首先，通过对文本进行深度清理和探索性数据分析，针对不同情感类别进行数据预处理。然后，使用 BERT 的分词器对文本进行编码，并构建一个深度学习模型，通过微调 BERT 模型在训练集上进行训练。最后，通过对测试集进行预测，生成情感分类结果，并通过混淆矩阵和分类报告进行性能评估。BERT 情感分析旨在实现对微博文本情感的准确分类，从而为情感分析提供更高水平的性能。

扫码看视频

9.10.1 分词器

(1) 前面已经对标记化的句子进行了基本分析，接下来只需要定义一个自定义分词器函数并调用 BERT 分词器的 encode_plus()方法。下面代码定义了一个名为 tokenize()的函数，用于将输入的文本数据进行分词。该函数使用 BERT 分词器的 encode_plus()方法，将输入文本转换为模型可以处理的格式，包括输入的词索引(input_ids)和注意力掩码(attention_masks)。函数还允许指定最大长度，并在需要时进行填充。最终，函数返回分词后的输入和注意力掩码的 NumPy 数组。代码如下：

```
MAX_LEN=128

def tokenize(data,max_len=MAX_LEN) :
    input_ids = []
    attention_masks = []
```

```
    for i in range(len(data)):
        encoded = tokenizer.encode_plus(
            data[i],
            add_special_tokens=True,
            max_length=MAX_LEN,
            padding='max_length',
            return_attention_mask=True
        )
        input_ids.append(encoded['input_ids'])
        attention_masks.append(encoded['attention_mask'])
    return np.array(input_ids),np.array(attention_masks)
```

(2) 将分词器函数应用于训练集、验证集和测试集。使用之前定义的 tokenize()函数，将训练集、验证集和测试集的文本数据进行分词，得到相应的输入词索引和注意力掩码。这样，文本数据便已准备就绪，可以输入 BERT 模型进行训练和测试。代码如下：

```
train_input_ids, train_attention_masks = tokenize(X_train, MAX_LEN)
val_input_ids, val_attention_masks = tokenize(X_valid, MAX_LEN)
test_input_ids, test_attention_masks = tokenize(X_test, MAX_LEN)
```

9.10.2 训练 BERT 模型并微调

(1) 从 Hugging Face 的预训练库中导入 BERT 模型，例如下面的代码使用 Hugging Face 的 Transformers 库从预训练的 BERT 模型(bert-base-uncased)中导入 TFBertModel。这个模型是 TensorFlow 的 BERT 模型，它已经在大规模语料库上进行了预训练，并可以用于进一步的微调或下游任务，如情感分析。代码如下：

```
bert_model = TFBertModel.from_pretrained('bert-base-uncased')
```

程序执行后会输出：

```
Some layers from the model checkpoint at bert-base-uncased were not used when
initializing TFBertModel: ['mlm___cls', 'nsp___cls']
- This IS expected if you are initializing TFBertModel from the checkpoint of a model
trained on another task or with another architecture (e.g. initializing a
BertForSequenceClassification model from a BertForPreTraining model).
- This IS NOT expected if you are initializing TFBertModel from the checkpoint of
a model that you expect to be exactly identical (initializing a
BertForSequenceClassification model from a BertForSequenceClassification model).
All the layers of TFBertModel were initialized from the model checkpoint at
bert-base-uncased.
If your task is similar to the task the model of the checkpoint was trained on, you
can already use TFBertModel for predictions without further training.
```

上面的输出信息表明，BERT 模型在初始化时没有使用模型检查点 bert-base-uncased 中的一些层，具体为 ['mlm___cls', 'nsp___cls']。在本项目中，TFBertModel 的所有层都已从 bert-base-uncased 的模型检查点中初始化。如果当前任务与检查点模型上训练的任务相似，可以直接使用 TFBertModel 进行预测，而无需进一步训练。

(2) 创建一个自定义函数，用于加载预训练的 BERT 模型，并添加一个具有 3 个神经元的输出层，以执行对数据集的 3 种情感分类。例如下面的代码定义了一个名为 create_model() 的函数，用于创建一个基于 BERT 模型的情感分析模型。该函数接受一个预训练的 BERT 模型(bert_model)和最大长度(max_len)作为参数。代码如下：

```
def create_model(bert_model, max_len=MAX_LEN):

    ##params###
    opt = tf.keras.optimizers.Adam(learning_rate=1e-5, decay=1e-7)
    loss = tf.keras.losses.CategoricalCrossentropy()
    accuracy = tf.keras.metrics.CategoricalAccuracy()
    input_ids = tf.keras.Input(shape=(max_len,),dtype='int32')
    attention_masks = tf.keras.Input(shape=(max_len,),dtype='int32')
    embeddings = bert_model([input_ids,attention_masks])[1]
    output = tf.keras.layers.Dense(3, activation="softmax")(embeddings)
    model = tf.keras.models.Model(inputs = [input_ids,attention_masks], outputs = output)
    model.compile(opt, loss=loss, metrics=accuracy)
    return model
```

在函数 create_model()的内部，首先定义优化器(opt)、损失函数(loss)和准确率(accuracy)作为度量标准。接着，创建两个输入层，分别用于输入 BERT 模型的 input_ids 和 attention_masks。然后，通过调用 BERT 模型并仅保留其第二个输出(对应于 BertModel 的[1])，获取嵌入层(embeddings)。最后，通过一个具有 3 个神经元和 softmax 激活函数的密集层(Dense)进行多类别分类，并构建整个模型。最后，使用 Adam 优化器、交叉熵损失函数和准确率作为度量标准来编译模型，并将其返回。

(3) 创建一个情感分析模型，并输出该模型的概要信息(summary)。情感分析模型是基于 BERT 模型的，使用了 BERT 的嵌入层，并在顶部添加了一个具有 3 个神经元和 softmax 激活函数的输出层。代码如下：

```
model = create_model(bert_model, MAX_LEN)
model.summary()
```

程序执行后会输出以下模型的概要信息，包括模型的层次结构、参数数量等详细信息：

```
Model: "model_1"
__________________________________________________________________________________________________
Layer (type)                    Output Shape         Param #     Connected to
==================================================================================================
input_5 (InputLayer)            [(None, 128)]        0
```

```
________________________________________________________________________________
input_6 (InputLayer)          [(None, 128)]       0

________________________________________________________________________________
tf_bert_model_1 (TFBertModel)   TFBaseModelOutputWit 109482240   input_5[0][0]
                                                   input_6[0][0]

________________________________________________________________________________
dense_1 (Dense)               (None, 3)           2307       tf_bert_model_1[0][1]
================================================================================
Total params: 109,484,547
Trainable params: 109,484,547
Non-trainable params: 0
________________________________________________________________________________
```

(4) 对 BERT transformer 模型进行微调，使用训练数据(train_input_ids 和 train_attention_masks)和验证数据(val_input_ids 和 val_attention_masks)进行指定数量的训练轮次(在此为 4 轮)，并使用批处理大小为 32。训练的进展情况将存储在 history_bert 变量中，可用于进一步的分析或可视化。代码如下：

```
history_bert = model.fit([train_input_ids,train_attention_masks], y_train,
validation_data=([val_input_ids,val_attention_masks], y_valid), epochs=4,
batch_size=32)
```

程序执行后会输出：

```
Epoch 1/4
1519/1519 [==============================] - 758s 490ms/step - loss: 0.5609 -
categorical_accuracy: 0.7754 - val_loss: 0.3937 - val_categorical_accuracy: 0.8578
Epoch 2/4
1519/1519 [==============================] - 742s 489ms/step - loss: 0.2872 -
categorical_accuracy: 0.8974 - val_loss: 0.2986 - val_categorical_accuracy: 0.8981
Epoch 3/4
1519/1519 [==============================] - 742s 488ms/step - loss: 0.1936 -
categorical_accuracy: 0.9333 - val_loss: 0.2445 - val_categorical_accuracy: 0.9191
Epoch 4/4
1519/1519 [==============================] - 742s 488ms/step - loss: 0.1281 -
categorical_accuracy: 0.9561 - val_loss: 0.2399 - val_categorical_accuracy: 0.9252
```

9.10.3 测试 BERT 大模型

(1) 对测试数据进行预测，得到 BERT 模型的输出结果。result_bert 包含了每个测试样本在三个情感类别上的预测概率，而 y_pred_bert 则将概率最高的类别设置为 1，其余设置为 0，得到模型的最终预测结果。这些结果可以用于后续的评估和分析，比如计算精确度、F1 分数等性能指标。代码如下：

```
result_bert = model.predict([test_input_ids,test_attention_masks])
y_pred_bert =  np.zeros_like(result_bert)
y_pred_bert[np.arange(len(y_pred_bert)), result_bert.argmax(1)] = 1
```

(2) 生成并显示 BERT 模型在测试数据上的混淆矩阵，以评估模型在各个情感类别上的性能。混淆矩阵显示了模型的预测结果与实际标签之间的关系，有助于了解模型在不同类别上的精确度、召回率等指标。代码如下：

```
conf_matrix(y_test.argmax(1), y_pred_bert.argmax(1),'BERT Sentiment
Analysis\nConfusion Matrix')
```

生成的可视化图的效果如图 9-6 所示。

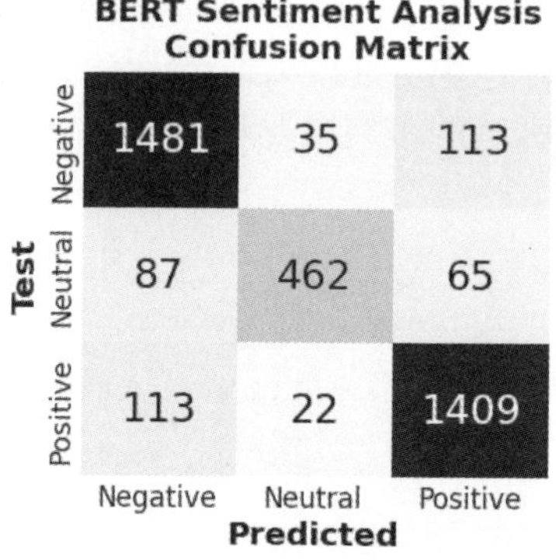

图 9-6　BERT 模型在测试数据上的混淆矩阵

(3) 生成并打印输出 BERT 模型在测试数据上的分类报告。在分类报告中包含了各个类别上的精确度、召回率、F1 分数等指标，提供了对模型性能的详细评估。通过这些指标，可以更全面地了解 BERT 模型在情感分析任务中的表现。代码如下：

```
print('\tClassification Report for
BERT:\n\n',classification_report(y_test,y_pred_bert, target_names=['Negative',
'Neutral', 'Positive']))
```

程序执行后会输出：

```
    Classification Report for BERT:

              precision    recall  f1-score   support

  Negative       0.88      0.91      0.89      1629
   Neutral       0.89      0.75      0.82       614
  Positive       0.89      0.91      0.90      1544

 micro avg       0.89      0.89      0.89      3787
```

```
  macro avg       0.89      0.86      0.87      3787
weighted avg      0.89      0.89      0.88      3787
 samples avg      0.89      0.89      0.89      3787
```

通过上面输出的报告可知，该 BERT 模型在测试数据上的分类报告包含了针对三个情感类别(Negative、Neutral、Positive)的精确度、召回率、F1 分数等指标。模型在各个类别上的性能相当不错，特别是在 Negative 和 Positive 两个类别上表现较为出色，整体 F1 分数达到了 0.89。这表明 BERT 模型在情感分析任务中能够有效地区分不同的情感类别，具有较高的分类性能。

9.11 基于 RoBERTa 大模型的情感分析

扫码看视频

在这个项目中，基于 RoBERTa 大模型的情感分析的功能是借助预训练的 RoBERTa 模型对微博文本进行情感分类。通过 RoBERTa 的标记器(tokenizer)对文本进行编码，并构建深度学习模型，在训练集上进行微调。通过对测试集进行预测，生成情感分类结果，并通过混淆矩阵和分类报告进行性能评估。RoBERTa 模型的应用旨在提高对微博文本情感的准确分类，为情感分析提供更强大的性能。

9.11.1 数据编码

(1) 与前面使用 BERT 模型的方法一样，首先导入用于训练原始 RoBERTa 模型的 Transformer 标记器。下面的代码用于从 Hugging Face 的模型库中导入预训练的 RoBERTa Transformer 的标记器(tokenizer)，使用的是 roberta-base 预训练模型。在这里，标记器负责将文本数据转换成模型可以理解的标记形式。代码如下：

```
tokenizer_roberta = RobertaTokenizerFast.from_pretrained("roberta-base")
```

(2) 检查 RoBERTa 标记器生成的最长标记化句子的长度。下面的代码使用 RoBERTa 的 tokenizer 对训练集文本进行编码，通过遍历每个文本，检查其经过编码后的标记数量，并找出最长编码的句子长度。代码如下：

```
# 通过 RoBERTa 的 tokenizer 对训练集文本进行编码，并检查最长编码的句子长度
token_lens = []

for txt in X_train:
    tokens = tokenizer_roberta.encode(txt, max_length=512, truncation=True)
    token_lens.append(len(tokens))
max_length=np.max(token_lens)
max_length
```

程序执行后会输出最大句子长度，用于后续模型的参数设置。

```
89
```

(3) 首先，将变量 MAX_LEN 赋值为 128，表示句子的最大长度。接下来，定义用于 RoBERTa 标记的自定义函数 tokenize_roberta()，该函数将原始文本转换为 RoBERTa 模型可以理解的格式。最后，使用函数 tokenize_roberta()对训练集、验证集和测试集进行标记，得到输入 ID 和注意力掩码。代码如下：

```
MAX_LEN=128

def tokenize_roberta(data,max_len=MAX_LEN) :
    input_ids = []
    attention_masks = []
    for i in range(len(data)):
        encoded = tokenizer_roberta.encode_plus(
            data[i],
            add_special_tokens=True,
            max_length=max_len,
            padding='max_length',
            return_attention_mask=True
        )
        input_ids.append(encoded['input_ids'])
        attention_masks.append(encoded['attention_mask'])
    return np.array(input_ids),np.array(attention_masks)

train_input_ids, train_attention_masks = tokenize_roberta(X_train, MAX_LEN)
val_input_ids, val_attention_masks = tokenize_roberta(X_valid, MAX_LEN)
test_input_ids, test_attention_masks = tokenize_roberta(X_test, MAX_LEN)
```

9.11.2 创建 RoBERTa 大模型并微调

(1) 定义函数 create_model()，该函数用于创建 RoBERTa 模型。函数 create_model()接受一个预训练的 RoBERTa 模型和最大序列长度作为参数，然后构建一个分类模型。该模型包含两个输入(输入 ID 和注意力掩码)，通过 RoBERTa 模型的输出(其中的第一个元素)获得表示，然后连接一个具有 3 个神经元和 softmax 激活函数的全连接层，最终输出分类概率。模型使用 Adam 优化器、分类交叉熵损失和分类准确率作为评估指标进行编译。此外，还从 Hugging Face 的 Transformers 库中导入 RoBERTa 模型的预训练权重，并创建一个 RoBERTa 模型 roberta_model。代码如下：

```
def create_model(bert_model, max_len=MAX_LEN):

    opt = tf.keras.optimizers.Adam(learning_rate=1e-5, decay=1e-7)
```

```
    loss = tf.keras.losses.CategoricalCrossentropy()
    accuracy = tf.keras.metrics.CategoricalAccuracy()

    input_ids = tf.keras.Input(shape=(max_len,),dtype='int32')
    attention_masks = tf.keras.Input(shape=(max_len,),dtype='int32')
    output = bert_model([input_ids,attention_masks])
    output = output[1]
    output = tf.keras.layers.Dense(3, activation=tf.nn.softmax)(output)
    model = tf.keras.models.Model(inputs = [input_ids,attention_masks],outputs = output)
    model.compile(opt, loss=loss, metrics=accuracy)
    return model
```

(2) 使用 TFRobertaModel.from_pretrained 创建 RoBERTa 模型，具体实现代码如下：

```
roberta_model = TFRobertaModel.from_pretrained('roberta-base')
```

执行后会输出：

```
Some layers from the model checkpoint at roberta-base were not used when initializing
TFRobertaModel: ['lm_head']
- This IS expected if you are initializing TFRobertaModel from the checkpoint of
a model trained on another task or with another architecture (e.g. initializing a
BertForSequenceClassification model from a BertForPreTraining model).
- This IS NOT expected if you are initializing TFRobertaModel from the checkpoint
of a model that you expect to be exactly identical (initializing a
BertForSequenceClassification model from a BertForSequenceClassification model).
All the layers of TFRobertaModel were initialized from the model checkpoint at
roberta-base.
If your task is similar to the task the model of the checkpoint was trained on, you
can already use TFRobertaModel for predictions without further training.
```

上面的输出表示从预训练的 RoBERTa 模型中加载的权重，其中的 lm_head 层在我们的分类任务中未被使用。这种情况在从预训练模型加载权重时是正常的，因为 RoBERTa 模型通常包括用于掩码语言模型(masked language model，MLM)预训练任务的头部(lm_head)，但在我们的情感分类任务中不需要。

(3) 创建基于 RoBERTa 模型的情感分类模型，通过函数 summary()查看这个模型的摘要(summary)信息。代码如下：

```
model = create_model(roberta_model, MAX_LEN)
model.summary()
```

程序执行后会输出这个模型的摘要信息，包括每一层的参数数量和结构：

```
Model: "model_2"
_____________________________________________________________________________________
Layer (type)                    Output Shape         Param #     Connected to
=====================================================================================
```

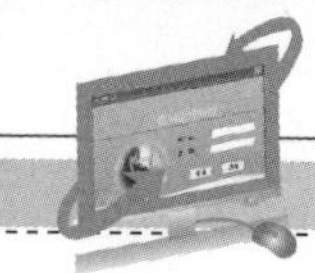


```
input_7 (InputLayer)            [(None, 128)]        0

input_8 (InputLayer)            [(None, 128)]        0

tf_roberta_model_1 (TFRobertaMo TFBaseModelOutputWit 124645632   input_7[0][0]
                                                                 input_8[0][0]

dense_2 (Dense)                 (None, 3)            2307        tf_roberta_model_1[0][1]
==================================================================================
Total params: 124,647,939
Trainable params: 124,647,939
Non-trainable params: 0
```

(4) 使用 RoBERTa 模型进行微调。通过自定义一个神经网络模型，其中包含 RoBERTa 模型的权重，并在最后一层添加一个包含 3 个神经元的 softmax 激活层，以进行情感分类任务。然后，使用训练集和验证集对模型进行 4 个时期的训练。代码如下：

```
history_2 = model.fit([train_input_ids,train_attention_masks], y_train,
validation_data=([val_input_ids,val_attention_masks], y_valid), epochs=4,
batch_size=30)
```

程序执行后会输出：

```
Epoch 1/4
1620/1620 [==============================] - 783s 475ms/step - loss: 0.5798 -
categorical_accuracy: 0.7707 - val_loss: 0.4027 - val_categorical_accuracy: 0.8454
Epoch 2/4
1620/1620 [==============================] - 768s 474ms/step - loss: 0.3428 -
categorical_accuracy: 0.8787 - val_loss: 0.3188 - val_categorical_accuracy: 0.8861
Epoch 3/4
1620/1620 [==============================] - 783s 484ms/step - loss: 0.2586 -
categorical_accuracy: 0.9080 - val_loss: 0.2669 - val_categorical_accuracy: 0.9089
Epoch 4/4
1620/1620 [==============================] - 768s 474ms/step - loss: 0.1938 -
categorical_accuracy: 0.9328 - val_loss: 0.2406 - val_categorical_accuracy: 0.9194
```

在这个模型的训练过程中，经过 4 个时期的训练，训练集和验证集的损失逐渐减小，同时分类准确率逐步提高。这表明模型在训练期间逐渐学习到了数据的模式，并在验证集上表现良好。可以通过这个模型在测试集上进行情感分析，并检查其性能。

9.11.3 测试 RoBERTa 大模型

(1) 使用 RoBERTa 模型在测试集上进行情感分析，并将结果保存在 result_roberta 和 y_pred_roberta 中。这些结果可用于进一步分析和评估模型的性能。代码如下：

```
result_roberta = model.predict([test_input_ids,test_attention_masks])
y_pred_roberta =  np.zeros_like(result_roberta)
y_pred_roberta[np.arange(len(y_pred_roberta)), result_roberta.argmax(1)] = 1
```

(2) 生成 RoBERTa 情感分析模型的混淆矩阵，用于评估模型在测试集上的性能。这个混淆矩阵展示了模型对每个类别的分类情况，包括真正例、假正例、真负例和假负例。通过混淆矩阵，可以更详细地了解模型在不同类别上的表现。代码如下：

```
conf_matrix(y_test.argmax(1),y_pred_roberta.argmax(1),'RoBERTa Sentiment
Analysis\nConfusion Matrix')
```

程序执行后会绘制一个混淆矩阵图，如图 9-7 所示。

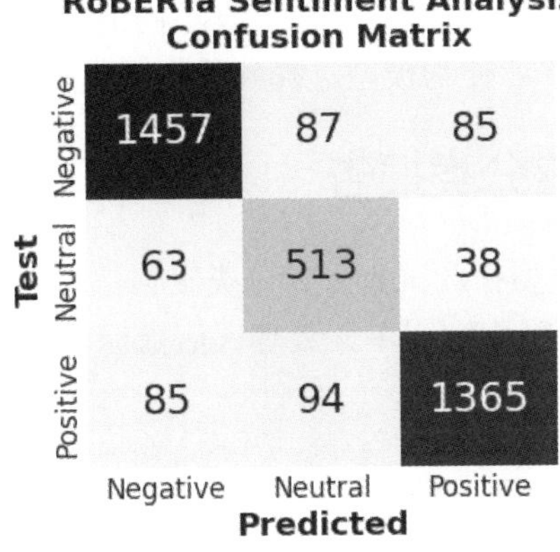

图 9-7　混淆矩阵图

(3) 生成并打印输出 RoBERTa 模型在测试集上的分类报告信息，该报告包括了关于负面、中性和正面情感类别的精确度、召回率、F1 分数等详细信息，这有助于全面评估模型在情感分析任务中的性能。代码如下：

```
print('\tClassification Report for
RoBERTa:\n\n',classification_report(y_test,y_pred_roberta,
target_names=['Negative', 'Neutral', 'Positive']))
```

程序执行后会输出：

```
    Classification Report for RoBERTa:

              precision    recall  f1-score   support

    Negative       0.91      0.89      0.90      1629
     Neutral       0.74      0.84      0.78       614
    Positive       0.92      0.88      0.90      1544
```

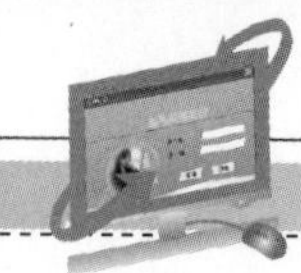


```
   micro avg       0.88      0.88      0.88      3787
   macro avg       0.85      0.87      0.86      3787
weighted avg       0.88      0.88      0.88      3787
 samples avg       0.88      0.88      0.88      3787
```

9.12 结果分析

这是本项目最后的工作，通过对 BERT 和 RoBERTa 两种模型的情感分析性能进行比较，通过混淆矩阵和分类报告来评估它们在微博情感分类任务上的表现。结果分析的目的是总结和比较两个模型在不同情感类别上的精确度、召回率、F1 分数等性能指标，以便为模型选择和改进提供有价值的参考。

扫码看视频

9.12.1 BERT 情感分类报告

生成并打印输出 BERT 模型在测试集上的分类报告信息，包括每个情感类别(Negative、Neutral、Positive)的精确度、召回率、F1 分数等评估指标。代码如下：

```
print('Classification Report for
BERT:\n',classification_report(y_test,y_pred_bert, target_names=['Negative',
'Neutral', 'Positive']))
```

根据结果，BERT 模型在各个情感类别上表现均衡，整体精确度较高。程序执行后会输出：

```
Classification Report for BERT:
              precision    recall  f1-score   support

    Negative       0.88      0.91      0.89      1629
     Neutral       0.89      0.75      0.82       614
    Positive       0.89      0.91      0.90      1544

   micro avg       0.89      0.89      0.89      3787
   macro avg       0.89      0.86      0.87      3787
weighted avg       0.89      0.89      0.88      3787
 samples avg       0.89      0.89      0.89      3787
```

9.12.2 RoBERTa 情感分类报告

生成并打印输出 RoBERTa 模型在测试集上的分类报告，其中包含每个情感类别(Negative、Neutral、Positive)的精确度、召回率、F1 分数等评估指标。代码如下：

```
print('Classification Report for
RoBERTa:\n',classification_report(y_test,y_pred_roberta,
target_names=['Negative', 'Neutral', 'Positive']))
```

根据结果，RoBERTa 模型在 Negative 和 Positive 情感类别上表现良好，但在 Neutral 类别上的表现相对较差。程序执行后会输出：

```
Classification Report for RoBERTa:
              precision    recall  f1-score   support

    Negative       0.91      0.89      0.90      1629
     Neutral       0.74      0.84      0.78       614
    Positive       0.92      0.88      0.90      1544

   micro avg       0.88      0.88      0.88      3787
   macro avg       0.85      0.87      0.86      3787
weighted avg       0.88      0.88      0.88      3787
 samples avg       0.88      0.88      0.88      3787
```

9.12.3 两种大模型性能的对比可视化

使用 Seaborn 库绘制两个热力图，展示 BERT 和 RoBERTa 两个模型在测试集上的混淆矩阵。代码如下：

```
fig, ax = plt.subplots(1,2,figsize=(9,5.5))

labels = ['Negative', 'Neutral', 'Positive']
plt.suptitle('Sentiment Analysis Comparison\n Confusion Matrix', fontsize=20)

sns.heatmap(confusion_matrix(y_test.argmax(1),y_pred_bert.argmax(1)),
annot=True, cmap="Blues", fmt='g', cbar=False, ax=ax[0], annot_kws={"size":25})

ax[0].set_title('BERT Classifier', fontsize=20)
ax[0].set_yticklabels(labels, fontsize=17);
ax[0].set_xticklabels(labels, fontsize=17);
ax[0].set_ylabel('Test', fontsize=20)
ax[0].set_xlabel('Predicted', fontsize=20)

sns.heatmap(confusion_matrix(y_test.argmax(1),y_pred_roberta.argmax(1)),
annot=True, cmap="Blues", fmt='g', cbar=False, ax=ax[1], annot_kws={"size":25})
ax[1].set_title('RoBERTa Classifier', fontsize=20)
ax[1].set_yticklabels(labels, fontsize=17);
ax[1].set_xticklabels(labels, fontsize=17);
ax[1].set_ylabel('Test', fontsize=20)
ax[1].set_xlabel('Predicted', fontsize=20)
```

```
plt.show()
```

程序执行后会绘制两种大模型的混淆矩阵对比可视化图，如图 9-8 所示。混淆矩阵是一种用于评估分类模型性能的可视化工具，显示了模型对每个类别的分类情况。其中，热力图中的颜色越深，表示模型在该类别上的表现越好。

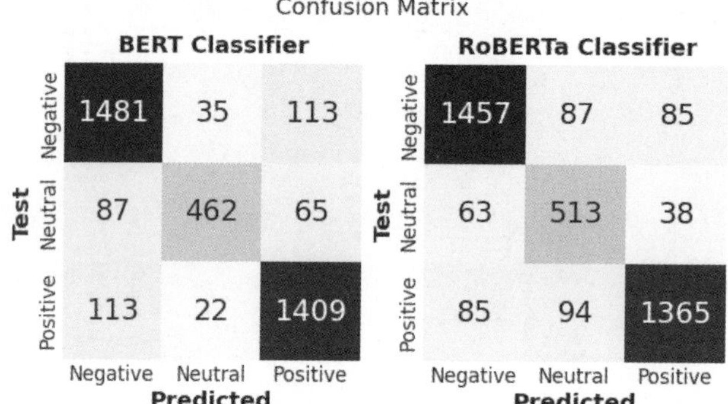

图 9-8　BERT 和 RoBERTa 模型的混淆矩阵对比图

这个可视化图展示了 BERT 和 RoBERTa 两个模型在情感分析任务上的优秀性能，分类的精确度达到了 90%左右。